나는 어쩌다 명왕성을 죽였나

나는 어쩌다 명왕성을 죽였나
명왕성 킬러 마이크 브라운의 태양계 초유의 행성 퇴출기

초판 1쇄 발행 2021년 4월 5일
초판 6쇄 발행 2023년 3월 10일

지은이 마이크 브라운 | 옮긴이 지웅배 | 펴낸이 임경훈 | 편집 유은하
펴낸곳 롤러코스터 | 출판등록 제2019-000296호
주소 서울시 마포구 월드컵북로 400 서울산업진흥원 5층 2호
전화 070-7768-6066 | 팩스 02-6499-6067 | 이메일 book@rcoaster.com

ISBN 979-11-91311-02-0 03440

나는 어쩌다 명왕성을 죽였나

명왕성 킬러 마이크 브라운의 태양계 초유의 행성 퇴출기

마이크 브라운 지음
지웅배 옮김

프롤로그 **명왕성이 죽었다**

나는 천문학자로서 새벽이 오기 전부터 미리 일찍 일어나 있는 것을 진저리 나게 싫어했다. 내게 새벽이란 떠오르는 태양과 함께 새 아침을 맞이하는 기분 좋은 시간이 아니라, 지난밤의 긴 작업을 끝마치고 밀린 잠을 자야 하는 시간이었기 때문이다. 하지만 2006년 8월 25일의 새벽은 달랐다. 그날은 다른 때와 달리 아주 일찍 일어났다. 그리고 옆에 함께 자고 있던 아내 다이앤과 한 살배기 딸 릴라가 깨지 않도록 살금살금 걸어서 문밖으로 향했다. 하지만 그때 내 발걸음 소리에 그만 아내가 깨어버렸다. 문을 닫고 집 밖으로 나가려는 순간 내 등 뒤에서 갓 잠에서 깬 다이앤의 목소리가 들렸다. "행운을 빌어, 여보."

나는 차를 몰고 아직 깜깜한 새벽의 텅 빈 패서디나 도로를 가로질러 새벽 4시 30분에 칼텍에 도착했다. 나는 방금 샤워를 마친 아직 잠이 덜 깬 상태였지만, 평소 출근할 때와는 달리 말끔한 옷을 차려입고 있었다. 캠퍼스에 도착한 나는 건물 밖에서 나를 기다리고 있던 기자들을 안으로 들이기 위해 잠겨 있던 연구실 건물의 문을 열어주었다. 그날 그 자리에는 모든 지역 언론사뿐 아니라 거의 모든 큰 중앙 언론사 기자들까지 와 있었다. 연구실 바깥에는 일본어로 말하고 있는 기자도 있었다. 그들은 하늘을 향해 TV 카메라를 높이 들어 올렸고, 그들의 카메라 조명 불빛은 먼 우주로 퍼져 나가고 있었다.

그날은 바로 체코 프라하에서 개최되는 국제천문연맹IAU 회의의 마지막 날이었다. 바로 지난 2주간에 걸친 긴 토론 끝에 드디어 명왕성의 거취가 어떻게 될지 결정되는 투표가 진행되는 날이었다. 그간 모든 사람들에게 사랑받았던 이 얼음 구슬 명왕성은 이제 지구 반대편에 모여 있는 천문학자들의 거수에 따라 행성의 전당에서 퇴출될지도 모르는 운명 앞에 놓여 있었다. 어떤 결과가 나오든지 간에 분명 전 세계에서 가장 큰 뉴스가 될 것이었다.

나는 물론 행성을 좋아하지만, 새벽 4시 30분밖에 안 되는 이른 시간에 일어나 있을 정도로 명왕성을 좋아한 건 아니었다. 하지만 그날의 명왕성 투표는 이렇게 이른 시간부터 나를 침대 바깥으로 끌어내기에 충분히 중대한 사건이었다. 내게 그날의 명왕성 투표는 단순히 태양계 아홉 번째 행성의 거취에 관한 문제가 아니었다. 바로 태양계에 열 번째 행성이 새로 추가될 수 있을지에 관한 문제였다. 바로 18개월 전, 태양 주변을 약 580년 주기로 맴돌고 있는 얼음과 바위로 이루어진, 명왕성보다 살짝 더 큰 크기의 새로운 열 번째 행성 후보를 내가 발견했기 때문이었다.

명왕성에 관한 투표가 진행되던 그날 당시, 내가 발견한 천체는 아직 2003 UB313이라는 일련번호로 불리고 있었다. 하지만 일부 사람들은 농담으로 이 천체를 '제나Xena'라는 별명으로 부르기도 했다. 또 다른 많은 사람들은 이 천체를 그냥 '열 번째 행성'으로 부르기도 했다. 하지만 어쩌면 그날 이후로는 더 이상 열 번째 행성이라고 불리지 못하게 될지도 모르는 일이었다. 지난 몇 년간 이어진 명왕성에 관한 논쟁을 촉발한 원인은 제나였지만, 재밌게도 제나의 운명은 명왕성의 운명에 달려 있었다. 명왕성이 계속 행성으로 살아남게 된다면 제나도 새로운 행성이 될 것이다. 명왕성이 행성의 자리에서 결국 퇴출된다면 제나도 똑같이 쫓겨나게 될 것이다. 이 둘의 운명이 결정되는 아주 중요한 날이었던 만큼 나는 이른 아침부터 일어나 있을 수밖에 없었다.

지난 2주 동안 프라하에서는 현대 천문학 역사상 가장 뜨거웠던 것으로 기록될 논쟁이 벌어졌다. 3년에 한 번씩 개최되는 국제천문연맹 회의에서 천문학자들은 학회가 열리는 먼 타국에 모여서 함께 새로운 발견이나 아이디어를 이야기하며 시간을 보낸다. 또 오랜 친구와 함께 우주의 가십거리를 이야기하며 만찬을 즐긴다. 학회가 끝나는 가장 마지막 날에는 여러 결의안에 대한 투표가 진행되지만, 사실 대부분의 천문학자들은 이 마지막 날 진행되는 투표에는 참석하지 않는 경우가 많았고, 몇 안 되는 남은 천문학자들만 모여서 만장일치로 안건을 통과시키곤 했다. 학회 마지막 날 투표에서는 보통 '무게중심 좌표계 기준시'를 밀리초 단위까지 정밀하게 정의하는 것과 같은 별 희한한 사안들만 다뤘기 때문이다(사실 나도 이게 정확히 무엇을 의미하는 것인지 모르겠다).

하지만 이번 회의는 달랐다. 평소에는 별로 말이 없던 천문학자들이 프라하에 모여 명왕성과 행성이란 무엇인지에 관해 밤낮없이 열띤 토론과 논쟁으로 시간을 보냈다. 물론 이번 학회에서도 다른 때와 마찬가지로 무슨 말인지 알아듣기 어려운 난해한 안건들도 다뤘지만, 마지막 두 개의 결의안은 모두 명왕성과 관련된 것이었다. 평소 같았으면 몇 안 되는 사람들이 듬성듬성 자리를 채우고 있었을 학회 회의장이 이번에는 싸우고 싶어서 몸이 근질거리는 듯한 천문학자들로 바글바글했다.

프라하에서 천문학자들이 투표를 하기 위해 학회장에 모이는 동안, 기자들과 나는 칼텍 캠퍼스에 모여 두근거리는 마음으로 인터넷 생방송 화면을 지켜봤다. 그날의 내 임무는 함께 생중계를 보면서 기자들에게 상황을 분석하고 내 의견을 들려주며, 태양계 행성에서 명왕성을 쫓아내려고 하는 (내가 봐도 마땅히 그래야 하는) 천문학자들의 강력한 움직임에 어떤 과학적 뒷받침이 있는지를 설명해주는 일이었다. 나는 학회 웹페이지를 찾아서 큰 화면에 띄웠고, 기자들과 함께 자리에 앉았다.

세 시간에 걸친 길고 지루한 싸움 끝에 결국 모든 것이 결정되었다. 투표 결과, 프라하의 현장은 명왕성이 행성이 될 수 있는가를 묻는 질문에 '아니오'를 의미하는 노란색 카드의 물결로 가득 찼다. 굳이 표를 셀 필요도 없었다. 투표는 아슬아슬하지도 않았다. 이후 몇 시간 동안 나는 기자들에게 앞으로 어떤 일이 벌어질 수 있을지 다른 모든 가능한 상황에 대한 자세한 설명과 분석을 이야기했다. 그리고 나는 마지막으로 한마디를 남겼다. "명왕성은 죽었습니다Pluto is dead."

취재진은 계속 윙윙 소리를 내면서 돌아가는 카메라 앞에서 떠들어대고 있었다. 내 방 한쪽 벽 화면에 한 지역 방송이 나오고 있었는데, 거기에서도 방금 내가 뱉은 말이 다시 메아리처럼 반복되어 나왔다. "명왕성은 죽었습니다."

나는 기자들이 또 내게 말을 걸기 전에 서둘러서 지금쯤 일을 하고 있을 아내에게 전화를 걸었다. 그날 아내에게 서둘러 전화를 걸고 있던 내 모습은 마치 18개월 전 제나를 처음 발견한 직후 아내에게 전화를 걸었을 때의 모습과 비슷했다. 18개월 전 나는 아내가 전화를 받자마자 이렇게 소리쳤다. "내가 방금 새 행성을 발견했어!"

그러자 다이앤은 떨리는 목소리로 물었다. "정말?"

그래! 정말이야!

하지만 이번엔 다이앤이 전화를 받자마자 나는 이렇게 말했다. "명왕성은 이제 더 이상 행성이 아니야!"

다이앤은 이번에는 힘이 뚝 떨어진 목소리로 내게 물었다. "정말?"

그래! 정말이야! 그날의 투표 결과로 이미 흥분해 있었던 나는 미처 아내의 기분을 눈치채지 못하고 있었다. 다이앤은 잠깐

뜸을 들이고 나서 내게 다시 물었다. "그러면 제나는 어떻게 되는 거야?"

물론 다이앤도 그 질문의 답을 알고 있었다. 결국 제나도 명왕성처럼 행성이 될 수 없는 운명이라는 것을 말이다. 다이앤은 그간 우리 둘이 너무나 애지중지해왔던 그 작은 행성에게 이미 애도를 표하고 있었다.

그날 이후 며칠이 지나고 나서 나는 많은 사람들이 명왕성이 행성에서 쫓겨난 것을 두고 슬퍼한다는 이야기를 들었다. 나는 그들의 마음을 충분히 이해할 수 있었다. 이미 명왕성은 사람들의 마음속 한쪽에 자리를 잡고 있었던 것이다. 대부분의 사람들은 명왕성이 없는 태양계를 상상하기 어려워했다. 사람들은 퇴출된 명왕성의 빈자리를 보며 가슴속에 상상할 수 없는 아주 큰 크기의 텅 빈 구멍이 난 것 같은 공허함을 느꼈다.

그날 이후 맞이한 첫 번째 아침, 다이앤은 명왕성의 퇴출만큼 제나의 퇴출도 안타까워했다.

아내에게 제나는 단순히 '열 번째 행성'이 아닌 그 이상의 의미를 갖고 있었다. 지난 18개월 동안 나는 아내에게 이 열 번째 행성에 대한 아주 많은 이야기를 들려주었다. 다이앤은 제나가 곁에 작은 위성을 거느리고 있다는 것도, 제나의 표면이 아주 밝게 반짝인다는 것도, 그리고 제나에는 표면에 아주 얇게 깔린 채 얼어 있는 대기권이 있다는 사실도 잘 알고 있었다.

그동안 우리 부부는 제나의 발견으로 함께 행복해하며, 이 열 번째 행성의 이름을 무엇이라고 지을지, 또 제나 바깥에는 얼마나 많은 다른 행성들이 숨어 있을지를 상상했다. 많은 사람들이 가슴속에 명왕성을 간직했던 것처럼 제나도 우리 부부의 가슴 한쪽을 채우고 있었다. 제나의 존재가 세상에 처음 발표되던 당시, 태어난 지 3주째를 맞이한 우리 딸 릴라와 함께 제나는 앞으로도 우리 부부의 가슴속에 깊이 남아 있을 것이다. 릴라가 태어났을 때, 딸이 태어났다는 이 갑작스러운 변화가 앞으로 내 인생에 어떤 영향을 주게 될지를 고민하면서 나는 더 많은 발견을 하기 위해 매일 밤새도록 연구에 몰두했다. 그리고 결국 열 번째 행성을 발견하게 되었을 때 나는 또 이 갑작스러운 변화가 앞으로 내 삶에 어떤 영향을 주게 될지를 고민했다. 그리고 릴라의 첫 번째 생일이 지난 지금, 이제 우리는 더 이상 행성이라 불릴 수 없게 된 제나를 떠나보내야 했다.

나는 다이앤에게 말했다. 천문학자들은 단지 그들이 해야 할 일을 했을 뿐이라고.

물론 제나가 정말로 우주에서 사라진 것은 아니었다. 제나는 이제 행성이라는 이름 대신 가장 거대한 왜소행성이라는 더 마땅한 새로운 이름으로 당당하게 불리게 되었다.

아마 릴라가 커서 학교에서 제나에 대해 배우는 일은 없을 것이다. 하지만 언젠가 때가 되면, 우리 부부는 릴라에게 작은 상자를 하나 보여주며 그 안에 모아둔 제나와 관련된 신문 기사들을 보여줄 것이다. 그리고 바로 네가 세상에 태어난 지 3주가 지났을 때 온 세상은 열 번째 행성이 발견되었다는 소식을 알게 되었고, 그 열 번째 행성과 네가 함께했던 추억이 우리 부부의 삶 속에 얼마나 뜨겁게 남아 있는지를 이야기해줄 것이다. 그리고 우리 부부는 제나와 릴라, 이 둘이 없는 우주는 상상도 할 수 없다는 말을 꼭 릴라에게 들려줄 것이다.

차례

01 행성이란 무엇인가

1999년 12월의 어느 날 밤, 나는 동료 한 명과 함께 샌디에이고 동부 산꼭대기에 있는 13층 건물 높이의 거대한 팔로마산 천문대 돔 안에 앉아 있었다. 돔 안은 겨우 몇 개의 조명만이 휑한 내부의 매끈한 바닥을 비추고 있어 머리 위로 서 있는 거대한 헤일 망원경Hale Telescope의 아래쪽 절반 모습만 어렴풋하게 볼 수 있었다. 설치된 지 거의 50년이 된 헤일 망원경은 세계에서 가장 거대한 망원경 중 하나다. 그날 우리는 어스름한 노란 백열등 불빛이 거의 닿지 않는 망원경 위쪽의 깜깜한 곳에 앉아 있었다. 우리가 어디에 앉아 있었는지는 아마 상상하기 어려울 것이다. 주변에는 온갖 전선과 와이어, 물이 흐르는 파이프들이 이어져 있어서 천문대 내부의 모습은 마치 후버댐 내부를 그대로 옮겨놓은 것 같았다. 망원경 주변의 철제 구조물은 한 세기는 지난 듯 오래된 지하철 역 내부를 지탱하기 위해 세운 거대 지하 구조물처럼 보였다. 천문대 건물 전체가 으르렁거리면서 돔이 열리면, 망원경은 소리도 거의 내지 않고 아주 천천히 움직이며 열린 돔 사이로 별이 쏟아지는 하늘 멀리 우주의 한 곳을 가리켰다. 망원경을 지지하는 거대한 구조물 그림자가 돔 위로 그려지고 나면, 우주 멀리 떨어져 있는 작은 점에서 날아오는 희미한 빛을 모으기 위해서 만들어진 아주 거대한 기계 밑에 우리가 서 있다는 사실을 새삼 깨달을 수 있었다.

내가 헤일 망원경에서 근무하던 당시, 나는 사실 대부분의 시간을 따뜻하고 안락한 제어실 안에서 보냈다. 나는 그 안에서 장비 상태를 보여주는 컴퓨터 화면을 살펴봤고, 하늘을 촬영한 디지털 사진을 확인하며 캘리포니아 남부의 기상 정보와 일기 예보를 점검했다. 하지만 가끔은 제어실 바깥의 춥고 깜깜한 돔 안으로 들어가 내 두 눈에 직접 밤하늘을 담곤 했다. 천문대 가장 밑바닥에 선 채 살짝 열린 돔 틈 사이로 망원경이 바라보고 있는 밤하늘을 올려다봤다. 하지만 아쉽게도 동료와 함께 깜깜한 돔 안에 앉아 있던 1999년 12월의 그날은 밤하늘을 볼 수 없었다. 산 전체가 낮게 깔린 차가운 안개로 덮여 있어서, 돔은 열리지 않은 채 굳게 닫혀 있었기 때문이다. 그래서 망원경도 그냥 놀고 있었다.

굳게 닫혀 있는 돔 안에 머무르면서 귀중한 밤 시간을 허비하고 있을 때면 나는 침울해지곤 했다. 천문학자가 이런 거대한 망원경을 쓸 수 있는 기회는 1년 중 손에 꼽을 정도로 귀하다. 그렇게 어렵게 얻은 관측 시간에 비가 오거나 눈이라도 오면 정말 최악이다. 망원경에서 보내는 시간을 그냥 버려야 하기 때문이다. 그리고 내년에 다시 시도를 해야 한다. 굳게 닫힌 돔 안에서 그날 밤 동안 흘러가는 시간과 놓쳐버린 발견을 아무렇지 않게 모른 척하는 건 어렵다.

새바인이 우울해하는 나를 위해 내 인생과 연구에 대한 이야기로 화제를 돌리며 기분을 풀어주려고 노력했다. 하지만 전혀 도움이 되지 않았다. 대신 나는 새바인에게 지난봄 아버지가 어떻게 세상을 떠나셨는지, 그래서 내가 얼마나 연구에 집중하기 어려웠는지를 이야기했다. 결국 내 불평불만을 듣다 못한 새바인은 최근까지 나를 흥분시켰던 일이 정말 하나도 없는지를 재차 물었다. 나는 잠시 머뭇거렸다. 새바인의 질문을 듣고 멍해진 나는 순간 바깥에 차가운 안개가 깔려 있고 돔이 여전히 굳게 닫혀 있다는 사실을 잊어버렸다. 나는 새바인에게 이렇게 말했다. "내 생각에 명왕성 너머에 또 다른 행성이 있을 거 같아."

또 다른 행성이라니? 이런 소리는 20세기의 천문학자 누구라도 들으면 아마 대부분 비웃을 법한 헛소리였다. 지난 한 세기 동안 천문학자들은 전설로만 전해져오던 '행성 X'를 찾기 위해 꾸준히 노력했지만 결국 1990년 행성 X같은 건 실제로 존재하지 않으며 그간의 노력은 모두 헛수고였다는 사실을 확신했기 때문이다. 그리고 오늘날의 천문학자들은 우리가 태양 주변에서 궤도를 돌고 있는 모든 행성과 그 위성, 또 거의 모든 혜성과 소행성 등 태양계의 모든 구성원들을 다 파악하고 있다고 확신했다. 물론 여전히 작은 소행성이나 먼 우주에서 태양계 안쪽으로 진입하기 전까지는 어두워서 볼 수 없었던 혜성들이 새로 발견되기는 하지만, 덩치 큰 주요한 천체는 더 이상 추가로 찾을 게 없다고 생각하고 있었다. 명왕성 너머에 또 다른 행성이 있을 것이라는 일부 천문학자들의 끈질긴 주장은 마치 잃어버린 대륙 아틀란티스를 찾겠다는 끈질긴 지질학자들의 헛된 꿈처럼 여겨졌다. 대체 어떤 정신 나간 천문학자가 세계에서 가장 거대한 망원경 아래 앉아서 이런 헛소리를 하겠는가? "내 생각에 명왕성 너머에 또 다른 행성이 있을 거 같아."

* * *

약 10년 전인 1992년 여름이 끝날 때쯤 나는 버클리 대학에서 기나긴 대학원 생활의 중반을 보내고 있었다(그곳에서는 행성 X 같은 건 존재하지 않으며, 이미 우리는 태양계에 어떤 것들이 있는지를 아주 잘 이해하고 있다고 가르쳤다). 당시 나는 지금과 달리 행성 X에 별 관심이 없었다. 대신 나는 행성 목성과 그 곁의 화산 위성 이오Io에 관한 박사 학위 논문을 쓰는 중이었다. 그래서 오직 이오의 화산이 어떻게 물질을 분출하고 목성의 강한 자기장에 의해 어떤 영향을 받고 있는지에 대해서만 집중할 뿐, 그 외에 다른 어떤 것에도 관심을 두지 않았다. 나는 매일 점심에 버클리 캠퍼스 바로 옆에 있는 똑같은 카페에 들러서 똑같은 식사를 하고, 또 저녁에는 한 블록 건너 똑같은 가게에서 똑같은 부리토를 사 먹는 일상을 반복했다. 나는 매일 똑같이 반복되는 이 생활에 불평할 겨를이 없었다. 밤이 되면 자전거를 몰고 샌프란시스코만으로 향했다. 당시 나는 이곳에 있는 작은 요트에서 지냈다. 그리고 다음 날 아침이 밝으면 또다시 똑같은 하루가 반복됐다. 박사 학위 공부 기간 내내 나는 무엇을 먹고 어디서 잠을 잘지에 관한 쓸데없는 생각은 최대한 줄이고, 오로지 목성과 이오, 그 화산을 어떻게 설명할지 고민하는 데만 시간을 할애했다.

하지만 일에 미쳐 있는 박사 과정 학생도 가끔은 휴식이 필요했다. 어느 날 오후 나는 평소처럼 컴퓨터 화면 속 데이터를 눈이 빠지도록 들여다보고 있었다. 또 옆에 한가득 쌓아둔 논문을 읽고 떠오른 생각과 아이디어들을 검은색 공책에 정리하면서 하루 대부분의 시간을 보냈다. 그러고 나서 잠깐 짬을 내어 바람을 쐬려고 밖으로 나갔다. 천문학과 건물 옥상에 있던 작은 대학원 연구실 문을 열고 바로 옆에 붙어 있던 루프탑 마당으로 걸어 나갔다. 그리고 옥상에서 가장 높은 곳으로 연결된 철제 계단을 올라가 발코니 문을 열었다. 나는 발코니에서 머리를 숙인 채 내 앞에 펼쳐진 샌프란시스코만을 바라봤다. 바다 위를 가로질러 떠다니는 배를 보면서 바람을 쐬고 있을 때, 루프탑 마당 건너편에 있는 또 다른 천문학과 연구실에서 근무하던 동료 제인 루Jane Luu도 나를 따라 철제 계단을 쿵쾅거리면서 밟고 올라왔다. 나와 제인은 함께 같은 방향의 바다를 바라봤다. 그때 제인이 내 귀에 부드럽게 속삭이듯 이야기했다. "아직 아무도 모르는 비밀인데, 우리가 카이퍼 벨트를 발견한 것 같아."

나는 제인의 흥분된 표정을 보고, 그녀가 얼마나 중요한 발견을 한 것인지 느낄 수 있었다. 그리고 아직 아무도 모르는 이야기를 내게 먼저 해줬다는 사실에 나도 덩달아 뿌듯했다. "우와!" 그리고 나는 이렇게 말했다. "그런데 카이퍼 벨트가 뭐야?"

지금 와서 돌이켜보면 당시 내가 제인이 한 말을 바로 이해하지 못했다는 것이 참 우습다. 지금은 비행기 옆 좌석에 앉아 있는 사람이 내게 카이퍼 벨트가 무엇인지 물어본다면, 해왕성 궤도 너머 태양 주변을 둥글게 맴돌고 있는 아주 많은 작은 얼음 천체들에 관한 이야기를 자세하게 들려줄 수 있다. 또 그 천체들이 가끔 태양계 안쪽으로 쏟아지면서 밝은 빛을 내는 혜성이 되기도 하고, 아직까지 덩치 큰 행성으로 뭉쳐본 적 없는 수백만 개가 넘는 이 작은 얼음 천체들이 태양계 가장 멀리 가장자리에 원반을 이루고 있는 것을 카이퍼 벨트라고 부른다는 이런 이야기들을 몇 시간이고 자세하게 설명할 수 있다. 또 수십 년 전에 네덜란드계 미국인 천문학자 제러드 카이퍼Gerard Kuiper가 1990년대까지 아무도 발견하지 못했던 이 카이퍼 벨트의 존재를 어떻게 예측할 수 있었는지 그 짧은 역사에 관해서도 이야기해줄 수 있다. 그리고 마지막으로 아직 비행기가 착륙 전이고 상대방이 계속 내 이야기를 듣고 있다면, 나는 그에게 1992년 여름 늦게 결국 카이퍼 벨트의 존재가 발견되었고, 그 발견 소식이 〈뉴욕 타임스〉 1면을 장식하기 하루 전에 내가 가장 먼저 버클리 천문학과 건물 옥상에서 그 소식을 들었다는 이야기도 해줄 것이다.

하지만 제인이 카이퍼 벨트를 발견했다고 처음 말해주었던 그 당시에 나는 카이퍼 벨트가 무엇인지 몰랐다. 제인은 내게 그게 무엇인지 설명해주었다. 그녀가 발견한 것은 사실 해왕성 궤도를 도는 수많은 작은 천체들의 무리가 아니었다. 실제로 발견한 건 명왕성 궤도 너머에서 태양 주변을 홀로 맴돌고 있는 작은 얼음 덩어리 하나일 뿐이었다. 그건 명왕성보다도 훨씬 작았다. 또 다른 어떤 태양계 천체보다 태양에서 훨씬 멀리 떨어진 외곽을 돌고 있었다. 그 먼 거리에서 홀로 외롭게 태양을 중심으로 궤도를 돌고 있는 천체를 하나 발견한 것이었다. 그래도 여전히 흥미로운 천체다. 그렇지 않은가?

하지만 애석하게도 당시의 난 이렇게 생각했다. 그건 카이퍼 벨트를 발견한 게 아니라, 그냥 명왕성보다 멀리 떨어져 있는 작은 천체를 달랑 하나 발견한 것 아닌가? 이게 뭐가 중요하다는 거지?

별것 아니라고 생각했던 당시의 나는 옥상 계단을 내려와 다시 연구실로 돌아왔고, 목성과 이오의 화산 세계로 빠져들었다.

물론 그때 내 생각은 틀렸다. 당시 발견한 것은 명왕성보다 멀리서 궤도를 도는 작은 천체 달랑 하나일 뿐이었지만, 그 하나만으로도 천문학자들이 태양계에 대해서 기존에 갖고 있던 생각이 잘못됐다는 것을 충분히 입증할 수 있었다. 사실 천문학자들은 우리 태양계를 이루는 모든 천체를 다 파악하고 있는 게 아니었던 것이다. 제인의 발견은 태양계 가장자리 너머에는 여전히 앞으로 우리가 더 찾아야 할 또 다른 천체들이 많이 남아 있다는 사실을 보여주었다. 물론 일부 천문학자들은 아직 이런 가능성에 회의적이기도 했고, 아무 별 볼일 없는 천체가 우연히 발견된 것일 뿐이라며 제인의 발견을 무시하는 사람들도 있었다. 하지만 머지않아 천문학자들은 그 새로운 발견의 가능성에 흥분하기 시작했다. 이제 천문학자들은 명왕성 너머를 바라보기 시작했고, 곧 더 많은 새로운 소천체들이 정말로 발견되기 시작했다.

1999년이 끝날 때쯤, 내가 새바인과 함께 안개 낀 겨울 밤하늘 아래 팔로마산 천문대의 헤일 망원경에 앉아 어쩌면 새로운 행성이 추가로 발견될지 모른다는 이야기를 하던 그 당시에는 이미 전 세계 천문학자들이 카이퍼 벨트로 생각되는 원반을 구성하는 약 500여 개의 소천체 무리를 발견한 시점이었다. 그 당시의 천문학자라면 카이퍼 벨트가 가장 인기 많은 태양계 연구 분야가 될 것이란 이야기를 적어도 한두 번은 넘게 들어봤을 것이다.

1999년 당시 카이퍼 벨트를 이루는 천체로 알려진 500여 개의 소천체 대부분은 수백 마일 정도로 크기가 작았다. 하지만 그중에는 꽤 크기가 큰 녀석들도 있었다. 그중에 가장 큰 것은 명왕성의 3분의 1 정도나 됐다. 무려 명왕성의 3분의 1이다! 명왕성은 오랫동안 태양계 가장자리에서 혼자 외롭게 떠도는 구슬로서의 독보적인 입지를 갖고 있었다. 하지만 이제 천문학자들이 생각했던 것보다 훨씬 더 많은 친구들이 명왕성 주변에 함께 있다는 것이 새롭게 밝혀지고 있었다.

과거의 나는 카이퍼 벨트가 목성에 비해 훨씬 지루한 존재라고 생각하고 무시했다. 하지만 그 후 수년간 명왕성 주변이나 더 먼 곳에서 500여 개의 작은 얼음 소천체들이 발견되면서 이들에게 흥미가 생기기 시작했다. 이제 천문학자들이 명왕성 너머 또 다른 열 번째 행성의 존재 여부를 두고 멈출 수 없는 논쟁을 하게 될 것이란 건 불가피해 보였다. 그리고 나는 분명 저 멀리 태양 주변을 느리게 맴돌면서 누군가 망원경으로 자신을 바라봐주길 기다리고 있는 작은 천체가 존재할 것이라 생각했다. 얼마 지나지 않아 이전까지는 모두가 존재하지 않는다고 여겼던 새로운 천체가 발견되면서, 우리는 결국 아홉 개보다 더 많은 행성을 거느린 새로운 태양계를 만나게 될 것이라 생각했다.

안개가 자욱했던 그날 밤 육중한 헤일 망원경 아래 앉아 있던 새바인은 내게 과학자다운 질문을 하나 던졌다. "그렇게 생각하는 근거는 뭐야?"

나는 새바인에게 천문학계에서 최근까지 있었던 여러 발견에 대해 이야기했다. 그러나 새바인이 근거를 대라고 했을 때 나는 인정할 수밖에 없었다. 사실 근거는 없었다. 그냥 왠지 또 다른 행성이 있을 것 같은 예감이 들 뿐이었다. 공식적으로 과학자는 느낌만 가지고는 연구하지 않는다. 충분한 가설과 관측 데이터 그리고 증거를 바탕으로 연구한다. 느낌만으로는 연구 자금을 받을 수 없고, 대학에서 정년을 보장받을 수도 없다. 또 거대한 망원경을 사용할 기회도 얻을 수 없다. 하지만 그 당시 내게 있는 건 이 예감뿐이었다. 1930년에 명왕성이 발견된 이후 그 누구도 새로운 행성을 찾겠다는 목적으로 체계적으로 하늘을 탐색한 적이 없었다. 당시 카이퍼 벨트를 이루는 500여 개의 새로운 소천체가 발견되기는 했지만, 그때까지도 여전히 대부분의 천문학자들은 명왕성을 찾았을 때처럼 다시 한번 하늘을 열심히 탐색해야 할 필요성을 느끼지 못했다. 하지만 지금은 명왕성이 발견되고 나서 무려 70년이나 흘렀다. 그 세월 동안 망원경은 더 거대해졌고 성능도 훨씬 좋아졌다. 컴퓨터도 더 똑똑해졌고 이제 천문학자들도 하늘의 어디를 찾아봐야 할지를 잘 알고 있었다. 분명 누군가 다시 새로운 행성을 발견하겠다는 목표로 하늘을 제대로 탐색한다면, 1930년대의 옛날 망원경으로는 볼 수 없었던 새로운 천체를 발견해낼 수 있지 않을까? 나는 분명 열 번째 행성이 존재할 것 같았다. 태양계 가장자리를 맴돌고 있는 이상한 천체가 명왕성 하나밖에 없다는 생각이 오히려 터무니없어 보였다.

"근거는 없어." 나는 말했다. "근거는 없어. 그냥 내 느낌에 명왕성보다 더 멀리 또 다른 행성이 있을 것 같은 예감이 들 뿐이야. 만약 내기를 한다면, 나는 그런 천체가 분명 또 있을 거라는 데 걸겠어."

과학자는 내기를 하지 않는다. 과학자들은 수치로 정량화할 수 있는 실험과 관측 결과만 가지고 이야기한다. 내기를 건다는 건 무언가 소중한 것을 포기할 수 있을 정도로 그저 자기 생각이 옳다고 믿는다고 주장하는 것일 뿐이다. 내기를 거는 데는 과학적 근거가 없다. 사실 내기를 하는 건 과학에 반하는 행동이다. 과거 많은 과학자들은 빅뱅, 진화 그리고 양자역학을 부정하는 쪽에 내기를 걸었지만, 결국 그들의 선택은 옳지 않았다.

그래도 나는 내 선택에 확신이 들었다. 내 주장을 뒷받침할 수 있는 탄탄한 과학적 근거는 없었지만, 어쨌든 몇 가지 사실과 발견을 통해서 또 다른 행성이 존재할 것 같은 강한 예감이 들었다. 과학자로서 내 생각을 입증할 수는 없었지만, 내가 옳다고 확신했다. 증명할 수는 없지만, 내 예상이 맞을 거라는 데 내기를 걸 수 있었다.

그래서 새바인과 나는 내기를 하기로 했다. 2004년 12월 31일까지 정말로 새로운 행성이 발견될지, 발견되지 않을지를 두고 내기에 진 사람이 이긴 사람에게 샴페인 다섯 병을 사주기로 했다. 그리고 결과에 따라서 새로운 행성의 발견을 기념하거나, 태양계의 슬픈 한계를 애도하며 함께 그 샴페인에 취하기로 했다.

이후로도 우리는 몇 분 동안 계속 망원경 위를 바라보면서 행성에 대해 고민했다.

"그런데 문제가 하나 있어. 우리는 누가 내기에서 이길지 절대 알 수 없을 거야." 내가 말했다.

"그게 무슨 말이야?" 새바인이 물었다. "새로운 행성이 발견될지 안 될지를 어떻게 몰라? 분명 행성이 발견되면 전 세계 누구나 그 소식을 듣게 될 텐데. 누가 내기에서 이길지 당연히 알 수 있겠지."

"그래 맞아." 다시 내가 말했다. "그런데 말이야, 질문이 하나 있어. 행성이란 게 정확히 뭔데?"

나 역시 스스로 새로운 행성을 발견하는 주인공이 되고 싶었기 때문에 이 질문에 대한 명확한 답을 꼭 얻고 싶었다.

* * *

다들 그렇듯이 나도 이미 네다섯 살이던 1970년대부터 행성이란 게 무엇인지는 알고 있었다. 달에 대해서는 그보다 더 어릴 때부터 알고 있었다. 어린 시절 나는 로켓 마을로 유명했던 앨라배마Alabama주 헌츠빌Huntsville에서 자랐다. 우리 아버지를 포함해서 내가 살던 동네의 모든 아이들의 아버지는 당시 사람을 달로 보내기 위해 일하는 아폴로 계획의 로켓 공학자로 근무하고 있었다. 어렸을 적 나는 우리 마을에서 자란 남자 아이는 모두 커서 로켓 공학자가 되고, 모든 여자 아이는 로켓 공학자의 아내가 되어야 한다고 생각했다. 다른 선택지는 없어 보였다. 닐 암스트롱이 달에 발을 디뎠을 때 나도 어른이 되면 반드시 암스트롱 같은 사람이 될 거라고 확신했다. 당시 나는 로켓을 발사하는 모습, 사령선 캡슐이 달 주변 궤도를 도는 모습, 커다란 달 크레이터 위에 달 모듈이 착륙하는 모습, 그리고 낙하산을 펼치고 캡슐이 지구로 귀환하는 모습을 그림으로 그리곤 했다.

2학년에 올라가자 나는 어렸을 때 내가 그림으로 그렸던 달의 크레이터가 실은 달 표면에 운석이 충돌하면서 생긴 지형이란 사실을 배울 수 있었다. 이를 직접 확인해보기 위해서 마당으로 나간 나는 붉은 진흙에 호스로 물을 채우고 그 위에 돌멩이를 떨어뜨리면서 진흙 위에 달 크레이터와 비슷한 모양을 만들어보기도 했다. 돌멩이를 다양한 각도로 비스듬하게 떨어뜨리면서 어릴 적 달 사진에서 봤던 것과 비슷한 길쭉한 모양의 크레이터를 재현하기도 했다. 나는 이렇게 달을 아주 좋아했다.

난 행성에 대해서도 배웠다. 하지만 당시 행성은 달과 달리 사람이 발을 디디거나 그 표면의 사진을 직접 찍어본 적이 없었기 때문에 달에 비해서는 좀 더 추상적으로 다가왔다. 1학년인 내게 행성은 그저 침실 벽에 붙어 있는 포스터 속 그림에 불과했다. 그때만 해도 나는 탐사선이 이미 화성과 금성 그리고 수성을 방문한 적이 있다는 사실은 모르고 있었다(내가 알고 있는 한, 당시 헌츠빌 사람 대부분은 아폴로 로켓 프로그램과 달 탐사에만 관심을 갖고 있었다. 그래서 어렸을 적 나는 다른 행성을 방문한 탐사선에 대해서는 알지 못했다. 달이 아닌 다른 행성으로 탐사선을 보내는 일은 어릴 적 내가 알지 못했던 대륙 반대편의 패서디나라는 동네에서 벌어지고 있었으니까). 포스터 속 수성의 모습은 운석을 얻어맞은 달과 비슷했다. 금성은 소용돌이치는 구름에 덮인 모습이었다. 화성은 거대한 화산과 깊은 계곡이 있는 모습으로 그려져 있었다. 그보다 더 멀리 있는 태양계 외곽 행성들의 모습은 포스터에서도 뿌옇게 그려져 있었다. 그래도 포스터에는 목성의 구름과 대적점의 모습, 토성의 고리 그리고 천왕성과 해왕성 곁을 도는 위성까지 잘 표현되어 있었다. 그런데 그중에서도 유독 명왕성의 모습은 다른 행성과는 너무나 확연하게 달라서 흥미롭게 느껴졌다.

비록 1학년이었지만, 당시의 나는 거의 완벽한 둥근 원 궤도를 그리는 다른 행성들과 달리, 명왕성 혼자서 이상한 궤도를 그리면서 태양 주변을 돌고 있다는 사실을 바로 눈치챌 수 있었다. 포스터 속에 그려진 명왕성의 궤도가 잠깐 동안 해왕성보다 더 안쪽으로 들어오면서 심지어 명왕성이 해왕성보다 태양에 더 가까이 접근하는 때가 있었다. 하지만 포스터에는 명왕성의 궤도가 이렇게 안쪽으로 들어오는 구간의 아주 일부만 담겨 있었다. 명왕성의 궤도가 태양계 바깥쪽으로 멀리 벗어나는 구간은 훨씬 더 멀리까지 이어졌다. 태양 주변을 도는 명왕성의 궤도는 너무 바깥까지 벗어나 있어서, 포스터 밖으로 나가 내 방 벽과 창문을 넘어 도로 쪽 앞마당까지 나가야 할 정도였다.

게다가 더 이상하게도 명왕성의 궤도는 다른 행성과 달리 같은 궤도 평면상에 놓여 있지도 않았다. 명왕성의 궤도는 다른 행성들의 궤도에 비해서 거의 20도가량 크게 기울어져 있었다. 포스터 속 다른 행성은 모두 높은 곳에서 행성의 표면을 내려다본 풍경의 상상도가 그려져 있었다. 하지만 명왕성만 유일하게, 그 표면에서 바라본 아주 작은 크기의 태양의 모습이 그려져 있었다. 그림 속 명왕성의 표면은 뾰족한 얼음 바늘로 덮여 있었다. 물론 지금은 어렸을 때 봤던 포스터 속 명왕성의 모습이 실제로 명왕성이 어떤 모습인지 모르는 화가가 그냥 흥미를 돋우기 위해서 표현한 상상도라는 것을 알고 있다. 하지만 1학년 때의 나는 명왕성이 정말 포스터 속 그림처럼 뾰족한 얼음 바늘로 뒤덮인 세상이라고 생각했고, 만약 닐 암스트롱이 명왕성 위로 살포시 착륙하면 얼음 바늘이 부서질 것 같다고 생각했다. 분명 명왕성은 다른 행성과는 달라 보였고 수상해 보였다. 그리고 굉장히 연약해 보였다. 그리고 실제로 명왕성이 얼마나 연약한 세상인지를 알게 되기까지 그로부터 35년의 세월이 걸렸다.

3학년이 되자 행성에 대해 자세히 배우기 시작했다. 사람들은 보통 '수성Mercury, 금성Venus, 지구Earth, 화성Mars, 목성Jupiter, 토성Saturn, 천왕성Uranus, 해왕성Neptune, 명왕성Pluto'을 순서대로 암기하기 위해서 각 단어의 앞 철자를 따서 '나의 최고로 좋은 엄마가 바로 우리에게 피자 아홉 판을 만들어주신다(My very excellent mother just served us nine pizzas.)'라는 문장을 사용한다. 하지만 왜인지는 모르겠지만, 내가 다녔던 학교에서는 이 방법 말고 생전 처음 들어본 암기 방법으로 가르쳤다. 우리 학교에서는 행성의 순서를 '마샤는 매주 월요일마다 찾아온다. 그리고 정오까지 머물다 간다, 마침표(Martha visits every Monday and just stays until noon, period.)'라는 문장으로 외우게 했다. 화성과 목성 사이 소행성이 있어야 할 자리에 '그리고 and'라는 말이 끼여 있는 것이 굉장히 절묘하다고 생각했다. 하지만 이 문장 마지막에 붙어 있는 '마침표period'는 3학년의 어린 내가 봐도 좀 억지스러웠다. 명왕성이 좀 더 특별하게 보이도록 해준다기보다는, 마치 뒤늦게 명왕성을 빼먹은 게 생각나서 넣고 싶지 않은데 억지로 끼워 넣은 것 같은 어색한 느낌이 들었다.

희한하게도 어렸을 때 나는 행성에는 관심이 많았지만, 정작 실제 밤하늘을 보는 데는 큰 흥미가 없었다. 물론 북두칠성, 오리온자리, 북극성과 같은 유명한 별이나 별자리 이름 몇 개 정도는 알고 있었다. 앨라배마의 어두운 밤하늘에서 은하수를 찾을 줄도 알았다. 또 친구들에게 그들이 쉽게 착각하는 것과 달리 눈에 보이는 은하수는 사실 하늘에 있는 구름이 아니라는 사실도 설명할 수 있었다. 하지만 실제 밤하늘을 보는 것엔 큰 관심이 없었다.

1973년 어느 추운 겨울밤 한번은 아버지가 나를 데리고 밖으로 나가서 쌍안경으로 직접 혜성이 어떤 모습인지 보여주신 적이 있다. 아버지는 깜깜한 산꼭대기로 올라가 환상적인 코호우테크Kohoutek 혜성의 모습을 보여주셨다. 하지만 내 눈에는 그저 작고 어렴풋하게 퍼져 있는 얼룩처럼 보일 뿐이었다. 나는 아버지에게 이제 빨리 집으로 돌아가 잠 좀 더 자면 안 되겠느냐고 칭얼거렸을 정도로 밤하늘에 별 관심이 없었다. 나는 어린 시절 직접 거울을 가지고 망원경을 만들어본 적도 없고, 별자리 사이사이에 숨어 있는 성운의 위치도 외우지 못했다. 게다가 해가 진 직후 저녁 하늘에 보이는 밝은 점이 사실 비행기가 아니라 금성이라는 사실조차 몰랐다. 나는 토성에 멋진 고리가 있다는 것, 목성의 위성이 몇 개인지, 그리고 화성의 암석 평원과 명왕성의 얼음 바늘에 대해서는 열정적으로 묘사할 수 있었지만, 그 행성들이 실제로 내 머리 위 하늘에 떠 있는 아주 머나먼 세계라는 사실에 대해서는 생각해보지 않았다. 어린 시절 나에게 행성은 진짜 밤하늘에 있는 세상이 아니라, 그저 사진과 글로 설명된 포스터 속 세상일 뿐이었다. 마치 직접 배를 타고 남쪽으로 항해를 해본 적이 없는 사람이 남극 사진과 남극에 대한 글로만 남극을 알고 있는 것과 비슷했다.

3학년이 됐을 때 나는 크리스마스 선물로 아마 모든 아이가 받고 싶어 하는 선물이었을 망원경을 받았다. 하지만 그 망원경을 제대로 갖고 논 적이 없는 것 같다. 형은 나와 전혀 달랐다. 형은 레고로 정교한 구조물도 곧잘 만들었다. 발사나무balsa tree를 직접 깎아서 모형 비행기도 잘 만들었다. 형이 직접 색까지 아름답게 칠해서 만든 모형 비행기는 아주 잘 날았다. 나는 운이 좋아야 겨우 형처럼 레고로 뭘 만들어볼 수 있었다. 형을 따라서 나도 나무 비행기를 만들어보려고 시도한 적이 있지만, 내가 만드는 비행기는 매번 부서졌다. 오히려 나는 그 부서진 나무 비행기를 불태우면서 노는 게 더 재밌었다. 나는 선물받은 망원경을 다루는 데도 소질이 없기는 마찬가지였다. 아무리 거울을 조심스럽게 정렬하고, 삼각대를 고정하고, 아이피스를 이리저리 끼워 넣어도 망원경은 제대로 작동하지 않았다. 한번은 망원경으로 별을 발견했다고 생각한 적이 있는데 나중에 알고 보니 그건 초점이 벗어난 가로등 불빛이었다.

그리고 열다섯 살이 되었다. 가을이 가고 겨울이 시작되던 어느 날 밤 나는 겨울 하늘에서 가장 익숙한 별자리인 오리온자리를 직접 찾아보고 싶었다. 하지만 오리온자리처럼 보이는 별이 바로 보이지 않았다. 사실 오리온자리는 하늘을 처음 보는 사람도 쉽게 찾을 수 있을 정도로 아주 밝은 별들이 뚜렷하게 눈에 띄는 모양을 그리고 있다. 가운데 별 세 개가 오리온의 허리띠를 이루고, 그 아래에는 오리온이 찬 단검에 해당하는 별들이 놓여 있다. 그리고 가장 밝은 별 네 개가 사각형을 그리며 오리온의 전체 몸 윤곽을 완성한다. 오리온자리의 별들은 주변에서 가장 밝아서 사실 그걸 알아보지 못하는 게 더 어렵다. 열심히 오리온자리를 찾던 중 나는 그날따라 머리 바로 위 왼쪽 방향 하늘에서 이전에는 본 적이 없던 처음 보는 별 한 쌍이 오리온자리의 별들만큼 밝게 빛나고 있는 것을 발견했다. 나는 별의 모습을 마치 사진 찍듯이 전부 선명하게 기억하는 사람은 아니었다. 그래서 처음에 그 이상한 별 한 쌍을 발견했을 때는 마치 평소 바닥에 널브러져 있던 신발을 미처 보지 못해서 잃어버린 줄 알았다가 나중에 찾았던 것처럼 그 별들도 예전에 내가 주의해서 알아보지 못하고 넘겼던 것이려니 생각했다.

하지만 그로부터 몇 달이 더 지나면서 그 처음 보는 별 한 쌍에서 놀라운 변화가 벌어졌다. 별들이 움직인 것이다! 하룻밤 또는 일주일 정도로는 그 변화를 알아차리기 어려웠다. 하지만 몇 달이 지나는 동안 그 별들은 위치가 바뀌면서 서서히 서로 가까워졌다. 겨울이 지나고 다시 여름이 시작되면서 나머지 별들은 계속 자기 자리에 그대로 있었지만, 그 두 별만큼은 머리 위 하늘에서 현란한 춤을 추듯 서로의 곁을 맴돌면서 다시 서서히 멀어졌다. 어느 순간 나는 매일 밤하늘에서 이 한 쌍의 별을 확인하고 싶어 안달이 난 내 모습을 발견했다. 겨울이 되었을 때는 늦은 밤까지 계속 깨어 있어야만 두 별의 모습을 볼 수 있었다. 하지만 겨울이 지나고 봄이 온 다음에는 해가 넘어간 직후면 저녁 하늘 머리 위에서 춤을 추는 두 별의 모습을 볼 수 있었다.

나는 누구에게도 이 움직이는 두 별에 대해 물어보거나 이야기하지 않았다. 그냥 혼자서 조용히 두 별을 계속 추적했다. 그러던 어느 봄날 우연히 신문에 난 짧은 기사를 보게 되었다. 두 거대한 행성인 목성과 토성은 20년에 한 번씩 서로 가까워지는데, 오리온자리 부근에서 밝게 빛나는 두 별의 모습으로 보일 수 있다는 내용이 실려 있었다. 놀랍게도 내가 봤던 그 두 별은 별이 아니라 행성이었던 것이다! 지금 와서 생각해보면, 내가 그렇게까지 큰 충격을 받았다는 것이 참 신기하다. 어떻게 그걸 몰라볼 수 있었을까? 나는 대체 그 움직이는 별들의 정체가 뭐라고 생각했던 걸까? 정말로 당시의 나는 그때까지 아무도 발견하지 못한 무언가를 열다섯 살 어린 나이에 내가 처음 발견했다고 생각한 걸까? 어떻게 그 정체가 무엇인지 바로 알아보려고 시도도 하지 않을 수 있었을까?

누구도 나에게 내가 본 두 별이 실은 별이 아니라 행성이라고 말해주지 않았다. 하지만 우연히 읽은 신문 기사를 통해 그것이 실은 목성과 토성이었다는 사실을 알게 된 직후 나는 행성이란 게 단순히 포스터 속 그림이나 탐사선이 멀리서 찍어 보내온 사진 속에 담긴 추상적인 개념이 아니라, 실제로 하늘 위에서 별들 사이를 떠돌아다니며 밝게 빛나는 점이라는 사실을 깨달을 수 있었다. 그 순간 내가 느낀 감정은 마치 평생 사진으로만 그랜드캐니언을 보고 지질학 이론을 연구하거나, 뗏목을 타고 협곡을 직접 탐험했던 탐험가 존 파월John Powell의 발자취를 지도 위에서만 따라가며 공부했던 사람이 어느 날 오후 산책을 즐기던 중 길모퉁이를 도는 순간 갑자기 눈앞에 펼쳐진 협곡 가장자리에서 하마터면 굴러떨어질 뻔한 경험을 하게 되었을 때 느꼈을 법한 감정과 같았다. 한번 그 기분을 상상해보라. 그 순간 행복에 겨워 눈앞에 찾아온 협곡의 온갖 구석, 모든 지류를 탐험하고 그 경이로운 현장에서 알아낼 수 있는 모든 것을 당장 알아내고 싶어지지 않겠는가?

나는 그날 내가 태어나서 처음으로 직접 눈에 담았던 행성의 모습에 매료됐다. 계절이 지나는 동안 나는 꾸준히 별들 사이를 움직이는 목성과 토성을 추적했다. 매년 두 행성은 태양 주변 궤도를 돌면서 동쪽 하늘에서 조금씩 멀어졌다. 토성은 태양에서 아주 멀리 떨어져 있어서 궤도를 한 바퀴 완주하는 데 30년 정도가 걸린다. 오늘날 어린 시절 내 머리 위에 있던 천체가 실은 토성이었다는 사실을 처음 깨달은 이후 약 30년이 흘렀고, 그 뒤 토성은 이제야 비로소 하늘을 완벽하게 한 바퀴 돌고 돌아왔다. 즉, 1토성년을 완주했다. 요즘 다시 밖으로 나가서 하늘을 올려다보면 토성은 정확하게 어린 시절 내가 춤추는 두 별을 보면서 그 정체를 궁금해했던 그때 바로 그 자리에 위치하고 있다. 아마 운이 좋다면 나는 죽기 전에 한 번 더 토성이 하늘을 한 바퀴 완주하고 똑같은 자리로 다시 돌아오는 모습을 볼 수 있을 것이다. 하지만 두 바퀴를 더 도는 모습을 보는 건 어려울 것이다.

토성보다 태양에 더 가까운 목성은 상대적으로 더 빠르게 궤도를 돈다. 목성은 하늘을 한 바퀴 도는 데 12년밖에 걸리지 않는다. 그래서 목성이 궤도를 한 바퀴 돌아서 처음 출발했을 때의 자리로 돌아와도, 토성 역시 궤도를 돌기 때문에 자리가 변하게 된다. 목성이 한 번 더 토성을 따라잡아서 내가 어렸을 때 본 것처럼 두 행성이 지구의 하늘에서 서로 가까이 만나기 위해서는 추가로 8년, 도합 20년이 걸린다.

나는 가끔 내가 어렸을 때 목성과 토성의 만남을 볼 수 있었던 그 절묘한 타이밍에 대해 생각해보곤 했다. 만약 내가 몇 년 더 일찍 태어났다면 내가 열다섯 살이 됐을 때 목성은 아직 토성을 따라잡지 못했을 것이다. 그리고 열다섯 살이던 나는 오리온자리 아래를 지나가는 밝은 행성을 두 개가 아니라 딱 하나만 봤을 것이다. 그랬다면 과연 내가 그 이상한 밝은 별 한 쌍의 춤사위를 눈치챌 수 있었을까? 과연 밤하늘에 관심도 없었던 어린 시절의 내가 이제는 밤마다 바깥으로 나가서 하늘을 올려다보고 별을 확인하고 행성을 찾아보고 또 달의 위치를 체크하는 지금의 나로 성장할 수 있었을까? 물론 그건 알 수 없다. 하지만 적어도 내 경우에는 고대의 점성술사들이 옳았을지도 모르겠다. 따지고 보면 내 운명은 사실 내가 태어나던 순간, 태양계 행성들이 놓여 있던 자리에 의해 결정된 셈이니 말이다.

정말로 행성이 내 운명을 결정했는지는 모르겠지만, 하나만큼은 확실했다. 나는 분명 행성이 무엇인지 알고 있었다. 어린 시절에는 포스터 속에 그려진 행성을 잘 알고 있었고, 10대가 되었을 때는 하늘을 가로질러 움직이는 행성의 모습도 잘 알고 있었다. 이후 나는 몇 년간 박사 학위 논문을 쓰면서 또 역시 행성에 대해 잘 알고 있었다. 그 누구도 행성이란 무엇인가에 대한 내 기존의 생각을 바꿀 수는 없을 것이라 생각했다. 그렇지 않은가? 그렇다면 대체 왜 전 세계 천문학자들은 구름 낀 하늘 아래 이슬비가 내리던 그날 팔로마산 천문대 돔에 앉아 함께 내기를 하며 고민했던 나와 새바인처럼 갑자기 행성이란 단어의 기존 정의에 더 이상 동의할 수 없게 된 것일까? 왜 우리는 무엇을 행성으로 여기고, 무엇을 행성이라 부를 수 없는지를 더 이상 확신할 수 없게 되었던 걸까?

02 1000년 행성의 역사

행성이라는 단어의 의미가 헷갈리기 시작한 것은 사실 20세기 말이 처음은 아니었다. 행성이라는 단어는 수천 년 전부터 존재했고 우주에 대한 인류의 관점이 꾸준히 변해오면서 그 단어의 의미도 함께 변해왔다. 지난 수천 년 동안 행성에 대한 우리의 관점을 늘 극적으로 바꾸게 만든 몇 가지 중요한 사건이 있다.

행성이라는 단어는 원래 고대 그리스어에서 단순히 '떠돌이별'이라는 의미로, '하늘에서 움직이는 무언가'라는 뜻이다. 내가 어렸을 때 하늘 위에서 별들 사이로 춤추듯 움직이는 목성과 토성을 봤던 것처럼, 수천 년 전부터 사람들은 행성이 다른 별과 눈에 띄게 다른 움직임을 보이는 무언가 특별한 천체라는 것을 알고 있었다. 1년간 하늘이 천천히 회전하는 동안 다른 평범한 별들은 한자리에 가만히 고정되어 있지만, 이 떠돌이별은 황도상의 별자리들을 가로질러 돌아다녔다. 고대 그리스인과 로마인은 하늘을 가로질러 움직이는 떠돌이별 일곱 개를 알고 있었다. 그 일곱 개에는 하늘을 올려다보면 어렵지 않게 맨눈으로도 볼 수 있는 다섯 개의 행성인 수성, 금성, 화성, 목성 그리고 토성뿐 아니라, 당시 사람들이 행성으로 여겼던 달과 태양도 포함된다.

아직 도시 인공조명에 의한 광공해가 없던 시절, 당시 사람들은 오늘날의 우리보다 훨씬 더 하늘과 행성에 내밀하게 닿아 있었다. 수성과 금성은 태양에 아주 가까워서 초저녁이나 이른 아침 아주 낮은 고도에서만 볼 수 있다. 그래서 요즘에도 이 두 행성은 비행기로 오해받는 경우가 많다. 심지어 나도 헷갈릴 때가 있다. 하지만 요즘과 달리 하늘에 인공 불빛이 없던 먼 옛날, 저녁이나 아침 하늘에 계속 반복해서 나타나는 밝은 별의 모습은 분명 놓치기 어려운 극적인 장면이었을 것이다. 맨눈으로 봐도 유독 붉게 보이는 화성 역시 돋보인다.

오래전부터 일찍이 행성의 움직임을 과학적으로 기록해왔다는 사실은 전혀 놀라운 일이 아니다. 옛사람들도 행성이 무엇인지 잘 알고 있었다. 이들에게 행성은 아주 중요했다. 당연히 우리의 모든 시간 체계와 단위도 하늘을 기준으로 만들어졌다. 1년은 태양이 하늘을 한 바퀴 쭉 돌아서 다시 출발했던 원래 자리로 돌아올 때까지의 시간으로 정의됐다. 또 한 달(말 그대로 '달')은 달이 지구 주변을 한 바퀴 도는 데 걸리는 시간으로 정의됐다. 요일의 이름도 일곱 행성의 이름에서 따온 것이다. 일요일Sunday(태양), 월요일Monday(달), 토요일Saturday(토성)은 가장 확실하게 그 기원을 알 수 있다. 반면 화요일부터 목요일

사이의 요일은 이름만 보면 그 기원이 명확하게 떠오르지는 않는다. 화요일은 화성의 날로 고대 게르만 신화 속 전쟁의 신 티우Tiu에서 유래한다. 티우는 로마 신화에서 마르스Mars에 해당한다. 수요일의 기원이 된 보단Wodan은 수성의 다른 이름인 메르쿠리우스Mercurius와 같은 신으로, 게르만 신화에서 죽은 자를 옮기는 일을 하는 저승 신에 해당한다. 목요일은 목성의 날로 북유럽 신화의 토르Thor에서 기원한다. 토르는 모든 신의 왕으로 로마 신화 속 유피테르Jupiter와 비슷하다. 마지막으로 금요일은 금성의 날로 북유럽 신화 속 사랑의 여신 프리그Frigg에서 기원한 이름이다. 프리그는 로마 신화의 베누스Venus에 해당한다.

이처럼 행성은 우리 일상 속 많은 부분에 깊게 스며들어 있지만 행성이라는 단어가 인류 역사에 처음 등장했을 때 사람들이 어떤 반응을 보였는지 또 그 영향력이 얼마나 강력했는지에 대한 명확한 기록은 남아 있지 않다. 16세기가 되면서 사람들은 우주의 중심이 지구가 아니라 태양이라는 사실을 알게 됐고, 지구를 비롯한 행성이 태양 주변을 돌고 있다는 생각이 널리 퍼지기 시작했다. 그러면서 갑자기 떠돌이별에 대한 의미가 혼란스러워지기 시작했다. 과거에는 태양과 달 그리고 다른 행성이 모두 지구 주변을 돈다고 생각했다. 하지만 이제 그 일곱 개의 행성 가운데 다섯 개(행성)가 나머지 중 하나(태양)의 주변을 맴돌고 있고, 다른 나머지 하나(달)만이 지구 주변을 맴돌게 된 것이다. 원래는 행성으로 여기지 않았던 지구도 이제 다른 떠돌이별처럼 태양 주변을 맴도는 행성 중 하나가 돼버렸다.

코페르니쿠스Nicolaus Copernicus는 "우리에게 보이는 태양의 움직임은 실제로 태양이 움직이기 때문에 나타나는 것이 아니다. 다른 행성과 마찬가지로 우리 행성 지구가 태양 주변을 공전하기 때문에 보이는 현상이다"라는 역사상 가장 놀라운 주장을 남겼다. 우리 지구도 다른 행성과 마찬가지로 태양 주변을 공전한다! 태양은 움직이지 않는다. 오늘날의 우리에게는 너무나 당연하게 여겨지는 이야기지만, 당시에는 분명 큰 충격이었을 것이다. 지금의 내가 지구를 중심으로 한 우주를 상상하기 어려운 것처럼 당시 사람들은 지구를 중심으로 하지 않는 우주를 상상하는 것이 아주 어려운 일이었다. 당시 사람들은 지구가 우주의 중심이 아니라는 사실을 알게 됐을 때 지금의 내가 아무리 노력해도 헤아릴 수 없을 만큼 정말 엄청난 충격을 받았을 것이다. 과거 오랫동안 사람들은 행성이란 무엇인지 아주 잘 알고 있다고 생각했지만 어느 날 갑자기 발밑에까지 행성이 새롭게 나타나버린 셈이었으니 말이다.

그렇다면 달은 어떨까? 적어도 모든 행성 중 유일하게 곁에 또 다른 천체가 맴돌고 있다는 점에서 지구는 특별했다. 하지만 1609년 갈릴레이Galileo Galilei는 자신이 만든 간단한 망원경으로 직접 하늘을 바라보며 목성 곁에도 지구의 달처럼 또 다른 천체들이 맴돌고 있다는 사실을 발견했다(오늘날 이 천체들을 갈릴레이 위성이라고 한다). 쌍안경으로도 갈릴레이가 본 것과 동일한 모습을 확인할 수 있다. 쌍안경으로 목성을 바라보면 (벽에 몸을 기대고 최대한 흔들리지 않게 잘 고정하면) 목성 표면에 그려진 구름 띠도 몇 줄 볼 수 있다. 그리고 목성 옆에 한 줄로 쭉 늘어선 작고 하얀 점 네 개도 볼 수 있다. 다음 날 밤 다시 목성을 바라보면 그 점들 중 하나는 목성 뒤로 숨어서 사라지고 다른 하나는 목성의 반대편으로 자리를 옮긴 모습을 볼 수 있다. 또 그다음 날 밤에도 목성을 바라보면 이 하얀 점들이 계속 자리를 옮기는 것을 확인할 수 있다. 바로 목성이라는 떠돌이별 곁을 또 다른 떠돌이별들이 맴돌고 있는 것이다. 그리고 그중 하나는 화산을 갖고 있다. 나는 그 화산에 대해 아주 많은 이야기를 들려줄 수 있다.

갈릴레이의 망원경은 비록 투박했지만, 그전까지 너무 어두워서 맨눈으로는 볼 수 없었던 아주 많은 별들을 이 망원경을 통해 발견할 수 있었다. 하지만 과연 갈릴레이나 그 시대 누구라도 너무 어두워서 아직 발견하지 못한 행성이 남아 있을 것이라고 생각할 수 있었을까? 누구도 그런 가능성에 대해 기록을 남긴 사람은 없다. 아무도 그런 생각은 하지 못했던 것 같다. 이제 지구는 우주의 중심에서 밀려났고 다른 행성들과 함께 태양 주변을 맴돌고 있는 올바른 자리로 돌아갔다. 비로소 태양계는 모두 완성된 것처럼 보였다. 너무 어두워서 우리가 아직 알지 못하는 또 다른 행성이 숨어서 태양 주변을 함께 맴돌고 있을 것이란 생각은 하기 어려웠을 것이다. 애초에 그런 보이지도 않는 천체가 있다고 생각할 이유도 없었다.

이 질문에 대한 답을 우연히 찾게 되기까지는 두 세기가 넘게 걸렸다. 1781년 영국의 천문학자 윌리엄 허셜William Herschel은 자신이 새롭게 만든 망원경으로 하늘을 바라보며 어두운 별들의 목록을 정리하고 있었다. 그는 작은 점광원點光源, point source의 모습으로만 보이던 다른 별과 달리 조금 더 크고 둥글게 보이는 이상한 별을 발견했다. 다음 날 밤에는 그 이상한 별의 위치가 조금 달라져 있었다. 별이 움직인 것이다! 허셜은 새로운 떠돌이별을 발견했다. 하지만 허셜은 그것이 새로운 행성이라고는 생각지 않았다(확실히 모든 행성은 이미 다 발견되지 않았던가). 과연 그랬을까? 당시 허셜은 그 천체가 행성이 아니라 지구 주변을 지나가는 혜성이라고 추정했다. 하지만 그로부터 몇 개월이 지나고 나서야 그는 그 천체가 이전까지 누구도 발견하지 못했던, 토성 너머에서 궤도를 도는 새로운 천체라는 사실을 깨달았다. 그건 혜성이 아니라 새로운 행성이었다. 허셜은 망원경으로 보이는 녹색의 둥근 원반의 크기를 측정했고, 이를 통해 새롭게 발견한 천체가 꽤 크다는 사실을 알아냈다. 목성이나 토성만큼 거대하지는 않았지만 태양계의 다른 행성들보다는 더 컸다.

이제 행성이라는 단어의 의미는 또 한번 크게 바뀌게 되었다. 행성은 태양계 멀리서 새로 발견된 일곱 번째 행성까지 포함하는 단어가 된 것이다. 가장 거대한 행성 목성에는 신들의 왕 유피테르의 이름이 붙여졌다. 새로운 행성이 발견되기 전까지 원래 가장 먼 행성이었던 토성의 이름은 유피테르의 아버지 이름(사투르누스Saturnus)에서 따왔다. 허셜에 의해 새롭게 발견된 토성 너머 또 다른 떠돌이별은 6년간의 논의 끝에 결국 가장 오래된 신의 이름(우라노스Uranos)으로 불리게 되었다. 그렇게 천왕성이라는 이름이 지어졌다. 그로부터 딱 7년 후 새로운 화학 원소가 발견되었는데, 천왕성의 이름을 따서 우라늄이라고 명명되었다.

천왕성이 발견되기 전까지 사람들은 행성은 단 여섯 개뿐이라고 생각했다. 하지만 그 오랜 편견이 한번 깨지자 아직 발견되지 않은 또 다른 행성이 더 숨어 있을지 모른다는 생각이 퍼지기 시작했다. 그래서 사람들은 어두운 천체를 좀 더 잘 볼 수 있는 새로운 망원경 기술을 개발했고, 또 다른 새로운 떠돌이별을 사냥하기 위해 체계적으로 하늘을 탐색하기 시작했다. 그리고 그 사냥의 성공 소식은 예상보다 더 빨리 찾아왔다. 1801년 새해 첫날, 허셜과 마찬가지로 원래 행성이 아니라 별을 연구하느라 여념이 없었던 이탈리아의 천문학자 주세페 피아치Giuseppe Piazzi는 화성과 목성 사이 궤도를 돌고 있는 여덟 번째 행성 세레스를 발견했다.

잠깐, 여덟 번째 행성 세레스라고? 요즘 사람들은 아마 '행성 세레스'에 대해서는 거의 들어본 적이 없을 것이다. 하지만 19세기 당시에는 세레스도 의문의 여지 없이 분명 행성으로 받아들여졌다. 몇 년 후 세레스는 당시의 모든 천문학 교과서에 천왕성이나 다른 행성들과 함께 태양계 행성으로 소개되었다. 그리고 선례를 따라 세레스가 발견되고 2년이 지난 뒤 새롭게 발견된 원소의 이름도 세레스의 이름을 따서 세륨이라고 지어졌다. 요즘 사람들은 원소 세륨의 이름도 거의 들어본 적 없겠지만, 식기세척기나 오븐 벽에 많이 쓰이는 성분이다.

하지만 세레스가 발견되고 나서 1년 후 천문학자들은 또 다른 난관에 봉착했다. 독일의 천문학자 하인리히 올베르스Heinrich Olbers가 이전까지 알려지지 않았던 또 다른 떠돌이별, 바로 아홉 번째 행성 팔라스Pallas를 우연히 발견한 것이다! 이번에도 역시 팔라스는 아무런 의문의 여지 없이 태양계의 새로운 아홉 번째 행성으로 받아들여졌다. 1803년에는 팔라스의 발견을 기념하며 원소 팔라듐의 이름도 지어졌다.

당시 세레스와 팔라스는 충분히 행성으로 불릴 자격을 갖추고 있다고 생각되었지만, 몇 가지 미심쩍은 점도 있었다. 세레스와 팔라스도 다른 행성과 마찬가지로 태양을 중심으로 둥근 궤도를 돌고 있다. 하지만 이 둘은 화성과 목성 궤도 사이에서 거의 비슷한 궤도를 돌고 있다. 세레스와 팔라스의 궤도는 거의 겹친다. 이 둘이 다른 행성과 다른 점은 이뿐만이 아니었다. 최근에 발견된 천왕성은 토성보다 더 멀리 떨어져 있기 때문에 너무 희미해서 망원경 없이는 보기 어렵다. 하지만 망원경으로 보면 천왕성은 선명한 녹색 원반의 모습으로 나타난다. 그런데 천왕성과 달리 세레스와 팔라스는 토성이나 목성보다 훨씬 더 가까운데도 망원경 없이는 그 모습을 확인하기 어려웠다. 이들을 보기 어려웠던 이유는 너무 멀리 떨어져 있기 때문이 아니라, 다른 행성에 비해서 너무 크기가 작기 때문이었다. 세레스와 팔라스는 너무 크기가 작아서 당시의 가장 좋은 망원경으로 관측

해도 겨우 작게 빛나는 작은 점으로만 보일 뿐이었다. 그래서 천왕성을 발견했던 천문학자 허셜은 이 둘을 따로 구분해 지칭하기 위한 '소행성asteroid'(그리스어로 '별과 같은 천체'라는 뜻)이라는 용어를 새롭게 만들었다. 아마도 허셜은 자신이 발견한 특별한 천왕성과 뒤이어 발견된 세레스, 팔라스를 구분하고 싶었던 것 같다. 허셜이 보기에 세레스와 팔라스는 둥근 원반의 모습으로 볼 수 있는 진짜 행성이 아니라, 그냥 '별처럼' 작은 점으로밖에 안 보이는 천체였다.

곧이어 천문학자들은 화성과 목성 사이에서 또 다른 행성을 두 개 더 발견했다. 1804년 열 번째 행성 주노Juno가 발견됐고, 1807년에는 열한 번째 행성 베스타Vesta가 발견됐다. 그 후에는 거의 40년 동안 새로운 발견이 없었다. 하지만 이제 더 이상 행성의 이름을 가져다 이름을 지어줄 새로운 원소가 없었던 화학자들이 보기엔 이미 행성이 너무 많다고 생각했을 것이다. 주노와 베스타의 이름을 붙인 원소는 없다. 하지만 40년이라는 시간은 열한 개의 행성을 갖고 있는 태양계의 모습이 당대의 우주관으로 확고하게 자리 잡기에는 충분히 긴 시간이었다. 1837년 당시 중등학교 교과서를 보면 '네 번째 행성 화성' 챕터와 '아홉 번째 행성 목성' 챕터 사이에 '다섯 번째, 여섯 번째, 일곱 번째, 여덟 번째 행성'이라는 챕터가 있다. 아마 이 시절 태양계 행성이 열한 개라고 배웠을 아이들은 이후 찾아올 변화가 별로 달갑지 않았을 것이다.

이 다섯 번째, 여섯 번째, 일곱 번째, 여덟 번째 행성도 목성의 위성처럼 쌍안경만 있으면 쉽게 볼 수 있다. 하지만 성능 좋은 쌍안경으로 태양계 행성들을 쭉 훑어보는 것을 아주 좋아하는 나도 쌍안경으로 이 천체들을 직접 본 적은 없다. 나는 쌍안경으로 토성의 고리와 화성의 붉은 빛깔을 보는 것을 좋아하고, 또 초승달 모양으로 나타나는 은빛의 금성을 보는 것도 좋아한다. 과거 갈릴레이는 바로 이 금성의 모습을 보고 금성이 지구가 아닌 태양 주변을 맴돈다는 사실을 입증할 수 있었다. 나는 몇 시간이고 쌍안경으로 달 표면의 크레이터와 산의 그림자를 관찰하기도 했다. 과거 허셜이 천왕성을 처음 발견했을 때 어떤 기분이었을지를 느껴보고 싶어서 며칠 동안 매일 밤하늘 위를 움직이는 천왕성을 추적한 적도 있다. 하지만 정작 19세기 초 천문학계에서 가장 흥미로운 발견의 주인공이었던 이 다섯 번째, 여섯 번째, 일곱 번째 그리고 여덟 번째 행성에 해당하는 천체를 쌍안경으로 직접 확인해보고 싶다는 생각을 해본 적은 한 번도 없었다.

내가 이 네 개의 소천체들에 별로 흥미를 갖지 않았던 이유는 이 천체들이 그 당시 뒤이어 우후죽순처럼 계속해서 발견된 수많은 천체들 중 일부일 뿐이라고 생각했기 때문이다. 1851년에는 새로운 소행성이 열다섯 개나 추가로 발견됐다. 또 덩치 큰 새로운 행성 해왕성(로마신화 바다의 신 넵투누스Neptunus에서 유래)도 발견됐다. 이 작은 소천체들과 달리 해왕성은 새로운 원소 넵투늄의 이름이 될 정도로 충분히 중대한 발견이었다. 하지만 누구도 이 나머지 열다섯 개 소행성의 이름으로 다른 원소의 이름을 붙여주지는 않았다. 이 시기는 정말 혼란스러웠다. 대체 무엇을 기준으로 행성이 되고 행성이 될 수 없는 걸까? 칼텍의 내 연구실 한쪽 벽에는 내가 수집한 다양한 태양계 그림들이 걸려 있다. 이 그림들은 1850년에서 1900년 사이에 그려진 태양계 지도들이다. 그림마다 태양계 천체를 다르게 지칭하고 있다. 1857년에 그려진 한 그림에는 세레스, 팔라스, 주노, 베스타가 분명 '작은 행성'이라고 쓰여 있다. 하지만 화성과 목성 사이에 있는 10여 개의 다른 소행성은 그냥 '소행성대'라고 뭉뚱그려서 칭한다. 이보다 1년 전에 독일에서 그려진 또 다른 그림에는 각 천체가 발견된 연도 순서대로 당시 알려진 모든 소행성의 이름이 나열되어 있다. 하지만 각 천체가 행성인지 아닌지는 확실하게 언급하지 않았다.

1896년《랜드 맥낼리 지도책Rand McNally Atlas》에 실린 태양계 그림에서는 분명하게 태양, 행성, 혜성을 구분했다. 하지만 소행성은 따로 언급하지 않았다. 이 그림에서 모든 행성은 주요 행성(오늘날 행성이라고 부르는 천체)과 부가 행성(오늘날 위성이라고 부르는 천체)으로 구분된다. 그리고 이 책의 여백에는 각 행성에서 봤을 때 태양이 어떤 크기로 보일지가 그려져 있다. 가장 밑에는 해왕성에서 본 가장 작은 크기의 태양이 작은 원반으로 묘사되어 있다. 중간에는 세레스, 팔라스, 주노, 베스타에서 본 태양의 모습이 함께 그려져 있다. 이를 근거로《랜드 맥낼리 지도책》은 이 네 개의 소천체를 모두 행성으로 간주했다는 것을 간접적으로 유추할 수 있다. 이 소천체들 모두 태양에서 같은 거리를 두고 떨어져 있기 때문에 각 소천체에서 본 태양의 모습은 정확하게 같은 크기의 원반으로 그려져 있다.

하지만 이후 한 세기가 지나면서 행성의 정의에 대한 혼란은 잠잠해졌다. 그 이후에 기록된 글이나 그림에서 소행성과 행성을 구분하지 못하는 경우는 없다. 더 이상 소행성과 행성의 경계가 모호하지 않게 된 것이다. 그렇다면 왜 갑자기 소행성이 행성의 전당에서 쫓겨나 명확하게 구분되기 시작한 것일까? 소행성의 가장 큰 문제는 이들이 모두 비슷한 궤도에 많이 모여 있다는 점이다. 태양 주변을 맴도는 덩치 큰 행성은 모두 서로 다 멀찍이 떨어져 있다. 그래서 이 덩치 큰 행성들의 궤도는 서로 겹치지 않는다. 하지만 당시 알려져 있던 수백 개에 달하는 소행성들의 궤도는 모두 서로 만나고 겹치면서 뒤죽박죽 섞여 있다. 몇 개 정도가 돼야 아주 많다고 할 수 있을까? 발견된 소행성이 단 네 개뿐이었고 태양계 행성이 총 열한 개가 있었던 40년 동안은 (새로운 행성이 발견되는 속도만큼 빠르게 그 이름을 붙여줄 수 있는 새로운 원소를 발견하지 못해 고생했던 화학자들 빼고는) 누구도 불평하지 않았다. 당시까지만 해도 본질적으로 동일한 궤도에서 태양 주변을 함께 맴도는 다른 작은 행성들이 끊이지 않고 계속 발견될 거라고는 상상하지 못했을 테니 말이다. 그 이후 태양계의 행성은 오직 여덟 개뿐이어야 한다는 공식적인 투표나 선언이 있었다는 기록은 없다. 하지만 1900년대 이후 사람들은 관습적으로 태양계에는 행성이 단 여덟 개뿐이라는 생각을 받아들이기 시작했다. 결국 한 세기 동안 잠시 행성의 지위를 갖고 있던 세레스는 별다른 이견 없이 다른 작은 친구들과 함께 쫓겨나 소행성으로 강등됐다.

세레스를 비롯한 소천체 무리가 다른 행성과는 본질적으로 다르다는 것을 알게 되면서 사람들은 이제 이들을 별개의 천체로 구분하려 했다. 그래서 천문학자들은 (아마도 우연히, 하지만 신중하게) 행성이라는 단어의 정의를 새롭게 바꾸고자 했다. 이제 행성이란 말은 단순히 태양 주변을 맴돌며 하늘 위를 떠도는 천체를 의미할 수 없게 되었다. 소행성도 하늘 위를 떠돌아다니기 때문이다. 하지만 소행성은 행성과 달리 바글바글 떼로 무리 지어 떠돌아다닌다는 큰 차이가 있다. 행성이 태양계를 떠도는 큰 고래라면 소행성은 덩치 큰 고래 사이를 헤엄치는 작은 피라미 떼와 같다.

어렸을 적 나는 소행성에 대해서도 잘 알고 있었다. 내 방 벽에 붙어 있던 포스터에는 화성과 목성 사이에 띠를 이루며 흩어져 있는 작은 조약돌과 같은 모습으로 소행성이 표현되어 있었다. 당시 나는 이 소행성 중 일부가 가끔 달에 부딪히면서 큰 크레이터를 만든다는 사실도 잘 알고 있었다. 나는 유성이 떨어지는 걸 본 적이 있는데 그것이 실은 잘게 부서진 소행성 조각이 지구 대기권으로 떨어지면서 타오르는 모습이라는 것도 알고 있었다. 어린 시절 나는 각 소행성의 이름과 특징을 달달 외우지는 않았고 각 소행성을 하나하나 분간할 줄은 몰랐지만, 행성과 소행성의 차이가 마치 바위와 모래 한 줌의 차이만큼 극명하다는 것쯤은 잘 알고 있었다.

무엇이 행성이고 무엇이 행성이 아닌지에 대해 불확실하고 혼란스러운 시기가 지나면서, 이제 과학 교과서에서도 분명하게 태양계 행성은 단 여덟 개뿐이라고 가르치기 시작했다. 그런데 갑자기 또 다른 아홉 번째 행성이 새롭게 발견되는 일이 벌어졌다. 클라이드 톰보Clyde Tombaugh는 하늘을 찍은 여러 장의 사진을 보면서 뭔가 변하는 것이 없는지를 계속 비교한 끝에 명왕성을 발견했다. 1930년 2월 18일 톰보는 하룻밤 사이에 움직인 흐릿한 무언가를 발견했다. 바로 새로운 떠돌이별이었다! (당시 알려져 있던 수백 개의) 다른 무수한 소행성들과 달리 이 새로운 떠돌이별은 화성과 목성 사이에 있지 않았다. 진정한 아홉 번째 행성에 걸맞게 해왕성보다 더 먼 궤도를 돌고 있었다.

하지만 명왕성에도 미심쩍은 부분이 있었다. 명왕성은 다른 행성과 달리 원이 아니라 크게 찌그러진 타원 궤도를 그렸다. 그리고 거의 비슷한 하나의 궤도 평면상에 놓여 있는 다른 행성들과 달리 명왕성의 궤도는 거의 20도가량 크게 기울어져 있었다. 또 명왕성은 행성이라고 하기에는 크기가 너무 작았다. 사실 명왕성은 별처럼 보였다. 그래서 일부 천문학자들은 명왕성을 행성이라고 부르는 것에 동의하지 않았다.

그렇다면 명왕성은 소행성이라고 불러야 할까? 하지만 당시에는 소행성이란 단어가 원래 처음 단어가 만들어질 때 갖고 있던 '별과 같은'의 의미가 아니라, '화성과 목성 사이에서 띠를 이루어 떠돌고 있는 천체'라는 새로운 의미를 갖고 있었다. 따라서 화성과 목성 사이에 있지 않은 명왕성을 소행성이라고 부를 수도 없었다. 그렇다면 명왕성을 혜성이라고 해야 할까? 혜성은 명왕성처럼 크게 기울어진 타원 궤도를 돌기는 하지만, 명왕성처럼 이렇게 멀리서 혜성이 발견된 적은 없었다. 그리고 혜성 comet('머리털'을 의미하는 라틴어 '코마coma'에서 기원한 말)이란 단어는 구체적으로 하늘에 나타난 천체의 뿌연 형체를 의미하는 말이었다. 하지만 명왕성은 혜성과 달리 뿌연 형체가 아니라 별처럼 작은 점으로 보인다. 분명 명왕성은 다른 행성과는 모습이 달랐고 움직임도 달랐지만, 그렇다고 딱히 다르게 칭할 수 있는 방법도 마땅치 않았다. 그래서 명왕성은 어쩔 수 없이 아홉 번째 행성으로 받아들여졌고, 뒤이어 명왕성의 발견을 기념해서 원소 플루토늄의 이름이 지어졌다. 포스터 속 뾰족한 얼음 바늘로 덮여 있는 모습의 명왕성은 포스터를 벗어나 내 방 바깥으로까지 나가는 아주 크게 찌그러진 이상한 궤도를 그리는 천체였지만, 처음 발견된 이후 70년 동안 사람들은 별다른 의문 없이 이 태양계 가장자리의 외롭고 이상한 천체를 그냥 새로운 행성으로 받아들였다.

1992년 내가 버클리 대학 천문학과 건물 옥상에서 샌프란시스코만을 내려다보면서 제인이 카이퍼 벨트를 발견했다는 소식을 들었을 때, 그 당시에는 제인의 발견이 명왕성에 어떤 영향을 끼치게 될지 미처 눈치채지 못했다. 하지만 그 후 얼마 지나지 않아서 천문학자들은 명왕성이 사실 혼자 외롭게 태양계 가장자리를 떠도는 하나의 이상한 천체가 아니라, 카이퍼 벨트라는 더 거대한 집단의 구성원 중 하나에 불과하다는 사실을 깨닫기 시작했다. 150년 전에도 새로운 소행성들이 폭발적으로 발견되면서 그전까지 당연히 행성으로 여겼던 세레스, 팔라스, 주노, 베스타는 곧 행성의 지위를 잃게 되었고 소행성으로 강등된 역사가 있다. 마찬가지로 카이퍼 벨트 천체가 새롭게 발견되기 시작하면서 천문학자들은 명왕성의 지위에 대해서도 고민할 수밖에 없었다. 소행성이 고래 사이를 헤엄치는 피라미떼라면 명왕성을 비롯한 그 주변의 카이퍼 벨트 천체들은 이전까지는 알지 못했던 아주 먼 바다를 헤엄치는 정어리떼라는 사실이 점점 확실해지는 듯했다. 세레스가 행성이 아니라 수많은 소행성 중 하나에 불과한 것이라면, 명왕성이라고 세레스와 달리 특별 대우를 받아야 할 이유가 있을까? 그래서 대체 행성이란 게 무엇이란 말인가?

03 달은 나의 원수

새로운 행성을 찾으려는 시도를 시작하던 당시 나는 패서디나의 한 산꼭대기에 있는 작은 오두막에 살고 있었다. 아마 당시 칼텍 교수들 중에서 화장실이 집 바깥에 있는 사람은 내가 유일했을 것이다. 나는 평소 아주 늦게까지 연구했다. 그리고 일이 끝나면 깜깜한 한밤중에 산을 타고 집으로 돌아갔다. 내가 살던 오두막까지 가기 위해선 바람 부는 산길을 타고 숲속으로 들어가 산을 올랐다가 국유림 주차장을 지난 뒤 흙길까지 계속 내려가야 했다. 그 이후 마침내 개울가에 붙어 있는 오솔길을 따라 걸어가면 집에 도착할 수 있었다. 이 오두막에 처음 이사를 온 지 얼마 안 됐을 때 나는 밤길을 밝혀줄 손전등 챙기는 것을 깜빡할 때가 많았다. 그런 날이면 주변의 무엇이든 빛나는 것에 의지해 칠흑같이 어두운 길을 헤매야 했다.

오솔길 꼭대기에서부터 오두막이 있는 아래쪽까지 내려가는 데 걸리는 시간은 전적으로 그날 하늘에 뜬 달의 모양에 달려 있었다. 보름달이 뜨면 세상이 거의 대낮처럼 밝게 느껴졌다. 덕분에 나는 오솔길을 거침없이 성큼성큼 뛰어다닐 수 있었다. 그보다 조금 어두운 반달이 뜬 날에는 발걸음이 조금 느려졌다. 그래도 주변에 보이는 몇 안 되는 불빛과 어렴풋한 달빛에 의지해서 머릿속으로 주변의 지형지물을 그릴 수 있었다. 너무 익숙해진 덕분에 눈을 감고도 거의 오솔길을 걸어 다닐 수 있는 경지에 이르렀다. 길 중간 중간 어디에 바위가 불쑥 튀어나와 있는지, 어디에 나뭇가지가 축 늘어져 있는지를 모두 꿰고 있었다. 또 오솔길 한쪽의 독이 든 오크나무 덤불에 살갗이 닿지 않도록 하려면 언제 어디서 오른쪽으로 피해 걸어야 하는지도 잘 알고 있었다. 내가 살던 오두막에 나보다 훨씬 오래전에 살았던 한 사람이 산길을 따라 끙끙대면서 냉장고를 옮기다가 그만 개울 아래로 냉장고를 떨어뜨린 일이 있었다고 한다. 그래서 그 자리를 '냉장고 언덕'이라고 불렀는데 나는 그곳에 있는 20피트(6m) 높이의 낭떠러지에서 어느 방향으로 걸어가야 그 아래로 굴러떨어지지 않을 수 있는지도 잘 파악하고 있었다.

이처럼 오솔길의 지리를 빠삭하게 거의 다 외우다시피 했지만, 29일마다 한 번씩 나는 완벽하게 외운 것과 거의 다 외운 것에는 극명한 차이가 있다는 사실을 새삼 체감해야만 했다. 29일마다 한 번씩 달은 하늘에서 완벽하게 사라졌다. 그럴 때면 나는 매번 길을 잃어버렸다. 그나마 운 좋게 하늘에 구름이라도 끼어 있는 날이면, 로스앤젤레스 도심을 밝히는 불빛이 구름에 반사되면서 비춰주는 빛의 도움을 받아 길을 찾을 수 있었다. 하지만 하늘에 길을 비춰주는 달도, 구름도 없는 그저 별과 행성들만 떠 있는 깜깜한 날이면 나는 오솔길을 천천히 더듬으면서 겨우 길을 찾아야 했다. 바위가 어디에 튀어나와 있었지—여기였군!—어디에 나뭇가지가 뻗어 있었지—저기였군!—이러면서 내려가야 했다. 피부가 오크나무 독에 닿지 않은 게 다행일 정도였다.

지금은 오두막을 나와서 남들처럼 평범한 교외 지역에서 살고 있다. 이제는 화장실도 집 안에 있다. 그래서 이젠 달이 내 일상생활에 직접적인 영향을 거의 주지 않는다. 하지만 나는 여전히 매번 의식적으로 하늘에 떠 있는 달의 모양을 확인한다. 그리고 보름달이 떠 있으면 난 그 모습을 딸에게 보여준다. 내가 이렇게 매일 달을 신경 쓰고 사는 이유는 그냥 순전히 매일 위치가 바뀌고 모양이 달라지는 달의 모습을 좋아하기 때문이다. 요즘에는 너무 바빠 하늘에 달이 어디에 있었는지도 미처 눈치채지 못하고 하루를 넘길 때도 있다. 하지만 지금과 달리 오두막에서 생활하던 시절에는 달은 내게 아주 중요했다. 매달 한 번씩 하늘에서 달이 사라지면 나는 깜깜한 귀갓길에서 길을 헤매야 했으니 말이다.

이런 이야기를 하면 내가 달과 사이가 좋았던 것처럼 생각될지 모르지만, 사실은 그 반대다. 하늘에 밝게 꽉 찬 보름달이 떠 있을 때면 내 가장 친한 동료인 두 살배기 딸 릴라가 이렇게 묻곤 했다. "저기 달이야. 아빠의 원수 달 말이야." 릴라의 말은 사실이었다. 달은 내게 원수 같은 존재였다. 왜냐하면 난 새로운 행성을 찾고 싶은 천문학자였기 때문이다. 천문학자들은 광공해로 점차 밤하늘을 밝게 잠식해오는 도시의 불빛을 피하기 위해 가능한 한 가장 외진 곳, 칠레의 산맥이나 하와이 화산, 남극의 평원, 심지어 우주 공간으로까지 도망가서 망원경을 세웠다. 하지만 이런 각고의 노력에도 흐릿한 별빛을 모두 삼켜버리는 밤하늘에서 가장 밝은 조명을 피할 수는 없었다. 바로 보름달이다.

버클리 대학 천문학과에 대학원생으로 입학하기 전까지만 하더라도 달이 내 삶에 방해가 된다고 생각해본 적은 없었다. 달에 대한 추억은 어렸을 때 사람이 직접 달에 발을 내딛는 모습을 봤던 것, 또 그림책에 달 그림을 그리거나 뒷마당에서 직접 진흙에 돌멩이를 떨어뜨리면서 달의 크레이터를 흉내 냈던 것뿐이었다. 하지만 대학원에 들어간 지 얼마 되지 않아서 이런 용어를 배울 수 있었다. 천문학자는 밝은 보름달이 뜬 날을 '밝은 시간bright time'이라고 부른다. 이런 날에는 하늘이 너무 밝아서 어두운 천체를 볼 수 없다. 절반 정도로 어두운 반달이 뜬 날은 '회색 시간grey time'이라고 한다. 천문학자가 가장 기다리는 밤은 달의 공전 주기가 새로 시작되면서 하늘에서 달이 사라진 덕분에 완전히 깜깜한 하늘을 온전하게 볼 수 있는 날이었다. 천문학자들은 이런 날을 '어두운 시간dark time'이라고 한다. 그제야 천문학자는 비로소 망원경으로 가장 어두운 빛을 볼 수 있을 것이란 희망을 품을 수 있다. 당시 내가 찾고자 했던 새로운 행성도 아주 멀리 떨어져 있기 때문에 보름달이 떠 있는 날에는 그 밝은 달빛에 파묻혀서 찾을 수 없었다. 그렇게 달은 내 원수가 되었다.

내가 새로운 행성 찾는 일을 시작하게 된 건 우연이었다. 1997년 칼텍에서 조교수로 일하기 시작했을 무렵, 나는 아직 내가 무슨 일을 하고 있는 건지 갈피를 잡지 못하고 있었다. 칼텍은 천문학자로서 지내기에 가장 좋은 곳 중 하나다. 이 학교는 세계에서 가장 좋고 훌륭한 망원경을 많이 보유하고 있다. 그래서 칼텍의 천문학자는 각 연구 분야를 선도할 수 있다는 기대를 많이 받는다. 서른두 살에 칼텍에서 일을 시작하게 되었을 때 나는 정말 우연히도 세계에서 가장 좋은 최고의 망원경을 쓸 수 있는 기회를 얻었다. 망원경을 앞에 두고 나는 매번 이렇게 되뇌었다. "해보자! 이 망원경으로 내 분야에서 가장 위대한 발견을 해보자!"

나는 6년간의 박사 과정 대부분을 주로 목성과 그 화산 위성을 연구하면서 보냈다. 하지만 이제는 뭔가 다른 새로운 걸 시작해야 할 때였다. 해보자! 나는 계속 되뇌었다. 좋아, 그런데 어디서 뭘 어떻게 시작해야 하지? 물론 나는 이 망원경과 장비를 어떻게 사용하는지, 내가 보고자 하는 하늘을 어떻게 조준해서 봐야 하는지, 또 관측한 데이터를 어떻게 수집하고 분석해야 하는지 잘 알고 있었다. 하지만 그 이전에 애초에 망원경으로 어느 쪽의 하늘을 봐야 할지, 그리고 왜 그 방향의 하늘을 봐야 하는지에 대한 이유를 찾는 건 훨씬 어려운 문제였다. 내겐 너무 버거운 질문이었다. 하지만 학교에서 조교수로 더 오래 살아남기 위해서는 조만간 새로운 발견을 해내야만 했다. 그래서 내가 다룰 수 있는 각 망원경으로 무엇을 할 수 있을지 목록을 정리해놓고 쭉 고민을 했다.

5년 전 제인 루가 처음으로 내게 카이퍼 벨트에 대해 이야기해준 이후, 이제 해왕성 너머 궤도를 돌고 있는 소천체는 거의 100개 가까이 알려져 있었다. 태양계 바깥의 아주 멀고 어두운 천체에 관한 연구 분야는 분명 천문학계에서 새로운 주요 연구 분야로 떠오르고 있었다. 거대한 망원경은 바로 이 소천체를 연구하기에 아주 적합한 장비다. 게다가 마침 나는 우연한 기회에 이 거대한 망원경을 직접 마음껏 다룰 수 있는 위치에 있었다. 해보자! 나는 그렇게 생각했다.

나는 과감하지 않게, 신중하게 작은 첫 발자국을 뗐다. 우선 당시 천문학계에서 떠돌던 가설 중 하나를 검증해보기로 했다. 내가 선택한 가설은 카이퍼 벨트에 있는 천체들이 마치 달에서 보이는 것과 같은 거대한 충돌에 의해 만들어진 크레이터로 얼룩진 표면을 갖고 있을 것이란 가설이었다. 어쩌면 이런 것은 별로 중요하지 않은 사소한 내용이라고 생각될지 모른다. 하지만 이건 시작에 불과했다. 그리고 나는 일단 첫걸음을 뗄 필요가 있었다. 나는 이 가설을 검증하기 위해서 200인치(508cm)짜리 거대한 헤일 망원경에서 3일 밤을 지새우며 정말로 카이퍼 벨트 소천체들의 표면이 얼룩져 있는지를 확인할 생각이었다. 그런데 내가 헤일 망원경에서 보내려고 계획해둔 3일 중에는 추수감사절 휴일도 포함되어 있었다. 휴일에 일하는 건 젊은 신참 천문학자들에게는 흔한 일이다. 비록 휴일이 있었지만 그

3일간은 내 시야를 방해하는 밝은 보름달이 없는 어두운 시간이었고, 나는 그 시간을 허비할 수 없었다.

추수감사절 하루 전날, 나는 패서디나에서 남쪽으로 세 시간 동안 차를 몰고 달려갔다. 치노힐스Chino Hills의 논밭(지금은 집들이 지어지고 있다)을 가로질러 먼지로 자욱한 팔라족 인디언보호구역(지금은 이곳에 고층 카지노 건물이 지어졌다)을 지나, 숲으로 우거진(지금은 불에 타버린 나무 그루터기로 둘러싸인) 팔로마산으로 향했다. 평소에도 관측을 하러 갈 때는 운전을 하면서 하늘에 떠 있는 구름을 보며 밤에 날씨가 어떨지 조마조마한 마음으로 가늠해보곤 했다. 하지만 그날의 하늘 상태는 구름이 가끔 몰려오면서 날씨가 어떨지 고민할 수 있는 수준이 아니었다. 그냥 딱 봐도 구름이 잔뜩 끼어 있었다. 악천후가 계속됐고 일기예보도 암울했다. 망원경에서 맞이하는 나쁜 날씨가 천문학의 모든 걸 좌우하는 것은 아니지만, 새로운 발견에 목이 마르거나 그저 몇 발자국이라도 나아가고 싶은 젊고 열정적인 천문학자에게 이렇게 날씨가 좋지 않은 날 밤 망원경에서 허비한 시간은 가슴속 깊이 한이 되어 맺힐 것이다.

산 정상에 있는, 다들 수도원이라고 부르던 건물에 도착하자 산 주변에 안개가 자욱하게 깔리기 시작했다. 석회벽으로 이루어진 이 건물은 연구자를 위한 식당과 취침 공간이 있는 2층짜리 육중한 건물이었다(여성은 출입할 수 없던 시절의 고대 천문학과 아주 잘 어울리는 느낌의 공간이다). 나는 그날 밤 작업을 위해서 망원경과 장비를 준비하러 갔다. 창문도 없는 돔 안에서 몇 시간에 걸쳐 그날 사용할 장비를 꼼꼼하게 점검했다. 저녁을 먹기 위해 밖으로 나왔을 때는 조금씩 가벼운 눈이 내리기 시작했다. 저녁을 다 먹고 나자 눈은 멈췄지만 짙은 안개는 밤늦게까지 계속 남아 있었다. 나는 자지도 않고 부디 어떻게든 안개가 걷혀 관측을 시작할 수 있게 되기를 간절하게 바랐다. 하지만 그런 일은 일어나지 않았다. 결국 해가 뜨고 검게 보이던 짙은 안개가 잿빛이 되었을 때에야 나는 망원경을 떠나 다시 수도원 숙소로 돌아왔다. 그리고 작은 방 안에 암막 커튼을 치고 오후 2시까지 내리 잠을 잤다.

다시 일어나 커튼을 열어젖혔을 때 그새 더 쌓인 축축한 눈과 짙어진 안개가 보였다. 그날 밤 망원경을 사용할 가망이 없다는 뜻이었다. 돔은 계속 얼어붙은 채 굳게 닫혀 있었다. 또 산이 눈으로 모두 막혀서 내가 타고 온 이륜구동 트럭으로는 도저히 산길을 오르내릴 수 없었다. 해가 지기 전 서둘러 식사를 마치고 나는 다른 천문학자들과 함께 깜깜한 밤 동안 사용할 망원경을 준비하는 대신, 그저 아무것도 하지 못한 채 추수감사절 연휴 내내 수도원에 고립돼 있었다. 그곳은 텔레비전도 없었고 인터넷도 연결되어 있지 않았다. 우리는 저녁밥을 먹은 후에 함께 모닥불을 피우고 각자의 연구와 관련된 문헌들을 파헤쳤다. 나는 그 안타까운 상황에서 우리가 대체 무엇을 할 수 있을지, 가능한 모든 대안을 떠올리기 위해 관련 문헌들을 샅샅이 읽어 내려갔다. 뭔가 생각이 떠오를 때마다 벽난로 근처에 있는 이들에게 의견을 물었다. 팔로마산에 있는 다른 망원경들에 관해서도 질문했다. 또 그 망원경으로는 다른 뭔가를 할 수 있는 게 없을지 의견을 구했다.

"헤일 망원경의 적외선 카메라는 잘 작동합니까?" 누군가 그렇다고 했다. 그러곤 다시 평범한 대화가 이어졌고 별다른 소득 없이 모두들 조용히 읽던 자료로 눈길을 돌렸다.

"망원경에 긴 슬릿의 에셸 분광기Echelle Spectrometer가 설치되어 있나요?" 아니라는 답을 들었다. 우리는 모두 어떻게 수리해야 분광기를 쓸 수 있을지를 논의했다.

"혹시 내년에 들어온다는 새로운 열 영상 촬영 장비에 대해 아는 분 계신가요?" 그에 대해선 내가 잘 알고 있었다.

그날 저녁 나는 팔로마산 천문대에서 활용할 수 있는 망원경과 카메라, 분광기와 각종 장비의 모든 가능한 조합을 다 고민해봤다고 생각했다.

그때 마지막으로 한 사람이 내게 물었다. "48인치(122cm) 슈미트 망원경Schmidt Telescope에 대해 들어보셨나요?"

아니다, 전혀 들어본 적 없었다. 사실 나는 그 망원경이 팔로마산 어디에 있는 건지도 알지 못했다. 내가 차를 몰고 가본 적 없는 저쪽 길에 있는 건가? 급수탑 옆에 있는 작은 돔에 그 망원경이 있는 건가? 그런가?

50년 전 거대한 200인치 헤일 망원경이 완성되었을 때 천문학자들은 아무리 세계에서 가장 거대한 망원경을 갖고 있어도 그 망원경으로 하늘의 어디를 봐야 할지 모른다면 소용이 없다는 사실을 깨달았다(어쩐지 익숙한 딜레마다). 그래서 당시 천문학자들은 거대한 망원경의 가이드가 되어줄, 하늘 전체를 담은 상세한 가이드북을 먼저 만들 필요가 있다고 생각했다. 그리고 바로 그 작업을 하기 위해서 천문학자들은 헤일 망원경 아래쪽에 작은 48인치짜리 슈미트 망원경을 만들었다. 그렇게 완성된 슈미트 망원경은 역사상 처음으로 하늘 전체를 담아냈다. 하늘 전체가 여러 장의 사진 속에 담겼다. 그 결과 완성된 하늘의 지도는 곧 〈팔로마산 천문대 천성도Palomar Observatory Sky Survey〉라는 이름으로 천문학자들에게 널리 알려졌다. 모든 천문학과 도서관에는 이 〈팔로마산 천문대 천성도〉의 관측 결과가 담긴 14인치(36cm) 크기의 정사각형 모양 사진들로 꽉 찬 캐비닛들이 가득했다. 특수 보호 필름 안에 담긴 각 사진을 꺼내면, 그 안에는 쭉 뻗은 팔 끝 손바닥 크기만 한 영역의 하늘을 담은 사진들이 들어 있다. 북극성에서 남십자성에 이르는 하늘 전체의 모습이 총 1200장의 사진에 담겨 있다.

대학원 시절 나는 〈팔로마산 천문대 천성도〉 이미지를 어떻게 해야 제대로 쓸 수 있는지 그 신비로운 절차를 배운 적이 있다. 천문학자는 이 절차를 POSS라고 부른다. 우선 천문학 서가에 가서 커다란 캐비닛을 연다. 보고 싶은 하늘의 좌표가 어딘지에 따라 열어야 할 캐비닛의 위치가 달라진다. 북쪽 하늘을 보고 싶다면 사다리를 타고 올라가 캐비닛 꼭대기를 뒤져야 한다. 남쪽으로 멀리 떨어진 별을 보고 싶다면 서가 바닥에 주저앉아서 가장 낮은 캐비닛을 열어야 한다. 아니면 운 좋게 찾고자 하는 하늘 사진이 마침 머리 바로 위의 캐비닛에 들어 있을 수도 있다. 그러면 그냥 그대로 서서 편하게 사진을 꺼내보면 된다. 운이 좋다면 사진이 동쪽 끝 하늘에서 서쪽 끝 하늘까지 순서에 맞게 잘 정리되어 있을 것이다.

하지만 운이 나쁘다면 찾는 사진이 제자리에 없을 수도 있다. 그러면 몇 시간이고 계속 사진을 찾아야 한다. 드디어 원하는 영역의 사진을 발견하면 이제 그것을 꺼내서 서가의 큰 책상에 펼쳐놓는다. 이후 보고자 하는 하늘의 영역을 정확히 찾기 위해서 셀 수 없이 많은 별과 은하로 가득 채워져 있는 사진에 얼굴을 박고 보석상이 쓰는 확대경으로 사진을 살펴봐야 한다. 드디어 찾는 하늘 영역을 발견하면 특수 제작된 폴라로이드 카메라를 꺼내서 방금 찾은 영역을 엽서 크기의 사진으로 촬영한다. 이 복잡한 과정을 거쳐 확보한 폴라로이드 사진이 바로 내가 망원경으로 하늘을 관측할 때 사용하는 개인용 가이드북 역할을 하게 된다.

수십 년간 천문학자들은 세계 곳곳에 있는 거대한 망원경을 방문할 때마다 이렇게 미리 폴라로이드 사진을 챙겨 준비해 갔다. 보고자 하는 방향의 하늘로 조준해놓은 거대한 망원경을 작동하면 연결된 TV 화면에는 뭐가 뭔지 알아보기 어려운 수많은 별들로 빼곡하게 채워진 모습이 나타났다. 이 알아보기 어려운 화면 속에서 내가 찾으려고 하는 은하, 성운, 중성자별을 분간할 수 있게 해주는 유일한 수단이 바로 폴라로이드 사진이다. 밤마다 모든 망원경의 제어실에는 폴라로이드 사진을 손에 쥔 채 망원경과 연결된 TV 화면을 뚫어져라 쳐다보는 천문학자들의 모습을 볼 수 있다. 가끔 망원경으로 찍은 실제 하늘의 모습이 상하좌우가 뒤집혀서 화면에 나오는 경우도 있었다. 이 사실을 깜빡했을 때는 서너 명의 천문학자가 모여서 눈을 가늘게 뜬 채 별들로 빼곡한 사진을 이리저리 뒤집어보면서 화면을 계속 응시해야 했다. 그러다 보면 결국 한 사람이 신나게 소리칠 때가 있었다. "아하! 우리가 찾던 이 별 여기에 있었네! 작은 삼각형은 여기에 있어! 우린 지금 제대로 된 방향을 보고 있어!" 하지만 오늘날은 이 과정이 훨씬 간편해졌다. 〈팔로마산 천문대 천성도〉 관측 데이터를 구하기 위해서 먼지 쌓인 캐비닛을 직접 뒤적거릴 필요가 없어졌다. 이제는 인터넷으로 빠르게 원하는 천성도 이미지를 찾을 수 있다. 다만 컴퓨터 화면을 떼어서 이리저리 뒤집어볼 수는 없기 때문에, 그 대신 천문학자들이 직접 고개를 이리저리 꺾고 돌리면서 제대로 된 하늘을 보고 있는 건지 확인해야 한다. 끝내 누군가 "아하!" 하고 소리치며 일제히 모두 고개를 원래대로 세울 수 있게 될 때까지 말이다.

48인치 슈미트 망원경은 전 세계 천문학자들에게 아주 잘 알려진 유명한 망원경이었지만 나는 딱 한 가지 이유 때문에 그 망원경을 간과하고 있었다. 그 망원경은 너무 원시적인 기술로 사진을 촬영했다. 내 이전 세대의 천문학자들은 모두 사진 천문학의 시대를 살았다. 그들은 어둠 속에서 필름을 어떻게 갈아 끼우는지, 망원경 꼭대기에 매달린 작은 케이지에 어떻게 올라가는지, 원하는 방향의 하늘을 볼 수 있도록 망원경을 어떻게 부드럽게 움직여야 하는지, 또 어떻게 사진을 찍고 인화하는지를 배워야 했다. 하지만 나는 그들과 달리 처음으로 완벽한 디지털 시대에 천문학을 배운 세대였다. 오늘날의 모든 망원경은 일반 사람들이 들고 다니는 평범한 디지털 카메라와 동일한 기술을 사용한다. 천문학은 사진술의 발전만큼 아주 극적으로 변해왔다. 훨씬 더 신속하고 편리하게 사진을 촬영하고 확인하고 조작하고 또 공유할 수 있게 되면서 천문학 연구가 진행되는 방식도 함께 혁신적으로 변했다. 그래서 나는 옛날 방식으로 운용됐던 48인치 슈미트 망원경이 철 지난 구시대의 유물이라고 생각했다.

하지만 눈이 내리고 안개가 끼어 있던 추수감사절 날은 달랐다. 별다른 대안이 없던 나는 오랫동안 무시했던 그 고물 덩어리에 가보기로 했다. 구시대의 천문학이 어떻게 사진을 찍고 하늘을 바라봤는지를 알아보는 것도, 그날 밤의 시간을 마냥 허투루 보내지 않을 수 있게 해주는 좋은 대안이라고 생각했다. 나는 눈 덮인 깜깜한 산길을 걸어 내려갔다. 48인치 슈미트 망원경에 도착했을 때 그 망원경 아래 비좁은 제어실을 누군가 깔끔하게 정리하고 있었다. 장 뮬러Jean Mueller였다. 우리는 인사를 나눴다. 뮬러는 48인치 슈미트 망원경으로 다시 한번 하늘 전체 지도를 만들어 과거에 완성했던 것과 비교하는 작업을 하기 위해서 제어실 내부를 청소하고 있었다.

48인치 슈미트 망원경을 다시 사용한다니? 그건 완전히 화석이나 다름없었다. 대체 누가 이 유물을 쓰고 싶어 할까? 사용하기도 번거로운 그 지저분한 사진 건판이 이제 와서 쓸모가 있을까? 하지만 내 걱정과 달리, 이 질문에 대한 답은 상대적으로 간단했다. 사진 건판 시대가 끝난 이후 디지털 카메라의 발전 덕분에 천문학이 혁신적으로 발전하고 천문학자의 삶이 훨씬 더 편해진 건 사실이었지만, 단 한 가지 나빠진 점이 있었다. 슈미트 망원경은 한 번에 넓은 하늘을 찍을 수 있도록 설계됐다. 매 순간 망원경의 뒤쪽에 연결된 14인치 크기 정사각형 모양의 사진 건판에 그 넓은 영역의 하늘이 한꺼번에 담겼다. 사진 건판이란 말 그대로 사진 감광유제가 발라져 있는 유리 건판을 이야기한다. 한 번에 아주 넓은 영역의 하늘이 이 건판에 담기는 것이다. 하지만 요즘 사용하는 망원경의 디지털 카메라는 이보다 훨씬 좁은 영역밖에 담지 못한다. 과거에 비해 더 어두운 천체를 볼 수 있다는 장점은 있지만, 이전에 비해 한 번에 볼 수 있는 영역은 좁아진 것이다.

디지털 카메라를 활용하는 오늘날의 일반 망원경은 슈미트 망원경이 보는 하늘에 비해 약 1000분의 1밖에 안 되는 좁은 하늘만 담을 수 있었다. 단순히 더 큰 디지털 카메라를 쓰면 이 문제를 해결할 수 있지 않을까 생각할지 모르겠지만, 사진 건판만큼 아주 넓은 하늘을 보기 위해서는 무려 500메가 픽셀 수준의 엄청난 디지털 카메라가 필요하다. 이는 말도 안 되는 숫자다. 내가 팔로마산 천문대에 방문했던 당시는 아주 실력이 좋은 사진작가는 돼야 그 명성에 걸맞은 메가 픽셀 수준의 사진을 겨우 찍을 수 있는 시절이었다. 48인치 슈미트 망원경으로 1950년대에 완성한 천성도 수준의 사진을 얻고 싶다면, 디지털 카메라로 고생하는 대신 차라리 오래된 사진 건판으로 빠르게 하늘을 훑어보는 고통을 감내하는 편이 훨씬 나은 선택이었다.

퓰러는 사진 건판을 활용한 가장 최근의 관측이 어땠는지 이야기해주었다. 또 자신이 다른 천문대에서 몇 년간 근무하다가 어떻게 해서 이 팔로마에서 일하게 되었는지도 이야기해주었다. 그녀는 애석하게도 48인치 슈미트 망원경의 시대가 끝나가고 있다고 설명했다. 두 번에 걸친 〈팔로마산 천문대 천성도〉 작업을 통해서 이제 하늘 전체의 지도가 다 완성되었다고 생각했기 때문에, 이제 와서 슈미트 망원경과 사진 건판을 사용하고 싶어 하는 사람이 나타날 거라고는 생각지 못했다고 이야기했다. 이미 그해 가을 하늘은 모두 관측한 뒤였기 때문에 이듬해 가을에 슈미트 망원경을 활용한 추가 관측 계획은 예정된 것이 없었다.

전 세계의 모든 주요 망원경은 크리스마스 휴일 하루만 빼고 1년 동안 매일 밤 관측 일정이 모두 잡혀 있다. 그렇지만 나는 크리스마스에도 망원경에서 근무한 적이 많았다. 나는 망원경을 사용하지 않고 놀게 내버려두는 것은 아주 끔찍한 일이라고 생각했다. 망원경 장비에 문제가 있거나 날씨 때문에 망원경을 사용하지 못하게 되는 것도 슬픈 일이지만, 단순히 관심이 부족해서 망원경을 사용하지 않고 방치하는 건 정말 나쁜 일처럼 느껴졌다.

그래, 좋다. 사진 건판 기술은 오래된 구식 기술이고 투박하기는 했지만, 분명 48인치 슈미트 망원경은 넓은 영역의 하늘을 한꺼번에 찍을 수 있게 해주는 세계에서 가장 좋은 망원경 중 하나였다.

넓은 영역의 하늘! 내게 필요한 건 바로 이것이었다. 과거 새로운 행성을 찾고자 했던 다른 초창기의 천문학자들 대부분은 한 번에 좁은 영역밖에 찍지 못하는 디지털 카메라를 활용해서 카이퍼 벨트 천체를 탐색했다는 한계를 갖고 있었다. 물론 그 천문학자들은 디지털 카메라를 가지고도 성공적으로 새로운 카이퍼 벨트 천체들을 발견해왔지만, 그렇게 발견한 천체 대부분은 모두 작고 어두운 것뿐이었다. 바닷속 물고기를 잡고 싶은데 크기가 작은 그물밖에 없다고 생각해보라. 바다에 그물을 여러 번 집어넣으면 조그만 미생물과 크릴새우는 많이 잡을 수 있을 것이다. 하지만 크기가 작은 그물만 갖고는 돌고래나 상어, 고래처럼 훨씬 덩치 큰 물고기가 바닷속에 살고 있다는 사실을 알 수 없다. 48인치 슈미트 망원경의 사진 건판은 다른 최신 망원경에서 사용하는 디지털 카메라에 비해서는 덜 민감하긴 했지만, 바닷속 거대한 고래를 잡을 수 있는 아주 큰 그물이었다. 슈미트 망원경의 그물은 너무 커서 미생물이나 크릴새우 같은 건 다 빠져나갔을 것이다. 하지만 반대로 몸집이 큰 물고기는 슈미트 망원경의 커다란 그물에서 도망갈 수 없었다. 나는 더 큰 물고기를 찾고 싶었다.

나는 이 당시에도 카이퍼 벨트에 속한 행성이 명왕성뿐일 것이라고는 생각하지 않았다. 아직 발견되지 않은 또 다른 행성이 더 있을 것이라 여겼다. 슈미트 망원경을 활용하는 것은 바로 이런 행성을 찾기 위한 아주 좋은 방법이었다. 하지만 한 가지 중요한 문제가 있었다. 나는 초등학교 3학년 때 아버지와 함께 만든 핀홀 카메라로 사진을 찍어서 암실에서 인화해본 적이 있는데, 그때 이후 최근까지 진짜 필름을 직접 다뤄본 적이 없었다. 나 혼자서는 슈미트 망원경과 사진 건판을 활용한 작업을 완수할 수 없었다. 그래서 뮬러에게 망원경이 놀게 될 다음 해 가을 동안 일정이 어떻게 되는지를 물어봤다. 하지만 뮬러도 자신의 일정을 당장 알 수 없었다. 뮬러와 그녀의 동료들은 슈미트 망원경이 쉬는 동안 다른 망원경으로 배정될 예정이었다. "그러면 혹시 그동안 누군가 슈미트 망원경을 쓰고 싶어 한다면 어떨까요?" 나는 뮬러에게 물었다. 그녀는 순간 표정이 밝아지면서 소리쳤다. "분명 다들 기뻐할 거예요. 저희도 모두 슈미트 망원경으로 새 프로젝트를 시작해보고 싶었거든요."

그러고 나서 뮬러가 내게 물었다. "이걸로 새로운 행성을 한번 찾아볼 수 있지 않을까요?"

* * *

바로 이런 인연으로 나는 새로운 행성을 찾게 됐다. 그로부터 1년 뒤 나는 원수 같은 달빛이 밤을 밝게 비추는 시기를 제외하고는 매일 밤 뮬러와 그녀의 동료 케빈 리코스키Kevin Rykoski에게 전화를 걸어서 매일 그날은 하늘의 어디를 찍어야 할지에 관해 이야기를 나눴다. 그러면서 둘과 많이 친해지게 됐다. 매일 밤 우리는 달의 위치와 달의 모양이 어떤지, 구름이나 안개가 낄 가능성은 없는지, 그리고 그날 밤 관측의 성패를 놓고 하루 전날 밤부터 계속 토론을 이어갔다. 나는 어디든 갈 때마다 천성도와 달력 그리고 우리가 함께 논의한 모든 것을 기록한 하드커버 공책을 항상 갖고 다녔다. 매일 밤 내가 어느 대륙, 어느 시간대에 있는지와 상관없이 48인치 슈미트 망원경이 있는 곳에서 해가 지기 딱 30분 전이 되면 정확하게 천문대에 있는 동료들에게 전화를 걸었다(이 전화를 걸어야 하는 시간은 모두 내 하드커버 검은색 공책에 기록되어 있었다). 나는 저녁 시간 아주 번잡한 버클리 길거리의 공중전화에서도 천문대로 전화를 건 적이 있다. 또 아주 이른 아침 이탈리아 북부의 한 호텔에 머무르면서도 전화를 걸었고, 앨라배마에 있는 어머니 댁에 머무르다가도 밤을 넘긴 깜깜한 시간에 천문대로 전화를 걸기도 했다. 무엇보다 숲 속의 내 작은 오두막에서 천문대로 전화를 걸었던 순간이 가장 기억에 남는다.

나는 매번 꼼꼼하게 작업을 진행했다. 우리는 매달 전체 하늘의 1퍼센트를 살짝 넘는 영역을 관측했다. 그 영역은 총 15장의 필드로 담을 수 있었다. 별것 아닌 간단한 일처럼 들릴지 모르지만 당시 우리가 카이퍼 벨트 전체를 찾기 위해 관측한 하늘의 총 면적은 앞서 지난 5년간 다른 천문학자들이 훑어봤던 하늘의 전체 면적보다 훨씬 넓었다. 보통 다른 천문학자들은 한 번 관측하면 필드를 서너 장 정도만 얻는다. 관측이 진행되는 동안 퓰러나 케빈 둘 중 한 명은 각종 컴퓨터와 관측 장비로 가득한 깜깜한 망원경 제어실 안에 들어가 계단을 타고 망원경이 있는 돔 바닥으로 올라갔다. 그 안에 들어가면 조명은 완전히 다 꺼졌다. 이후 이들은 빛을 차단해주는 보호 상자 안에 보관되어 있던 사진 건판을 하나 꺼냈다. 어린 시절 핀홀 카메라에 들어 있던 필름을 인화할 때는 붉은 조명 속에서 사진을 인화했다. 하지만 그때와 달리 우리가 당시 관측에서 사용한 필름은 주로 붉은 쪽의 스펙트럼에서 빛을 내는 카이퍼 벨트를 찾기 위해서 특히 붉은빛에 예민하게 반응하도록 제작된 것이었기 때문에, 사진 건판을 꺼내는 작업을 하는 내내 붉은 조명의 암실이 아니라 완전히 조명을 다 끄고 작업을 해야 했다. 사진 건판을 보호 상자 밖으로 꺼낸 후에는 그것을 들고 망원경으로 걸어가 망원경 아래쪽에 장착했다.

그러고 나서야 망원경 셔터가 개방됐고 하늘에서 쏟아지는 빛이 사진 건판에 담기기 시작했다. 이후 30분이 지나고 나면 누군가 다시 어둠 속에서 계단을 타고 올라와 망원경 홀더에서 사진 건판을 다시 꺼냈다. 그런 다음 깜깜한 망원경 돔의 반대쪽으로 걸어가서, 방금 꺼낸 사진 건판을 작은 수동식 엘리베이터에 실어 내려보냈다. 그 아래층에 있는 암실에서는 다른 한 사람이 사진 건판이 내려오기를 기다렸다. 위쪽 돔 층에 있는 사람은 그동안 다시 새로운 사진 건판을 꺼내서 또 다른 하늘을 관측하기 시작했다. 그러는 동안 암실에 있는 사람은 방금 엘리베이터로 건네받은 사진 건판을 현상 용액과 고정 용제에 푹 담갔다. 사진 건판을 용액에 담가두는 처리 작업이 끝나갈 때쯤,

다음 새로운 사진 건판이 엘리베이터를 타고 내려왔다. 밤이 지나고 아침이 되면 률러와 케빈은 지난밤 동안 건진 사진 건판들을 점검했다. 그중 어떤 것은 얼룩이 지거나 결함이 있었다. 그런 건 버려야 했다. 다행히 잘 건진 사진 건판은 라벨을 붙여서 캐비닛 안에 보관했다. 나는 날마다 그날 건진 사진 건판에 대한 정보를 노트에도 쭉 정리했다. 다음 날 밤 우리는 지난밤 관측 작업에 문제가 없었는지를 논의했고, 그런 다음 다시 일기예보를 보며 토론하고 하늘을 서서히 잠식하는 밝은 달빛을 함께 저주하며 전날의 모든 작업을 다시 반복했다.

정말 고된 작업이었다. 우리 셋 중 밤에 잠을 잘 수 있는 사람은 내가 유일했다. 작업이 가장 이상적으로 진행되면 3일 밤 연달아 좋은 사진을 하나씩은 건질 수 있었다. 내 임무는 동료들이 찍어준 사진을 분석하는 일이었다. 지난 200년간 천문학자들이 해온 것처럼 나는 사진 속에서 무언가 움직이는 게 보이지 않는지 찾아내기 위해 사진을 분석했다.

률러와 케빈은 나와 반대로 하늘에 밝은 달이 떠 있을 때가 가장 행복했을 것 같다. 그때가 유일하게 둘이 며칠간 관측을 멈추고 휴식을 즐길 수 있는 시기이기 때문이다. 하지만 나는 달이 싫었다. 우리가 관측을 진행했던 한 달 동안 어두워졌던 달이 다시 밝게 차오르면서 보름달로 돌아오기 시작하자 나는 다시 불안해졌다. 한 달간의 작업이 끝나갈 때쯤 분명 날씨나 사진 건판의 기술적 문제로 인해 우리의 관측은 예상보다 더 뒤처질 것이라고 생각했다. 나는 보름달이 다시 뜨기까지 며칠 밤이 남아 있는지를 세어보았다. 그리고 앞으로 거의 매일 밤 아무런 실수 없이 아주 완벽하게 관측을 성공해야만 원래 계획한 목표를 채울 수 있다는 걸 확인했다. 그러지 못한다면 우리는 필드 하나를 포기해야 했다. 필드 하나를 포기한다는 건 그 찍지 못한 하늘에 숨어 있었을지 모르는 새로운 행성을 놓칠 수도 있다는 뜻이었다. 그물에 커다란 구멍이 생기는 셈이다. 한 달이 거의 끝나갈 때쯤 률러와 케빈은 거의 매일 야근을 했다. 내가 그들을 위해 해줄 수 있는 건 그저 초조한 마음으로 패서디나에 앉아 하늘의 달을 바라보는 일뿐이었다.

어쨌든 우리는 작업을 모두 마쳤다. 48인치 슈미트 망원경을 활용해 2년간 하늘을 탐색했다. 우리는 딱 하나를 빼고 모든 필드를 확보할 수 있었다. 달과의 싸움에서 거의 완벽하게 승리를 거머쥐었다. 48인치 슈미트 망원경과 달과의 싸움에서 최종 스코어는 239 : 1이었다. 우리가 확보한 239장의 필드 안에는 전체 하늘의 겨우 15퍼센트가 담겼을 뿐이지만, 분명 그 안에 우리가 찾으려 하는 새로운 행성이 숨어 있을 것이라 확신했다. 지구의 하늘에서 달과 행성은 태양이 하늘을 가로질러 움직이는 황도 위를 함께 움직인다. 따라서 이 황도에서 멀리 벗어나지 않는 범위의 하늘 안에서 새로운 행성을 찾아야 했다. 우리는 하늘 전체에 비해서는 아주 좁은 하늘을 관측했지만, 새로운 행성이 존재할 법한 곳 위주로 집중해서 관측한 것이다. 이것이 바로 과거의 다른 연구와 확연하게 다른 점이었다. 우리는 굳이 바다 전체에 그물을 넣고 전부를 다 뒤적거릴 필요가 없다. 고래가 주로 어디에서 헤엄치는지만 알고 있다면 그 주변에서만 낚시를 하면 된다.

앞서 하늘을 탐색했던 그 어떤 사람들보다 더 광활한 하늘 안에서 카이퍼 벨트의 새로운 천체를 찾는 일은 참기 어려울 정도로 너무나 설레는 일이었다. 분명 그 안에 대단한 발견이 숨어 있을 것이라고 직감했다. 나는 밝은 보름달이 하늘을 밝게 비추던 날을 제외하고 거의 매일 밤 찍은 사진을 확보하고 있었다. 이 기간 동안 나는 매일 새로운 행성에 대한 생각만 하고 다녔다. 친구들에게 내가 곧 새로운 행성을 발견하게 될지도 모른다고 이야기했고, 새로운 행성을 발견한다면 이름을 무엇이라고 지어야 할지를 고민했다. 새로운 행성이 존재할 가능성이 있다는 내용으로 강의를 한 적도 있다. 나는 행성을 정말로 발견해내는 일만 딱 빼고, 새로운 행성과 관련해 내가 할 수 있는 모든 일을 하고 있었다.

나는 매일 밤 관측이 잘 진행됐는지 확인하기 위해 슈미트 망원경에 있던 동료들과 많은 대화를 나누었다. 모든 관측이 끝나면 각 사진 건판은 거대한 나무 상자에 보관된 채 내 연구실이 있는 패서디나 산꼭대기로 배송됐다. 이제 나는 이 사진 건판으로 가득한 상자 속에서 새로운 행성을 건져내야 했다.

70년 전 클라이드 톰보는 정확하게 내가 하고 있는 것과 똑같은 작업을 수행했고, 결국 새로운 행성을 발견했다. 하지만 나와 톰보 사이에 다른 점이 하나 있다면, 톰보는 관측에서 분석까지 모든 과정을 혼자서 해냈다는 점이다. 톰보는 밤새 직접 사진 건판에 하늘을 담았고, 낮에는 지난밤 관측한 사진 속에서 무언가 움직이는 게 있지 않은지 늘 분석했다. 이 작업을 위해 톰보는 하늘의 동일한 영역을 찍은 두 장의 사진을 번갈아가면서 비교하는 블링크 콤퍼레이터blink comparator 장비를 활용했다. 이 장비는 여행가방 정도 크기였는데, 그 안에서 조명이 켜지면서 동일한 영역의 하늘을 촬영한 두 장의 사진 건판 중 하나를 비추었다.

그러면 마치 영사기처럼 빛을 받은 한 사진 건판의 투영된 이미지가 장비 위쪽으로 나타났다. 톰보는 장비에 장착한 아이피스를 통해 장비 안쪽을 바라봤다. 그러면 톰보의 시야로 투영된 사진 건판의 이미지가 들어왔다. 이 장비의 독특한 점은 바로 여기에 있다. 장비 안에 있는 작은 거울이 앞뒤로 빠르게 뒤집히면서 톰보가 원하는 대로 재빨리 두 사진 건판의 이미지를 번갈아가면서 볼 수 있게 해주었다. 이런 작업을 통해 두 사진 건판에 뭔가 다른 게 찍혀 있지 않은지 확인할 수 있었다. 두 사진 건판에 담긴 하늘의 모든 별과 은하 그리고 성운의 자리는 정확하게 일치한다. 하지만 만약 두 사진 건판 사이에 자리가 살짝 바뀌거나 갑자기 새롭게 나타난 천체가 있다면, 사진 건판을 번갈아가면서 봤을 때 뭔가 깜빡거리는 듯한 차이를 통해 그것을 확인할 수 있었다.

팔로마산 천문대에도 톰보가 사용했던 것과 비슷한 장비가 있었지만, 이미 오래전에 해체됐다. 물론 그런 장비가 아직까지 남아 있다고 해도 별로 도움이 되지는 않았을 것이다. 내가 사용한 슈미트 망원경은 과거 명왕성을 찾기 위해 톰보가 사용했던 망원경보다 훨씬 성능이 좋았다. 내가 찍은 사진에는 톰보가 찍은 것보다 100배는 더 많은 별들이 담겼다. 아마 내가 찍은 사진을 갖고서 톰보가 했던 방식으로 작업을 했다면, 나는 100배 더 긴 시간 동안 그 많은 별을 하나하나 눈으로 확인해야 했을 것이다. 프로젝트를 처음 시작하면서 그 작업이 대충 얼마나 걸릴지 계산해봤는데, 블링크 콤퍼레이터로 내가 찍은 사진 건판 속 별들을 다 확인하려면 한 40년은 필요했다. 하늘을 다 살펴보기에는 턱없이 느린 속도였다.

나는 40년이나 기다릴 수 없었다. 지금은 1930년이 아니라 1998년이다. 그래서 컴퓨터를 활용했다. 우선 컴퓨터가 이후의 작업을 수행할 수 있도록 모든 사진 건판의 이미지를 디지털 형태로 스캔했다. 이 작업은 커다란 스캐너 장비로 금방 해치울 수 있었다. 하지만 그 후 컴퓨터가 남은 분석을 할 수 있도록 하는 건 더 오랜 시간이 걸렸다. 새로운 행성을 발견하기 위해 개발된 별도의 소프트웨어는 존재하지 않았다. 내가 직접 프로그램을 짜야 했다. 나는 필름 감광 용액과 현상제, 고정 용제 따위에 대해서는 아무것도 몰랐지만 컴퓨터 프로그램은 만들 수 있었다. 사실 프로그램을 짜는 건 내가 가장 잘하는 일 중 하나였다. 나는 이미 고등학교 시절 밤하늘에서 별과 달, 행성의 움직임을 분석, 예측하고 그 움직임을 추적하는 간단한 컴퓨터 프로그램을 만들어본 경험도 있었다. 만약 내가 새로운 행성을 찾아주는 프로그램을 짠다면, 그건 내가 이제껏 만든 것 중 가장 중

요한 첫 번째 프로그램이 될 것이라고 생각했다.

나는 이 시절 대부분의 시간을 연구실 컴퓨터 앞에 꾸부정하게 앉아서 보냈다. 프로그램을 짜고, 테스트하고, 코드를 노려보고, 다시 코딩하고, 미친 듯 타이핑하고, 처음부터 다시 프로그램을 짜고, 계속 골머리를 앓으면서 시간을 보냈다. 나는 사람을 대신해서 컴퓨터가 새로운 행성을 찾을 수 있도록 만들기 위해 어마어마한 시간 동안 컴퓨터 코드와 수치 데이터에 빠져 살아야 했다. 프로그램을 개발하는 동안에는 밤에 밖으로 나가 별을 보는 대신, 건물 안에 틀어박힌 채 숫자로 가득한 컴퓨터 프로그램을 살펴보고 테스트를 진행하면서 시간을 보냈다. 이 소프트웨어가 아무런 실수 없이 잘 작동할 수 있도록 만들고 싶었다. 내 앞에서 새로운 행성을 뻔히 두고 놓치는 멍청한 실수는 하고 싶지 않았다.

나는 우선 컴퓨터가 미리 스캔해놓은 사진을 한꺼번에 세 장씩 살펴보도록 만들었다. 내가 만든 프로그램을 통해 컴퓨터는 3일 밤 동안 동일한 영역의 하늘을 찍은 세 장의 사진을 비교하며, 뭔가 깜빡거리면서 변하는 게 있는지를 확인했다. 하늘에 있는 모든 별, 은하, 성운은 이 세 장의 사진 속에서 정확히 동일한 위치에 찍혀 있었다. 따라서 컴퓨터는 아주 빠르게 별과 은하와 성운이 하늘을 가로질러 움직이는 행성 같은 천체가 아니라는 사실을 깨달았다. 가끔 나머지 두 장의 사진에는 아무것도 없는 텅 빈 하늘이었는데, 다른 한 장의 사진에서만 바로 그 영역에서 못 보던 무언가 새롭게 나타나는 경우도 있었다. 그러면

컴퓨터는 그것을 체크해놓았다. 이런 일이 벌어지는 원인은 다양했다. 가끔 별의 밝기가 일정하게 유지되지 않고 갑자기 밝아지면서 이전까지는 보이지 않다가 불쑥 나타나는 경우도 있고, 또 지구 주위를 돌던 인공위성이 갑자기 시야에 들어와서 새로 나타난 별처럼 반짝거리며 보이는 경우도 있었다. 또 가끔은 밤내내 개방되어 있던 망원경의 셔터 틈 사이로 들어온 먼지가 사진 건판 위에 내려앉으면서 예민한 감광유제를 건드린 탓에 뭔가 별처럼 보이는 어렴풋한 흔적을 남기는 경우도 있었다. 하지만 때로는 정말로 하늘을 가로질러 무언가 천천히 지나가고 있을 때, 바로 그 순간의 모습이 우연히 단 한 장의 사진에 담겼을 가능성도 있었다. 이런 경우는 그다음 날 찍은 사진 속에서 살짝 달라진 위치에 동일한 천체가 담겨 있어야 했다.

그래서 나는 최종 확인을 위해서 총 세 장의 사진을 함께 활용했다. 컴퓨터가 마지막 세 번째 사진에서도 앞선 다른 두 장의 사진에서와 마찬가지로 동일한 속도와 방향으로 움직이는 천체를 발견한다면, 최종적으로 그것을 새로운 떠돌이별 후보 목록에 저장해두었다. 그리고 나서 사진 속 다음 점으로 똑같은 분석을 이어갔다. 물론 이 모든 과정이 끝나는 데는 수 밀리초밖에 걸리지 않았다. 컴퓨터 덕분에 2년 동안 해야 할 작업을 단 두 시간 만에 끝낼 수 있었다.

퓰러와 케빈은 사진 건판을 갈아 끼우고 현상하느라 며칠 밤을 지새웠다. 그리고 나는 그 사진을 분석하기 위한 프로그램을 짜느라 1년을 보냈다. 그리고 컴퓨터가 최종 데이터를 분석하

는 데 두 시간이 걸렸다. 최종적으로 나는 이 모든 과정을 거친 끝에 새로운 행성으로 의심되는 천체의 후보 목록을 확보할 수 있었다. 바로 이 순간만을 바라보면서 그 긴 시간을 견뎌낸 것이다. 이제 곧 새로운 행성을 발견하리라. 나는 내 발견으로 인해 태양계가 다시 한번 큰 변화를 겪게 될 것이라고 기대했다. 그러나 그 후보 천체 목록 데이터를 열고 스크롤을 내리기 시작한 순간, 나는 컴퓨터 화면에 나타난 결과를 보고 숨이 멎을 뻔했다. 목록에 담긴 후보 천체가 무려 8761개나 됐기 때문이다.

컴퓨터는 실제보다 더 보수적으로, 더 예민하게 새로운 행성 후보 천체를 선별했다. 사실 나는 가능한 한 새로운 행성 후보 천체를 놓치지 않도록 하기 위해서 프로그램이 아주 미세한 변화도 다 포착할 수 있도록 최대한 예민하게 만들었다. 컴퓨터 프로그램을 짜기 시작하던 당시 나는 이렇게 자동으로 후보 천체들을 선별하고 나면 그것들을 다시 하나하나 눈으로 직접 확인해볼 생각이었다. 하지만 8761개라는 숫자는 일일이 눈으로 다 확인하기에는 너무 벅찬 숫자였다.

나는 천천히 목록에 담긴 천체들을 확인하기 시작했다. 컴퓨터 키를 누르면 같은 방향의 하늘을 3일 밤 동안 찍은 세 장의 사진이 화면 속에 나타났다. 그 사진 위 새로운 행성 후보의 위치로 생각되는 곳에는 작은 화살표가 표시됐다. 확인해보니 정말 놀라울 정도로 많은 노이즈가 컴퓨터를 헷갈리게 만들고 있었다. 어떤 날은 사진 건판에 난 흠집 때문에 그 자리에 원래 찍혔어야 할 별이 담기지 못했고, 그래서 컴퓨터는 그다음 날 못

보던 별이 갑자기 나타났다고 착각한 경우도 있었다. 사실 이런 경우가 대부분이었다. 사람이라면 누구라도 사진을 보자마자 그건 새로운 행성이 나타난 게 아니라 그냥 사진 건판에 난 흠집에 불과하다는 사실을 알아챌 수 있겠지만, 컴퓨터는 이 둘을 분간하지 못했다. 또 가끔 주변에 있던 너무 밝은 별빛의 잔상이 망원경 안에서 여러 번 반사되면서 하늘을 가로지르는 선명한 빛의 흔적을 남기는 경우도 있었다. 사진을 눈으로 보면 그 흔적을 보자마자 "아, 이건 그냥 밝은 별빛이 만든 잔상이잖아." 하고 넘길 수 있었을 것이다. 하지만 컴퓨터가 보기엔 그 잔상도 이전에는 본 적 없는 새로운 행성 같았을 것이다.

결국 분석은 몇 달 동안 계속 이어졌다. 각각의 사진을 직접 눈으로 확인하고 바로바로 분류할 수 있도록 하기 위해서 나는 컴퓨터 화면에 '아니' '아마도' '그래!' 세 가지 버튼을 만들었다. 물론 진짜로 손으로 누를 수 있는 버튼을 만든 건 아니고, 화면에 클릭할 수 있는 버튼을 만들었다. 사진을 확인하는 내내 나는 버튼이 닳아 없어질 기세로 연신 '아니' 버튼만 눌러댔다. '아마도' 버튼도 아주 가끔은 누를 수 있었다. 컴퓨터의 분석에는 아무런 문제가 없었다. 하지만 나는 컴퓨터가 새로운 행성으로 의심된다고 찾아낸 것들이 정말로 하늘에 있는 진짜 새로운 행성일지 확신할 수 없었다. 사진 건판의 감광유제는 조금씩 고르지 않게 발라진 경우도 있는데, 컴퓨터가 뭔가 밝은 점이 새롭게 나타났다고 알려준 것이 사실은 단지 이 감광유제가 건판 위에 다른 곳보다 조금 더 두껍게 발라져 있어서 그냥 하늘의 빛이 더 밝게 담긴 것일 가능성도 있었다. 그래서 다른 날보다 더 밝게 찍힌 그 별은 원래는 훨씬 어두운 별일 가능성이 있었다. 이처럼 확신할 수 없는 애매한 경우에는 '아마도' 버튼을 눌렀다.

'그래!' 버튼은 정말로 아무런 의심의 여지 없이 확실하게 하늘을 가로질러 움직이는 천체로 생각되는 경우에 누르기 위해서 건드리지 않고 그대로 남겨두었다. 매일 작업을 시작하면서 어쩌면 오늘은 드디어 '그래!' 버튼을 누를 수 있지 않을까 기대하곤 했다. 하지만 기대와 달리 나는 매일 컴퓨터 앞에 앉아 몇 시간 동안 연신 '아니' 버튼만 눌러야 했다. 아주 가끔, 정말 가끔은 '아마도' 버튼을 누르는 경우도 있었다. 하지만 여전히 '그래!' 버튼은 한 번도 건드리지 못한 채 계속 남아 있었다. 컴퓨터가 골라준 새로운 행성 후보 천체 목록을 처음부터 끝까지 다 점검하는 동안 나는 '그래!' 버튼을 결국 누르지 못했다. 분석 결과 '아니' : '아마도' : '그래!'의 최종 스코어는 8734 : 27 : 0으로 끝이 났다.

정말 괴로운 순간이었다. 정말로 새로운 행성 같은 건 존재하지 않았던 걸까? 지난 3년간 사진을 찍고 컴퓨터 프로그램을 짜고 사진을 하나하나 번갈아가면서 분석하며 보냈던 시간이 전부 부질없는 것이었다면 나는 어떡하지? 칼텍의 젊은 교수로서 학계에 큰 돌풍을 일으키겠다는 꿈을 품고 시작했던 프로젝트가 결국 아무런 잔물결조차 남기지 못하고 허무하게 끝나버린다면 나는 어떡하지? 지난 3년간 주변의 많은 사람들에게 내가 새로운 행성을 찾고 있고 곧 발견할 것이라고 떠들고 다녔다. 그런데 정말 행성이 존재하지 않는다면 나는 어떡하지?

그래도 아직 남아 있는 27개의 '아마도'에 희망을 걸어보고 싶었다. 나는 2001년 가을 팔로마산 천문대에 머무르면서 '아마도'들의 움직임을 추적하며 시간을 보냈다. 매달 몇 안 되는 어두운 밤이 찾아오는 날이면 나는 차를 몰고 산꼭대기로 올라갔다. 낮에 일찍 산 정상에 도착해서 그날 밤 관측 계획을 정리했고, 망원경 장비를 준비했다. 해가 저물기 전 저녁밥을 먹고 나면, 나는 밤새 졸음을 견디는 데 도움이 될 만한 맛 없는 간식을 가방에 가득 챙겨 넣은 뒤 60인치(152cm) 망원경의 제어실로 향했다.

당시 내가 사용한 60인치 망원경에는 최신식 디지털 카메라가 탑재되어 있었다. 아주 민감한 디지털 카메라가 있다는 것은 아주 어두운 희미한 천체도 볼 수 있다는 뜻이었지만, 대신 전과 달리 아주 좁은 시야로 좁은 하늘밖에 볼 수 없다는 것을 의미하기도 했다. 지난번 슈미트 망원경으로 하늘을 관측한 이후, 그사이 이미 별의 위치는 조금씩 달라져 있었다. 그래서 나는 27개의 '아마도'들이 하늘 어디에 있는지를 찾아 헤매느라 많은 시간을 보냈다. 꼬박 1년이 흐르는 동안 천체들의 위치가 변했기 때문에 그 천체들이 현재 어디에 놓여 있는지 정확히 예측할 수는 없었다. 그래서 더 넓은 영역의 하늘을 샅샅이 뒤져보고, 하늘 사진을 찍고 다시 돌아와서 한 시간 있다가 다시 똑같은 영역의 하늘을 찍는 일을 시작했다. 이 일을 여러 번 반복하며 '아마도'들이 현재 어디에 있는지를 찾았다. 이 작업은 컴퓨터 프로그램으로 하지 않았다. 그저 컴퓨터 화면에 번갈아 가면서 깜빡거리는 두 장의 사진을 눈으로 직접 살펴볼 뿐이었다. 60인치 망원경에 머무르는 동안 매일 밤 나는 하늘 사진을 찍고 다시 망원경을 움직이고, 또 다른 사진을 찍는 일을 반복했다. 먼동이 틀 때까지 새로운 사진을 찍는 동안 방금 전 찍은 사진을 살펴보는 일이 이어졌다. 모든 작업이 끝나고 나면 지친 몸을 이끌고 수도원 건물로 이어진 구불구불한 길을 따라 터벅터벅 걸어갔다. 가끔 새벽 사냥을 나온 여우나 스라소니와 마주치고 깜짝 놀라기도 했다. 이후 정오쯤 일어나 늦은 아침 식사를 하고 다시 하루를 시작했다.

'아마도'들을 추적하며 보내기 시작했던 초반에는 해가 지면 가슴이 두근거렸다. '오늘은 분명 새로운 행성을 찾을 수 있을 거야!' 하면서 기대를 품었다. 하지만 시간이 가면서 기대감은 서서히 사라졌고, 나는 조금씩 낙담하고 있었다.

그해 가을 나는 팔로마산 천문대에서 정말 많은 시간을 보내고 있었다. 그래서 칼텍과 관련된 한 단체가 천문대에서 강연을 해줄 수 있겠느냐고 문의했을 때 주저하지 않았다. 어차피 전날 밤부터 계속 천문대에 머무를 예정이었기 때문에 하루 더 머무르면서 강연을 하는 것도 나쁘지 않겠다고 생각했다. 나는 문의를 받고 달력에 '어떤 단체 강연'이라고 대충 메모해두었다. 그날 오후 버스를 타고 사람들이 천문대에 도착할 예정이었다. 이들은 거대한 헤일 망원경을 관람하고, 저녁 식사를 하고 나서 머리 위로 높이 솟은 망원경을 바라보며 돔 바닥에 앉아 내 강연을 듣기로 했다. 재밌을 것 같았다. 나는 강연하는 것을 좋아한다.

그날 오후 사람들이 도착할 때까지 나는 천문대의 깜깜한 1층에서 기다리고 있었다. 사람들이 도착하고 누군가 문을 두드렸다. 문을 열자 오후의 밝은 햇살 때문에 잠깐 눈이 부셨다. 눈이 빛에 좀 적응이 되고 나자 멀리서 걸어오는 사람들의 모습이 보였다.

"안녕하세요, 저는 다이앤 비니Diane Binney입니다." 다이앤이 내게 인사를 건넸다.

다이앤은 옷을 멋지게 입고 있었고 상냥했다. 그녀는 매력적이었고 또 사교적이었다. 그녀에게서는 빛이 났다. 칼텍에서 온 사람이라고 하면 흔히들 떠올리는 (마치 나같이) 후줄근한 모습과는 전혀 달랐다. 나는 서둘러 내 소개를 했다. 그리고 속으로 이렇게 생각했다. '대체 이 사람은 누구지?'

다이앤 비니는 칼텍에서 근무하는 사랑받는 기획자였다. 그녀는 칼텍에서 진행하는 다양한 과학 연구와 관련된 이색적인 장소에서 일반인 방문객을 위한 특별 강연 행사를 기획하는 일을 하고 있었다. 이번엔 다이앤이 팔로마산 천문대를 견학하는 프로그램을 맡았고, 나를 특별 강연자로 초청한 것이었다. 뒤늦게 안 사실이었지만, 당시 칼텍에서 다이앤은 아주 유명했다. 나만 다이앤의 존재를 모르고 있었다. 아마도 나는 주야장천 컴퓨터 화면만 보면서 살았기 때문일 것이다.

솔직히 그날 천문대에 방문했던 다른 사람들에게는 별로 관심이 없었다. 내 관심은 오직 다이앤에게로 향했다. 다른 사람과는 별로 대화도 하지 않았다. 다이앤하고만 망원경과 천문대, 천문학과 관련된 대화를 나누었다. 그리고 다이앤에게만 망원경을 제대로 구경시켜주었다. 나와 함께 천문대 바깥 높은 곳으로 올라가던 중 그녀가 내게 물었다. "하와이에 있는 망원경도 사용해보신 적 있나요?"

사용해본 적이 있었다.

"내년 봄에 사람들을 데리고 하와이 화산으로 투어를 갈 예정인데, 오늘처럼 그곳에 있는 망원경 관람과 강연을 부탁드려도 될까요?"

달력을 찾아 스케줄을 확인할 필요도 없었다. 나는 바로 대답했다. "물론이죠."

곧 저녁 식사가 이어졌다. 나는 관람객에게 한 시간 동안 하늘과 망원경의 사진 등을 보여주고 태양계 가장자리에서 그간 우리가 어떤 것들을 발견해왔는지를 알려주는 다양한 그래프도 보여주었다. 강연 내내 나는 주로 행성에 관한 이야기를 했다. 저 멀리 또 다른 행성이 존재할 것이고, 바로 내가 그것을 발견해낼 것이라고 말했다. 하지만 그렇게 말하면서도 속으로는 여전히 '아마도'들의 목록에서 아직 아무것도 건지지 못했다는 걱정이 들 뿐이었다. 나는 애써 밝은 표정으로 노래도 부르고 춤도 추었지만, 내 연구가 결국 아무런 소득도 없이 허무하게 끝나버릴 가능성은 커져만 가고 있었다.

강연이 끝난 후 단체 관람객들은 모두 버스를 타고 돌아갔다. 그들을 보내고 나는 케빈 리코스키가 머무르던 작은 시골집으로 향했다. 이전까지는 매일 밤 케빈이나 퓰러와 망원경으로 하늘의 어디를 봐야 할지에 대해서만 주로 논의했다. 하지만 이제 우리는 많이 친해져서 케빈의 소파에 앉아 맥주를 마시면서 일 얘기가 아닌 좀 더 사적인 대화를 나누는 사이가 됐다. 그날 일찍 케빈은 천문대로 찾아왔고, 내 강연과 투어를 함께 도와줬다.

처음에 케빈, 퓰러와 함께 나눈 대화는 주로 사진 건판에 관한 이야기였다. 하지만 점차 시간이 흐르면서 우리는 좀 더 일상적인 대화를 나눴다. 퓰러는 나중에 강가에 있는 집에서 살고 싶다고 했고, 케빈은 10대 딸 이야기를 들려줬다. 케빈은 또 예전에는 아침마다 일이 끝나자마자 곧바로 해변으로 차를 몰고 달려가 바닷가에서 하루 종일 잠만 자곤 했다는 이야기도 들려줬다. 이번엔 케빈과 퓰러가 내 앞에 바짝 앉아서 내 이야기에 귀를 기울였다. 나는 과거 버클리에서 지내던 긴 생활을 청산하고 전 여자친구와 함께 살던 숲 속 오두막을 떠나게 됐던 이야기를 들려줬다. 케빈의 집에서 함께 소파에 앉아 이야기를 나눈 건 그날이 처음이었지만, 우리는 빠르게 더 사적인 대화를 나누며 가까워졌다.

그날 케빈은 온종일 다이앤 비니에 관한 이야기만 했다. 그녀가 왜 계속 나랑 붙어 다녔는지를 캐물었다. 나는 케빈에게 다이앤이 내가 하와이 투어에 참여해줄 수 있는지 물어봤을 뿐이라고 말했다. 그러자 케빈은 둘이 함께 하와이에 간다면 정말 최고로 멋진 데이트가 될 거라며 호들갑을 떨었다. 나는 단지 일 때문에 가는 것일 뿐이라고 둘러댔다.

하지만 케빈은 물러서지 않았다. "그래요, 하지만 다이앤은 당신한테 정말 푹 빠진 것처럼 보이던걸요."

"다이앤은 관람객 투어 일을 하잖아요. 상냥하게 사람을 대하는 게 그녀의 직업이에요. 아마 칼텍에 있는 모든 남자가 다 다이앤이 자기한테 호감이 있어서 친절하게 대한다고 착각하고 있을걸요? 나는 그 사람들처럼 바보 같은 실수는 하고 싶지 않아요."

그로부터 6개월이 지난 뒤 나는 다이앤과 함께 20~30명의 사람들을 데리고 하와이를 방문했다. 사람들은 하와이에서 용암에 대해서도 배웠고, 망원경도 관람했다. 하와이 해변에 함께 머무르면서 지질학과 관련된 내용도 배웠다. 이후 사람들은 내 천문학 강의까지 들으면서 즐거운 한 주를 보냈다. 투어의 마지막 날 밤 모든 일정이 끝나고 잠시 쉴 틈이 생겼을 때, 나는 다이앤과 함께 자정이 넘어 해변에 단둘이 앉아 있었다. 나는 하와이에서는 아주 타이밍이 좋아야만 겨우 볼 수 있는 남십자성을 손으로 가리켰다. 그리고 하늘 위를 움직이는 행성의 경로를 하늘 위에 그려주었고, 바닷속으로 잠기기 직전 수평선에 걸려 있던 토성을 어떻게 해야 찾을 수 있는지도 알려주었다. 나는 실제로 망원경을 어떻게 사용하는지도 설명했다. 한편 다이앤은 캘리포니아에 있는 어린 조카들의 이야기를 들려주었다. 그리고 토성이 태평양 바닷속으로 빠진 후 우리는 각자의 방으로 돌아갔다. 그날 나는 괜히 섣부르게 다이앤에게 마음을 고백하는 어리석은 실수를 하지 않은 나 자신이 자랑스러웠다.

그다음 주 칼텍으로 돌아온 나는 자꾸 우연히 다이앤의 사무실 앞을 지나치고 또 우연히 다이앤을 만나 멈춰서 그녀와 대화를 나누고 있는 나 자신을 발견했다. 만날 때마다 다이앤은 상냥했다. 하지만 그럴 때마다 나는 속으로 '그녀가 상냥하고 친절한 표정으로 나를 대하는 것은 단지 그녀의 직업이기 때문이야'라고 생각하며 최악의 실수를 하지 않도록 계속 되뇌었다. 어느 기분 좋은 봄날 나는 오후 이른 시간에 다이앤의 사무실을 찾아가 혹시 커피 한잔 마실 생각은 없는지 물었다. 다이앤은 그러자고 했다. 우리는 길을 따라 내려가 함께 커피를 마셨고, 무려 세 시간 동안 긴 대화를 나눴다. 확실히 내게 상냥하게 대하며 내가 좋은 연구자가 될 수 있도록 나를 고무해주는 것은 다이앤의 직업이었다. 하지만 대화를 나누던 중 문득 그런 생각이 들었다. 나에게 잘해주는 것이 다이앤의 직업이라 하더라도, 둘 다 서로 할 일도 많은데 이런 한낮에 밖에 나와 세 시간씩이나 대화를 나눈다는 건 다른 무슨 특별한 이유가 있기 때문이 아닐까. 어쩌면 내가 정말 오랫동안 다이앤의 마음을 몰라보고 멍청하게 굴었던 것은 아닐까?

그해 여름 늦게 나는 다이앤과 함께 단둘이 여행을 떠났다. 이번 여행에는 천문학 강연 일정도 없었다. 다이앤도 관람객을 데리고 오지 않았다. 우리는 단둘이 밴쿠버 북부의 작은 섬에 위치한 오두막에서 일주일을 함께 지냈다. 그날 다이앤과 함께 여행을 가기로 한 것은 내가 살면서 지금껏 한 짓 중 가장 덜 멍청한 선택이었다.

그러는 동안에도 여전히 새로운 행성을 발견하고자 시작했던 내 연구는 결국 허투루 끝날 게 뻔해 보였다. 내가 선별한 '아마도'들은 결국 아무것도 아니었던 것으로 끝이 날 것 같았다. 새로운 행성을 찾겠다고 시작했던 지난 3년간의 끈질긴 연구는 결국 태양계에서 새로운 행성은 더 이상 없다는 결론을 향해 가는 것처럼 보였다. 정확하게 내가 언제 내 하드커버 공책을 덮었는지는 잘 기억나지 않는다. 내가 정확하게 언제 더 이상 새로운 행성이 존재하지 않을 것이라고 납득했는지도 잘 기억나지 않는다. 솔직히 말하면 나는 이 당시의 새로운 행성을 찾는 것과 관련한 일이 별로 기억이 나지 않는다. 내가 다이앤과 함께 여행을 가자고 제안했던 꿈만 같은 그 순간에 비하면 망원경에 틀어박혀서 '아니'들을 폐기하고, '아마도'들에 실망하며 보내야 했던 순간들은 별로 기억에도 남지 않는 시시한 시간이었다.

그리고 아니나 다를까, 여행을 함께 가자는 내 제안에 다이앤은 이렇게 대답했다. '그래!'

04 두 번째로 좋은 일

2002년 6월 채드 트루히요Chad Trujillo가 내 연구실로 찾아와 이렇게 외쳤다. "저희가 명왕성보다 더 큰 천체를 발견했어요!" 그건 당시 내게 벌어진 두 번째로 좋은 일이었다. 하지만 아쉽게도 그 소식은 사실이 아니었다.

채드는 나와 함께 새로운 프로젝트를 진행하기 위해 최근 하와이에서 캘리포니아로 거처를 옮겼다. 우리가 함께 시작한 새 프로젝트는 48인치 슈미트 망원경을 활용해 새로운 행성을 찾는 것이었다. 그렇다, 어디서 들어본 적 있는 것 같지 않은가. 나는 정확하게 똑같은 망원경으로 지난 3년간 지금과 똑같이 새로운 행성을 찾아 헤맸다. 그리고 결국 아무것도 찾지 못했다. 젊은 조교수로서 내가 계속 칼텍에서 자리를 지킬 수 있을지 걱정해주는 주변의 많은 사람들은 이제 그만 포기하고 좀 더 괜찮은 연구 주제로 갈아타는 것이 좋지 않겠느냐고 조언을 해주었다. 하지만 내가 어떻게 이 일을 멈출 수 있겠는가. 확실히 나는 지난 3년간 그 누구보다 더 넓은 하늘을 탐색했다. 70년 전 클라이드 톰보가 명왕성을 발견한 이후 역사상 가장 넓은 하늘을 탐색했다. 하지만 아직 우리는 하늘을 전부 다 뒤져본 것은 아니었다. 그런데 내가 어떻게 할 만큼 다 했다고 이야기할 수 있겠는가. 나는 아직 포기할 수 없었다. 저 멀리 한두 개 정도라도 새로운 행성이 숨어서 발견되기를 기다리고 있다면, 어쩌면 우리가 그동안 행성이 없는 잘못된 방향의 하늘을 뒤져왔던 건 아닐까? 이 새로운 행성이 숨어 있을 법한 모든 하늘을 전부 찾아본 것도 아닌데, 어떻게 새로운 행성이 절대 존재하지 않는다고 단언할 수 있단 말인가. 아마도 우리의 그물이 아직 놓치고 있는 숨어 있는 고래가 존재할 것이라 생각했다.

새로운 행성을 발견하겠다는 목표로 시작한 내 첫 연구가 끝난 지도 벌써 2년이 지났다. 내 연구 사실을 기억하는 주변 친구들은 가끔 전화나 이메일로 이런 연락을 해왔다. "이봐, 신문에서 다른 사람들이 새로운 행성을 발견했다던데, 그 소식 들었어?" 그럴 때면 내 심장박동은 두 배로 빨라졌다. 나는 숨이 멎을 듯 떨리는 손으로 뉴스를 확인했다. "오, 안 돼! 아직 보지는 못했지만, 제발 별 소식 아닐 거야, 제발." 매번 그러기를 간절히 바라는 마음으로 뉴스를 확인했다. 하지만 아무리 시간이 지나도 다른 사람이 먼저 내가 찾지 못한 새로운 행성을 발견한 것 같다는 소식을 듣는 일은 도저히 익숙해지지 않았다. 매번 너무 괴로웠다. 하지만 번번이 뉴스를 확인한 후에는 두근거렸던 심장을 다시 가라앉힐 수 있었다. 분명 새로운 행성이 발견된 것은 맞았지만, 그건 내가 찾던 우리 태양계의 열 번째 행성이 아니었다. 그건 태양계 바깥 아주 멀리 떨어진 다른 별 주변을 도는 외계 행성을 발견했다는 소식이었다. 나는 그게 내가 찾던 열 번째 행성이 아니라는 사실을 확인한 후에야 편안한 마음으로 사람들에게 다른 별 주변을 도는 외계 행성을 발견하는 일이 얼마나 멋진 일인지, 또 천문학자가 어떻게 그런 외계 행성을 발견할 수 있는지를 설명해주었다. 아, 그렇다, 그리고 그건 내가 찾던 태양계의 열 번째 행성과는 다르다는 것도 이야기해주었다.

적어도 내가 보기엔 그 누구도 태양계 가장자리를 떠돌고 있을지 모르는 새로운 행성을 찾는 일 따위에는 관심이 없어 보였다. 그리고 부디 그러기를 바랐다. 비록 새로운 행성을 찾기 위해 시작한 내 첫 번째 시도는 과학적으로 아무런 성과 없이 수포로 돌아갔지만, 여전히 나는 새로운 행성이 존재할 것이란 미련을 버리지 못하고 있었다. 나는 새로운 행성을 꼭 찾고 싶었다. 그리고 이제 이전과는 다른 새로운 방법이 필요했다.

첫 번째 시도가 실패로 끝난 이후 1년도 채 되지 않아서 나는 다시 하늘을 관측하며 연구를 시작했다. 이번에는 첫 번째 시도와 달리 정말 제대로 해야겠다고 다짐했다. 아서 클라크가 소설(《2001 스페이스 오디세이2001: A Space Odyssey》를 말함-옮긴이)에서 상상한 미래인 2001년이 됐지만, 아쉽게도 그가 상상한 우주 관광이 실현되지도, 목성의 위성에서 거대한 돌 비석(모노리스)이 발견되지도 않았다. 대신 이제는 100년이나 된 오래된 사진 건판 기술의 시대가 끝나가고 있었다.

칠흑같이 어두운 밤, 돔 안에서 작업하면서 사진 건판을 직접 들고 망원경으로, 암실로 옮겨 다녀본 경험이 있는 옛날 사람에게는 48인치 슈미트 망원경에서 사진 건판 장비가 해체되던 모습이 참 아쉽게 느껴졌을 것이다. 과거에 사진을 인화하던 암실 공간은 이제 창고가 됐고, 돔 내부를 더 넓히기 위해서 사진 건판 작업실의 벽은 허물어졌다. 암실에서 대기하던 케빈에게 사진 건판을 내려보낼 때 셀 수 없이 사용했던 작은 엘리베이터는 영구적으로 폐쇄됐다. 사진 건판이 하던 일은 이제 새로운 디지털 카메라가 대신하게 됐다. 최신식 기술과 장비로 돌아가는 망원경이 컴퓨터를 통해 원격으로 하늘을 탐색하게 됐다.

디지털 카메라와 사진 건판의 차이는 아주 극명하다. 사진 건판을 사용하기 위해서는 계단을 타고 위로 올라가 망원경 뒤에 사진 건판을 장착하고, 아주 거대한 카메라 셔터를 연 뒤 약 20분간 필름에 하늘의 빛을 담아야 한다. 그러고 나서 다시 10분 동안 사진 건판을 빼내고, 새 사진 건판을 가지고 와서 다시 망원경 뒤에 장착한 뒤 다음 사진을 찍기 위한 준비를 해야 한다. 하지만 디지털 카메라의 경우는 완전히 다르다. 계단을 타고 망원경 쪽으로 올라갈 필요도 없다. 심지어 밤에 깨어 있을 필요도 없다! 컴퓨터가 알아서 디지털 카메라의 셔터를 열고 60초 동안 빛을 담는다. 60초 후에는 망원경이 알아서 촬영한 하늘의 장면을 확인한다. 과거 뮬러와 케빈이 40분이나 걸려서 해야 했던 작업을 컴퓨터는 불과 2분 만에 끝낸다.

디지털 카메라는 사진 건판에 비해 크기가 훨씬 작다. 그래서 사진 건판이 한 번에 보는 것보다 약 12배 더 좁은 영역(보름달 세 개 정도와 비슷한 크기)의 하늘만 담을 수 있다. 그 대신 사진 건판보다 20배 더 빠르게 작동하기 때문에 같은 시간 동안 사진 건판이 보는 만큼 충분히 넓은 영역의 하늘을 담을 수 있다. 게다가 디지털 카메라로는 60초만 노출을 줘도 사진 건판으로 담을 수 있는 가장 어두운 천체보다 두세 배 더 어두운 별과 위성, 행성까지도 선명하게 담을 수 있다. 과거 케빈과 뮬러가 함께 사진 건판으로 하늘을 관측하던 시절, 나는 어쩌면 우리가 찾던 새로운 행성이 사진 건판으로 볼 수 있는 한계 등급보다 더 어두워서 미처 발견하지 못한 건 아닌지 걱정하곤 했다.

하지만 이제 사진 건판보다 더 어두운 천체를 담을 수 있는 디지털 카메라의 시대가 되었다. 우리는 1년 동안 매일 우리를 대신해 고생하는 컴퓨터의 도움으로 밤하늘을 관측했다. 이전에는 볼 수 없었던 더 어두운 천체까지 볼 수 있었다. 그리고 전보다 더 넓은 하늘을 탐색했다. 처음 4개월 동안은 지난 3년간 관측했던 똑같은 하늘을 다시 한번 관측해보기로 했다. 그러고 나서 다음 하늘로 계속 탐색을 이어가기로 했다. 나는 이 과정이 우리를 내가 그토록 기다리던 저 멀리 숨어 있는 새로운 행성으로 인도해줄 것이라고 생각했다. 머지않아 새로운 행성을 꼭 발견할 수 있으리라 기대했다.

나는 정말로 곧 있으면 새로운 행성이 나타날 것이라고 확신했다. 그래서 도움을 받기로 했다. 최근 하와이 대학에서 박사 학위 논문을 마친 채드 트루히요에게 프로젝트 참여를 제안한 것이다. 그의 논문 주제는 카이퍼 벨트 천체 발견에 관한 것이었다. 처음에 프로젝트 참여를 제안했을 때 나는 채드가 패서디나로 오도록 설득할 수 있을지 자신이 없었다. 당시 그는 하와이에서 휴식을 즐기고 있었다. 채드는 도시보다는 나무 오두막에서 사는 걸 더 좋아하는 사람처럼 보였다. 하지만 나도 젊은 시절 패서디나 숲의 작은 오두막에서 지냈던 경험이 있지 않은가. 그래서 채드에게 패서디나에서도 지낼 만한 숲 속의 집을 추천해줄 수 있었다. 또한 곧 새로운 행성을 한두 개 발견할 수 있을지 모른다는 달콤한 전망을 이야기하며 채드를 설득했다. 나에게 설득된 채드는 곧 패서디나로 이사를 왔고 함께 연구에 합류하게 됐다.

채드는 자신이 무엇을 잘할 수 있는지 아주 잘 알고 있었다. 그는 망원경으로 관측하는 일에 아주 능숙했다. 그래서 나는 그에게 망원경 열쇠를 맡기고 자리를 비켜주었다. 채드의 관측 속도는 아주 빨랐다. 몇 달 만에 우리는 앞서 사진 건판으로 관측했던 하늘 전체를 다 훑어볼 수 있었다. 거기에도 역시 새로운 행성은 없었다. 이전에 우리가 놓친 게 없었다는 사실을 확인한 후 우리는 곧바로 새로운 하늘을 살펴보기 시작했다. 우리가 새롭게 찍기 시작한 바로 그 새로운 하늘에서 우리는 첫 번째 후보 천체를 포착하게 됐다.

채드는 어떻게 해서 하늘을 가로질러 천천히 움직이는 새로운 천체를 발견할 수 있었을까? 채드는 여느 때처럼 밤하늘 사진을 찍고 또 다음 날 똑같은 사진을 찍으면서 하늘을 관측하고 있었다. 그러던 중 우연히 어느 날 밤 사진 속에서 뭔가 움직이는 것을 발견했다. 채드는 복도를 가로질러 내 연구실로 달려와 아주 들뜬 목소리로 그 첫 번째 발견 소식을 들려주었다. 물론 그 천체는 아주 작았다. 하지만 당시까지 알려져 있던 그 어떤 카이퍼 벨트 천체보다 더 컸다. 이렇게나 빨리 새로운 작은 얼음 덩어리 천체를 발견할 수 있다면, 조만간 더 멀리 숨어 있는 다른 행성도 곧 우리 손아귀 안에 들어올 것이란 확신이 들기 시작했다. 누군가는 이미 오랫동안 찾아 헤맸으나 성과가 없으니 새로운 행성은 존재하지 않는 거 아니냐고 생각했을지도 모른다. 어쩌면 그 말대로 포기해야 했을지도 모른다.

사실 나는 채드가 첫 번째 발견 소식을 들려주던 그 역사적인 순간이 잘 기억나지 않는다. 그때가 언제였더라? 2001년 11월이나 12월이었던가? 아니 그다음 해 1월이었나? 채드가 내 연구실로 직접 찾아와서 알려줬던가? 아니면 내가 채드의 연구실로 가서 그의 컴퓨터 화면을 확인했던가? 그 중요한 순간에 대해 아무것도 기억나지 않는다니, 참 충격적이다. 아마 다시 기억을 더듬어서 최초의 발견이 있었던 바로 그날 무슨 일이 있었는지를 확인해볼 수도 있겠지만, 그래도 여전히 그날의 기억은 잘 나지 않는다. 나는 달력을 보면서 그해 가을과 겨울 동안 무슨 일이 있었는지를 돌아보려 한다.

그 시기의 내 달력은 다이앤과의 일정으로 빼곡했다. 나는 다이앤과 함께 하와이로, 샌환제도San Juan Islands로, 시에라네바다Sierra Nevada로 여행을 다녔다. 그녀와의 여행은 떠나기 전 미리 달의 모양이 어떨지 걱정할 필요가 없는 여행이었다. 여행을 가지 않을 때는 함께 점심을 먹고 커피를 마시고 저녁을 먹는 것으로 하루 일정이 가득했다. 1년 전만 해도 나는 매일 아침 10시부터 밤 10시까지 작업에만 매달리는 워커홀릭이었다. 하지만 다이앤을 만난 2001년에서 2002년 사이에는 천문학자라는 직업을 갖게 된 이후 처음으로 평일 낮 시간 대부분을 연구실 밖에서 보냈다. 심지어 주말에도 거의 출근하지 않았다. 채드가 첫 번째 후보 천체를 관측했던 그날이 내가 연구실을 비우고 있던 주말이었는지, 아니면 다이앤과 함께 눈 덮인 산에 일주일간 갇혀 있었던 때였는지는 잘 모르겠다. 나는 그저 채드가 나를 대신해 열심히 연구하고 있을 것이라 믿고 있었다. 나도 곧 복귀해 다시 열심히 일할 것이라 생각했다.

하지만 겨울 내내 연구에 집중할 수 없게 방해하던 일들은 봄까지 이어졌다. 그동안에도 채드는 혼자 꾸준히 해왕성 너머의 새로운 천체들을 발견해내고 있었다. 채드가 발견한 천체 중 한두 개는 일에 집중하지 못하고 있던 내 이목을 끌 정도로 아주 크고 밝은 것도 있었다. 하지만 솔직히 말해서 여전히 새로운 행성이라고 확신하기에는 애매했다. 그해 여름이 시작될 무렵 나는 다이앤과 함께 주말을 유카탄 해변에서 보낼 계획을 세우고 있었다. 다이앤과 떠나기 전에 나는 내가 지도하던 박사과정 학생 한 명과 긴 대화를 나눴다. 당시 나는 학생들을 대상으로 여러 역할을 맡고 있었다. 지도자로서 과학적 조언을 하기도 하고, 연구를 지도하고 논문 쓰는 법을 가르치기도 했다. 또 학생들의 연구 활동을 위한 실험도구를 제공했고, 가끔 카페인도 건네주었다. 나아가 개인적인 상담도 해주었다. 당시 내게 상담을 청한 학생은 결혼하기 몇 년 전부터 약혼반지를 사는 것이 말도 안 된다며 반대하는 남자친구 때문에 화가 나 있었다. 유카탄으로 향하는 비행기 안에서 나는 다이엔에게 이 학생의 이야기를 들려주며 나도 그 남자친구의 의견에 동의한다고 말했다. 결혼도 하기 전에 사는 약혼반지는 돈 낭비일 뿐 차라리 더 쓸모 있는 걸 먼저 사는 게 낫지 않을까? 이를테면 카약이나 자전거 같은? 다이앤도 내 의견에 동의했을까? 아니, 전혀 그렇지 않았다.

유카탄 해변에 도착한 날 밤 저녁을 먹을 때도, 또 그다음 날 아침에도 나는 다이앤 앞에서 그 학생이 들려준 반지 이야기를 계속 꺼냈다. 하지만 나는 사실 다이앤 몰래 약혼반지를 준비해 둔 상태였다. 지난 몇 달간 혼자 이곳저곳을 돌아다니며 찾아낸 가장 완벽한 반지였다. 내 계획은 이랬다. 우선 다이앤에게 나는 약혼반지 같은 건 신경 쓰지 않는 무심한 사람처럼 보이도록 만든다. 그리고 저녁이 되면 아름다운 해변에서 와인과 함께 식사를 하다가 그녀 앞에서 반지를 꺼내는 작전이었다.

하지만 나는 깨달을 수 있었다. 나는 비밀을 잘 숨기지 못한다는 걸 말이다. 결국 저녁까지 참지 못하고, 다음 날 낮에 서둘러 방으로 돌아가 몰래 가져온 약혼반지를 주머니에 숨겨 넣었다. 나와 다이앤은 함께 작은 해먹에 느긋하게 앉아 일상적인 대화를 나누고 있었다. 그러다 갑자기 내가 다이앤 앞에 무릎을

꿇었다. 그리고 청혼했다. 그러고 나서 나는 이 반지가 우리 인생에서 계약금이나 약조금과 같이 아주 중요한 상징적 의미를 갖는다고 말했다. 그리고 그녀에게 반지를 건넸다. 다이앤은 멍하니 서 있었다. 그 순간 그녀가 머릿속으로 지난 며칠간 있었던 일을 떠올리며 머리를 굴리는 소리가 들리는 듯했다. 한참을 망설인 끝에 그녀가 꺼낸 첫마디는 이랬다. "당신은 정말 나쁜 놈이야." 다이앤은 지난 며칠간 내가 반지 같은 건 쓸모없는 것이라고 말하며 가망 없는 놈처럼 행동했던 순간들을 떠올렸을 것이다. 다이앤은 내게 언제부터 반지를 갖고 있었는지 물었다(아마도 호텔 나올 때부터?). 그리고 이 사실을 또 누가 알고 있는지 물었다(물론 우리 어머니). 게다가 어떻게 반지가 자기 손가락에 딱 맞는 건지도 물었다(사실 전에 다이앤 몰래 그녀가 끼고 있던 반지를 껴본 적이 있었다. 그녀의 반지는 내 새끼손가락에 딱 맞았다). 또 다이앤은 어떻게 자기가 딱 좋아할 만한 반지를 고를 수 있었는지도 알고 싶어 했다(나는 다이앤을 위해 그녀가 애지중지하던 할머니의 결혼반지를 참고했다). 이런 질문에 답을 하던 중 나는 다이앤이 아직 내 청혼에 대답하지 않았다는 사실을 상기시켜야 했다. 끝내 그녀가 고개를 치켜들고 대답했다. "그래!"

* * *

그 일이 있고 나서 다시 캠퍼스로 돌아오자 모든 사람들이 나를 축하해주었다. 주중에는 학과장이 연구실로 찾아와 고개만 들이밀고는 잠깐 밖에서 이야기를 할 수 있겠느냐고 물었다. 학과장은 나보다 더 오래전부터 다이앤을 잘 알고 있는 사람이었다. 그래서 나는 학과장이 우리의 결혼을 축하하며 다이앤에 대한 조언을 해주려고 부른다고 생각했다. "축하하네." 학과장이 입을 열었다. 하지만 그가 들려준 이야기는 예상치 못한 더욱 놀라운 소식이었다. "자네, 이제 정교수가 됐다네."

"오." 그때 내가 뭐라고 했는지 기억이 난다. "음, 감사합니다."

"겨우 감사합니다? 보통 이런 경우는 좀 더 흥분하는데 말이야."

"사실 이건 이번 주에 있었던 일 중에서 두 번째로 좋은 일일 뿐인걸요."

하지만 놀랍게도, 칼텍에서 정교수가 됐다는 이 소식은 곧 그 주에 내게 벌어진 일들 중 세 번째로 가장 좋은 일이 되었다. 정교수가 됐다는 소식을 들은 바로 그다음 날, 채드는 지금껏 본 적 없는 흥분된 얼굴을 하고는 내 연구실로 들어왔다(마치 말리부 해변에서 방금 서핑을 즐기고 온 것처럼 들뜬 모습으로). 채드가 말했다. "지난밤 찍은 사진에서 명왕성보다 더 큰 걸 발견했어요!"

명왕성보다 더 크다니! 나는 그날 채드가 했던 이 말을 똑똑하게 기억한다. 채드와 달리 참을성이 없던 나는 서둘러 컴퓨터 속 사진을 확인해보기 위해 복도를 가로질러 채드의 방으로 뛰어갔다. 채드의 망원경은 전날 밤 은하수 부근의 임의의 한 하늘을 관측했다. 그 하늘에는 별이 수천 개나 가득 담겨 있었다.

그 별들을 배경으로 단 하나의 작은 점이 천천히 하늘을 가로질러 움직이고 있었다. 채드는 그 천체까지 거리가 얼마나 되는지 계산했다(대략 명왕성보다 50퍼센트는 더 멀리 있는 것으로 나왔다). 그리고 그 정도 거리에서 사진 속 밝기로 보이기 위해서는 이 천체가 사실 명왕성보다 더 커야 한다는 결론을 확인할 수 있었다. 그건 분명 지난 70년간 태양계에서 발견된 그 어떤 것보다 더 큰 천체였다. 내가 그토록 고대하던 새로운 행성이었다. 지금까지 인류 역사에서 태양 주변을 맴도는 덩치 큰 행성을 발견한 사람은 열 명 남짓한 천문학자들뿐이었다. 바로 이것이 그 주에 내게 벌어졌던 두 번째로 좋은 일이었다.

05 얼음 못

위대한 발견을 마주한 인간은 두 가지 선택지를 놓고 아주 어려운 갈등을 하게 된다. 이 놀라운 발견을 혹여나 다른 사람에게 빼앗길까 싶어 서둘러 세상에 발표할지, 아니면 이 놀라운 발견이 사실인지 아닌지를 아주 체계적으로 꼼꼼하고 세심하게 점검해야 할지를 두고 고민하는 것이다. 경우에 따라 그 최종 점검 과정이 몇 년은 더 걸릴 수도 있다. 채드가 첫 번째 발견 소식을 들려주었을 때, 나는 앞으로 수개월 또는 수주 안에 혹시 다른 누군가 우리가 찾은 천체를 또 발견하지 않을까 조마조마했다. 그래서 가능한 한 빨리 결과를 점검하기로 했다. 우리는 앞으로 4개월 안에 가능한 모든 과학적 분석과 검토를 마치고, 최종 결과를 발표하기로 결심했다. 이 발견을 세상에 공개하지 못한 채 간지러운 입을 참아야 했던 그 시간은 다이앤 앞에서 주머니 속에 반지를 숨겨야 했던 시간만큼이나 버티기 어려웠다.

우리는 그 천체를 '우리가 드디어 발견한 천체'라는 긴 이름 대신 다른 별명으로 불러주기로 했다. 그래서 그것을 '천체 X'라고 불렀다. X는 아직 그 존재가 확인되지 않은 가상의 열 번째 행성을 지칭하는 행성 X에서 따온 것이다.

과학자로서 나는 이 천체 X의 모든 것을 알아내고 싶었다. 일단 가장 먼저 확인해야 할 문제가 있었다. '천체 X는 어떤 궤도를 그리는가? 다른 행성처럼 태양 주변을 둥글게 도는 원 궤도를 그리는가? 아니면 명왕성이나 다른 카이퍼 벨트 천체들처럼 기울어진 타원 궤도를 그리는가?' 이 답을 찾기 위해서 천체 X의 궤도를 추적하며 어떻게 움직이는지를 살펴봤다. 이 작업을 위해서는 인내심이 필요하다. 명왕성만 해도 태양 주변 궤도를 한 바퀴 도는 데 255년이 걸린다. 그보다 더 멀리 있는 천체 X는 훨씬 더 긴 시간이 걸린다. 하지만 우리는 그렇게나 오래 기다릴 수 없었다. 다행히 우리는 궤도를 완성하기 위해 수백 년을 기다릴 필요는 없다. 천체가 어떤 궤도를 그리는지 파악하기 위해서 굳이 그 천체가 궤도를 한 바퀴 다 돌 때까지 기다리지 않아도 되는 것이다(명왕성을 처음 발견한 이래로 지금까지 명왕성은 아직도 궤도 전체의 4분의 1을 조금 넘는 정도만 돌았다). 어떤 천체가 중력에 의해서만 움직이고 있다면, 우리는 그 천체가 지금 어디에 자리하고 있는지, 현재 얼마나 빠르게 어떤 방향으로 움직이고 있는지만 알면 된다. 이것만 알면 과거 그리고 앞으로의 궤도를 전부 추적할 수 있다.

어떻게 이것만으로 궤도를 계산할 수 있는지 이해하기 어렵겠지만, 사실 우리 뇌는 이러한 계산을 정확하게 매일 하고 있다. 간단한 실험을 한번 해보자. 운동장에 서서 30피트(9m) 거리에 있는 누군가가 공을 던진다고 생각해보라(더 정확히 하기 위해 피구 공을 예로 들면 좋다). 상대가 공을 던진 순간 눈을 감고 앞으로 공이 어디로 날아갈지, 언제 땅으로 떨어질지를 유추할 수 있는지 시도해보자. 아마 꽤 잘 맞힐 수 있을 것이다. 이미 우리 뇌는 물체가 놓인 위치, 움직이는 속도와 방향, 이 세 가지 요소를 바탕으로 공의 전체 궤적을 빠르게 계산할 수 있도록 훈련되어 있다. 물론 가끔은 정확히 맞히지 못할 수도 있을 것이다. 생각보다 일찍 공이 살짝 옆으로 떨어지거나 살짝 늦게 땅에 닿을 수도 있다. 하지만 이는 너무 짧은 순간 동안만 공의 움직임을 봐서 필요한 만큼 정확하게 공의 속도와 방향을 파악하지 못했기 때문이다. 눈을 조금 더 늦게 감아서 조금 더 오래 공을 볼 수 있다면 아까보다 더 정확하게 공의 궤적을 예측할 수 있다. 몇 인치 이내로 아주 정확하게 공이 어디로 떨어질지 파악하고 싶다면 공이 날아오는 중간에 가급적 눈을 감지 않는 것이 좋다. 하지만 처음 몇 번 공을 보는 것만으로도 일반적으로는 충분히 공의 전체 움직임을 예측할 수 있다.

천체 X의 궤도를 그리는 것도 날아오는 공의 궤적을 그리는 것과 같다. 이 둘 모두 오직 중력의 영향만 받는다(공은 지구 중력의 영향을 받고, 천체 X는 태양 중력의 영향을 받는다). 따라서 그 천체가 지금 어디에 있는지, 그리고 어떤 방향으로 얼마나 빠르게 움직이고 있는지만 알면 그 천체가 앞으로 영원히 어떤 궤도를 그릴지도 파악할 수 있다. 하지만 그 당시까지 우리가 파악하고 있던 불과 세 시간 사이에 움직인 천체 X의 모습은 공을 던진 직후 아주 극초반의 움직임만 보고 있는 것과 다름없었다. 공이 날아오기 시작한 모습만 파악하고 있다면 공의 움직임에 대한 우리의 예측은 더 부정확할 수밖에 없다. 따라서 천체 X의 정확한 궤도를 파악하기 위해서 우리는 공의 움직임을 더 오랫동안 추적할 필요가 있었다.

보통 이렇게 멀리 떨어진 천체의 궤도를 추적하려면 한 1년 정도는 꾸준히 관측해야 한다. 하지만 우리는 1년이나 기다릴 수 없었다. 우리는 매일 밤 다른 누군가 그사이에 천체 X를 또 발견하지는 않을까 걱정하며 밤잠을 설쳤다. 거의 매일 아침, 아픈 배를 움켜쥐고 신문 기사를 확인했다. 천체 X에 대한 정확하고 철저한 내용을 담은 과학 논문을 쓰기 위해 우리는 충분히 오랫동안 인내해야 한다고 다짐하기는 했지만, 나는 1분도 더 기다리고 싶지 않았다. 당장 남이 찾기 전에 천체 X의 존재를 발표하고 싶었다. 그런데 1년이나 더 기다리라고? 그건 말도 안 되는 소리였다.

다행히 우리는 실제로 1년까지 기다릴 필요가 없었다. 그 대신 우리는 1년 전 과거를 살펴보기로 했다. 많은 천문학자는 매일 많은 하늘을 관측한다. 앞서 다른 천문학자들이 찍어놓았던 그 많은 과거의 하늘 사진 속에서 우연히 찍힌 천체 X를 찾을 수 있을지 모른다고 생각했다. 이 사진들은 모두 온라인으로 확인할 수 있다. 나와 채드는 복도를 사이에 두고 떨어져 있는 각자의 연구실로 돌아가서 천체 X가 찍혔던 것과 정확하게 동일한 영역을 담고 있는 다른 하늘 사진들을 뒤지기 시작했다. 언젠가 나는 과학 연구를 할 때는 같은 팀 동료끼리 서로의 결과를 점검하기 위해 각자 독립적으로 더블 체크를 해야 한다는 이야기를 들은 적이 있다. 하지만 당시 나와 채드는 둘 다 완전히 똑같은 작업을 하고 있었다. 솔직히 말해서 우리는 서로 더블 체크를 하지 않았다. 아카이브 속에서 천체 X가 찍혀 있을지 모르는 사진을 확인하는 것은 우리 둘 다 너무나 하고 싶은 신나는 작업이었다.

복도 한쪽 끝에 위치한 연구실에서 나는 이런 식으로 작업을 진행했다. 우선 현재 천체 X가 어디로 움직이고 있는지를 정확히 계산했다. 그것을 토대로 그로부터 몇 달 전에는 천체 X가 어느 하늘에서 보여야 할지를 계산했다. 그리고 그 영역 주변 하늘을 찍은 사진이 있는지 아카이브를 뒤졌다. 당연히 내가 원하는 특정한 날짜에 찍힌 사진은 없는 경우가 더 많았다. 그 대신 원하는 날짜보다 몇 주 전에 찍힌 사진들이 있었다. 그래서 그 몇 주 전에는 천체 X가 어느 하늘에서 보여야 할지를 새로 계산했다. 이번에는 다행히 바로 그날 내가 계산한 방향의 하늘을 찍은 사진이 아카이브에 있었다. 그러면 그 사진을 아카이브에서 내 컴퓨터로 다운로드해서 컴퓨터 화면에 띄웠다. 사진은 분간하기 어려운 수많은 별로 빼곡했다. 이 안에서 대체 어떻게 천체 X를 찾을 수 있을까?

수많은 별 중에서 우리가 발견한 천체를 구분해내는 방법은 뭔가 움직이는 것을 찾는 것뿐이다. 하지만 우리가 아카이브에서 찾은 그날 찍힌 사진은 단 한 장뿐이었다. 그래서 다른 사진과 비교하며 움직인 천체가 있었는지를 확인할 수 없었다. 그 대신 아카이브에는 1년 전 똑같은 하늘을 찍은 사진이 있었다. 만약 천체 X가 그 1년 사이에 움직였다면, 1년 전 사진에는 분명 다른 자리에 천체 X가 찍혀 있어야 했다. 나는 천체 X가 있을 것으로 예상되는 사진과 그보다 1년 전에 같은 하늘을 찍은 사진 두 장을 놓고 비교했다. 비교 작업은 컴퓨터로 쉽게 할 수 있었다. 그냥 사진을 순서대로 배치하고, 버튼을 몇 번 누르면서 두 사진을 앞뒤로 왔다 갔다 반복했다. 두 장의 사진 사이에서 뭔가 빠르게 깜박거리는 게 있는지, 움직이는 게 있는지를 확인했다. 두 사진은 완벽하게 동일했다. 1년 사이에 별과 은하는 전혀 움직이지 않았다. 하지만 바로 그곳에, 사진 한가운데 1년 전에는 없었던 별과 같은 무언가가 새롭게 나타나 있었다.

바로 내가 찾던 것이었다. 하지만 아직은 그것이 정말로 움직이고 있는 천체 X인지 확신할 수 없었다. 그렇지만 분명 1년 전에는 보이지 않다가 1년 사이에 새롭게 나타난 천체가 있었다. 과거에는 보이지 않다가 하늘에 새로운 천체가 나타나는 경우는 여러 가지가 있다. 별의 밝기가 갑자기 밝아졌을 수도 있고, 별이 폭발했을 수도 있다. 그래서 그것이 정말 내가 찾던 천체 X였는지는 확신할 수 없었다. 하지만 그것이 정말 천체 X라고 가정하면, 나는 좀 더 정확하게 그 천체가 어떤 궤도를 그리며 움직이고 있는지를 계산해봐야 했다. 그렇게 다시 유추한 천체 X의 궤도를 바탕으로 지금까지의 과정을 다시 처음부터 반복했다. 새롭게 구한 궤도를 바탕으로 천체 X가 몇 달 전에는 또 어느 쪽 하늘에서 보였어야 할지를 계산했다. 그리고 그날 찍힌 사진을 살펴봤다.

하지만 이번에도 날짜가 살짝 달랐다. 그러면 다시 날짜를 계산하고, 해당하는 날짜에 내가 계산한 하늘을 찍은 사진을 찾았다. 또 그보다 더 이른 시기에 찍힌, 함께 비교할 만한 사진을 아카이브에서 찾아냈다. 그 사진들을 비교하며 아까와 마찬가지로 처음에는 없다가 새롭게 나타난 새로운 천체가 있는지를 확인했다. 놀랍게도 정말 거기에 새로운 천체가 모습을 드러냈다! 내가 예측한 바로 그 자리에 있었다! 나는 복도를 내달리며 드디어 1년 전에 찍힌 천체 X의 모습을 찾아냈다고 소리쳤다. 하지만 이미 채드는 내가 방금 찾은 1년 전 사진을 찾아놓은 상태였다. 심지어 채드는 2년 전 사진도 뒤지고 있었다. 우리 둘 다 각자 제대로 천체 X를 추적하고 있었다.

우리는 곧바로 온라인 아카이브에서 확인할 수 있는 가장 오래된, 3년 전 천체 X의 모습까지 찾아냈다. 이제 우리는 연구실에 앉아 다음으로 무엇을 해야 할지 고민했다. 그때 채드가 큰 소리로 "혹시 천체 X가 찰리 코얼Charlie Kowal의 사진 건판에도 찍혀 있지 않을까?" 하고 말했다. 아, 그래, 찰리 코얼의 사진 건판이 있었지.

우리 눈에는 앞에 뻔히 있는 것도 보지 못하는 맹점이라는 부분이 있다. 찰리 코얼의 사진 건판은 분명 그때까지 내가 놓치고 있던 맹점이었다. 나는 그에 대해서는 들어본 적 있었지만 사실 크게 신경을 쓰지 않았다. 왜 그랬느냐고? 이미 오래전에 코얼은 명왕성 너머에 또 다른 행성이 없다는 사실을 확신했다. 코얼의 이러한 견해는 태양계에 대한 내 생각과는 많이 달랐기 때문에 나는 코얼의 사진 건판에 대해서는 크게 관심을 가지지 않았다.

찰리 코얼은 1970~1980년대에 팔로마산 천문대에서 근무했던 천문학자다. 코얼은 이전까지 아무도 시도해본 적 없는 것을 실험해보기로 결심했다. 48인치 슈미트 망원경을 활용해서 명왕성 너머의 또 다른 행성을 찾는 일이었다. 당시에는 명왕성 너머에 또 다른 행성 X가 존재한다고 생각되던 시기였다 (1970년대에는 태양계 외곽 행성의 미세한 궤도 변화를 근거로, 이들에게 중력으로 영향을 주는 행성 X가 있을 것이라는 심증이 남아 있던 시기였다). 48인치 슈미트 망원경은 아주 넓은 하늘을 볼 수 있도록 설계됐다. 클라이드 톰보 이후로는 누구도 새로운 행성을 찾기 위해 하늘을 본격적으로 탐색한 적이 없었다. 내가 다른 천문학자에게 새로운 행성을 찾고 있다고 이야기할 때면 다들 이렇게 말하곤 했다. "찰리 코얼이 이미 30년도 더 전에 새로운 행성 같은 건 없다고 증명하지 않았습니까."

하지만 나에겐 그런 비판적 의견을 무시할 만한 이유가 있었다. 물론 코얼은 내가 했던 것과 정확히 똑같은 작업을 수행했다. 하지만 30년 전의 코얼에게는 컴퓨터가 없었다. 코얼은 한 쌍의 사진 건판을 놓고 두 눈으로 직접 비교해 가면서 하룻밤 사이에 뭔가 움직인 게 없는지를 확인했다. 내 계산에 따르면

한 40년은 족히 걸려야 할 어마어마한 작업을 코얼은 10년 동안 틈틈이 중간중간 비는 시간 동안 해치웠다. 나는 코얼이 그렇게 빠른 속도로 하늘을 다 훑어볼 수 있었던 것은 그가 사진 속의 아주 밝은 천체에만 주목하며 사진을 대충 훑어봤기 때문이라고 생각했다. 코얼의 사진 속에는 훨씬 어두운 천체도 함께 담겨 있었을 테지만, 그의 느슨한 그물망이 그런 어두운 천체를 미처 포착하지 못했던 것이다. 하지만 다른 많은 동료 천문학자들은 내 주장에 동의하지 않았다. 그들은 그저 내가 환상 속의 희망을 좇을 뿐이라며 걱정했다.

그러나 채드가 발견한 천체 X의 존재는 이런 그들의 비판이 틀렸다는 것을 보여주었다. 비로소 우리는 이들의 생각이 잘못됐다는 것을 확실하게 증명해 보일 수 있는 기회를 잡았다. 우리는 코얼이 1983년 5월 17일과 18일 사이에 우리가 천체 X가 있었을 것이라고 예상한 바로 그 방향의 하늘을 망원경으로 촬영한 적이 있다는 사실을 확인했다. 만약 정말로 코얼이 오래전에 찍었던 이 사진 속에서 우연히 찍힌 천체 X를 발견하게 된다면, 우리는 20년 사이에 천체 X가 어떻게 움직였는지를 파악할 수 있다. 이를 통해 아주 완벽하고 정교하게 천체 X의 전체 궤도를 그릴 수 있었다.

코얼의 사진 건판은 지난 50년간 팔로마산 천문대에서 관측한 다른 역사적인 사진 건판들과 함께 칼텍 캠퍼스 내 연구실 바로 옆 천문학과 건물 지하 창고에 보관되어 있었다. 창고는 완전히 밀폐된 채 습도 조절이 되고 있고, 내부는 물건의 손상을 막기 위해 할론가스가 채워져 있다. 나는 창고로 내려가 자물쇠를 열고 내부를 들여다봤다. 그 안에는 수천 개에 가까운 아주 많은 사진 건판이 보관되어 있었다. 그중 내가 원하는 특정한 사진 건판을 어떻게 찾을 수 있을지 엄두가 나지 않았다. 창고 내부는 전반적으로 어수선했다. 오랫동안 그 누구도 이 창고에서 사진 건판을 꺼내다 쓴 적이 없었다. 하지만 내부의 침침한 조명에 눈이 적응되고 나자 도서관 서가에 책이 꽂혀 있는 것처럼 사진 건판이 쭉 정리되어 꽂혀 있는 모습을 볼 수 있었다. 다만 작가의 이름으로 책이 정리된 도서관과 달리, 창고의 사진 건판은 촬영 날짜 순서대로 정리되어 커다란 마닐라지 봉투에 들어 있었다.

나는 설레는 마음으로 1983년에 해당하는 봉투를 찾아 계속 걸어갔다. 선반 사이 통로로 깊숙하게 들어가면서 나는 사진 건판의 상태가 부디 온전하기를 바랐다. 그리고 그해 5월에 찍은 사진 건판이 보관되어 있어야 할 부분을 뒤적거렸다. 그런데 그 자리에 내가 찾는 사진 건판은 없었다. 아예 하나도 없었다. 1983년 5월 그리고 그 앞뒤로 몇 개월에 해당하는 선반이 텅 비어 있었다. 그저 몇 년간 쌓인 먼지만 있을 뿐이었다. 만약 사진 건판이 순서대로 정리되어 있지 않거나 내가 찾는 사진 건판이 이 창고에 보관된 적이 없다면, 내가 이 거대한 창고 안에서 우연히 그 사진 건판을 발견하게 될 확률은 거의 제로에 가까웠다.

그날 밤 나는 팔로마산 천문대에 머무르고 있던 장 뮬러에게 전화를 걸어 도움을 청했다. 뮬러는 아주 오랫동안 48인치 슈미트 망원경에서 일을 해왔기 때문에 코얼의 사진 건판이 어디에 보관되어 있을지 기억하지 않을까 생각했다. 마침 뮬러는 우연히 바로 다음 날 패서디나에 올 예정이라며, 그때 가서 함께 찾아보자고 이야기했다. 그다음 날 나와 뮬러는 창고로 내려가 문을 열었다. 우리는 함께 깜깜한 내부에 눈을 적응시켰다.

"제가 얼마 전에도 여기에 온 적이 있는데, 그때 이쯤에서 봤던 것 같아요." 뮬러가 말을 하며 사진 건판 더미들을 아래로 옮겼다. 그녀는 빠르게 1983년 사진 더미들을 지나쳤다.

"제 생각에는 여기에 있어야 할 것 같은데요." 나는 서가의 텅 빈 자리를 가리켰다.

하지만 뮬러는 내 말을 무시한 채 계속 걸어갔다. 네다섯 줄은 더 지나서 왼쪽으로 꺾더니 사진 건판이 담긴 마닐라지 봉투가 가득 쌓인 선반 사이로 갔다. 그녀는 10피트(3m)쯤 더 가서 오른쪽으로 다시 방향을 틀었다. 그제야 뮬러는 2층 선반으로 손을 뻗어 봉투 하나를 꺼냈다. 그리고 이렇게 말했다. "제 생각에는 여기에 있어야 할 것 같은데요."

사실 뮬러가 정확하게 맞힌 것은 아니었다. 뮬러의 손가락이 가리킨 것은 사실 내가 찾던 것보다 2주 더 빠른 1983년 5월 3일에 찍은 사진이었다. 우리가 찾던 사진 건판은 그보다 22인치(56cm) 정도 더 오른쪽에 있었다.

"그래서 이제 이 사진에서 그 천체는 또 어떻게 찾으려고요?" 뮬러가 물었다.

"음, 글쎄요, 일단 한번 찾아봐야죠."

"아마 찾기 어려울걸요. 이게 필요할 거예요." 퓰러는 내 몸을 돌려 수십 년쯤은 된 오래된 장비들이 방치되어 널브러져 있는 쪽으로 끌고 갔다. 거기서 퓰러는 라이트박스를 하나 찾아 건네주었다. 라이트박스는 약간 위험해 보이는 전원 코드로 둘러싸인 아주 오래된 나무 상자 장치다. 전원을 연결하면 그 위에 올려둔 사진 건판에 빛이 비치면서 건판을 바로 살펴볼 수 있도록 해준다.

"예전에는 주로 블링크 콤퍼레이터를 사용했죠." 클라이드 톰보가 명왕성을 발견할 때 사용했던 장비다. "코얼은 아마 직접 이 사진 건판들을 사용했을 거예요. 하지만 블링크 콤퍼레이터는 20년 전에 사라진 것 같아요. 그 대신 그냥 앞뒤로 사진 건판 두 장을 번갈아가면서 살펴보면 찾으시는 천체를 찾을 수 있을 거예요." 퓰러가 설명해주었다.

나는 흔들리는 수레 위에 라이트박스와 사진 건판이 담긴 봉투를 가득 옮겨 싣고 연구실로 돌아왔다. 건물 입구에 깔린 카펫에 이르러 수레가 잘 밀리지 않아 전부 쏟아버릴 뻔하기도 했다. 나는 연구실 책상 위에 라이트박스를 올려놓았다. 조심스럽게 전원을 꽂은 후(주변에 불이 붙을 만한 물건은 전부 치웠다) 라이트박스의 조명을 켰다.

사진 건판들의 첫 인상은 당황스러웠다. 그것들은 커다란 종이봉투 안에 들어 있는 상당히 육중한 정사각형 모양의 14인치(36cm)짜리 큰 유리 조각이었다. 봉투에서 꺼낸 첫 번째 사진 건판에는 20년 전 코얼이 행성 X 후보를 골라내면서 더블 체크하기 위해 남겼던 것으로 보이는 작은 표시들 말고는 아무것도 없었다.

세월이 흘러서 사진 건판이 다 까맣게 변질되기라도 한 걸까? 뭐가 잘못된 것 아닌가? 그건 아니었다. 사진 건판을 라이트박스 위에 올리자마자, 그 위로 듬성듬성 수백 개의 별이 나타났다. 나는 한 발짝 떨어져서 몸을 더 숙이고 사진 건판을 눈으로 살펴봤다. 곧 사진 건판의 아무것도 없는 텅 빈 영역처럼 보였던 부분에도 수백 개의 별이 찍혀 있다는 사실을 깨달았다. 나는 몸을 완전히 굽힌 채 사진 건판 위로 눈을 옮겼다. 다이아몬드처럼 반짝거리는 셀 수 없이 많은 작은 별빛과 무수히 많은 소용돌이치는 은하로 가득한 우주 전체가 1인치(2.54cm) 크기의 사각형 안에 담겨 있는 듯한 모습을 볼 수 있었다. 나는 그 광활한 사진 건판에 담긴 수많은 별 중 하나는 분명 별이 아니라 하룻밤 사이에 움직인 천체 X일 것이라고 확신했다.

나는 5월 17일과 18일에 해당하는 사진 건판 두 개를 옆으로 나란히 두었다. 두 사진 건판에는 엄청나게 많은 별이 정확하게 같은 자리에 찍혀 있었다. 나는 이 두 사진 건판 사이에서 하룻밤 사이 하늘을 가로질러 움직인 무언가, 바로 천체 X를 찾아 헤맸다. 그제야 나는 70년 전 수많은 별 사이에서 명왕성을 발견한 클라이드 톰보가 정말 얼마나 대단한 성취를 해낸 것인지 깨달을 수 있었다. 그에 비해 내 일은 더 쉬웠다. 명왕성이 어디에 있는지 아무런 힌트도 없이 찾아야 했던 톰보와 달리, 나는 사진 건판에서 어디를 봐야 할지 대강 파악하고 있었다. 나는 가장 최신의 성도와 비교하면서 사진 건판에 몇 개의 밝은 별의 위치를 표시하고, 대략적인 영점을 표시해두었다. 그리고 이 두 날 밤 찍은 사진 위에 해당하는 영역을 마커펜으로 표시했다(유리 표면에 그렸다가 쉽게 지울 수 있는 펜이다). 그러고 나서 사진 건판 위에서 쉽게 움직일 수 있도록 특수 제작된 손바닥만 한 작은 크기의 돋보기로 직접 사진 건판을 살펴보기 시작했다. 먼저 첫 번째 사진 건판에 담긴 별들을 쭉 보았다. 그리고 두 번째 사진 건판과 비교하기 위해 가능한 한 첫 번째 사진 건판에 찍혀 있던 모든 별의 위치를 외워야 했다. 이 별이 움직인 거 같은데? 이런, 아니었다. 그건 그냥 내가 외우지 못한 별이었다. 저 별은 어떻지? 그것도 아니었다. 그건 그냥 사진 건판에 난 흠집이었다. 이렇게 사진 건판의 1인치밖에 안 되는 영역을 보는 데만 30분이나 걸렸다. 그건 내가 봐야 할 전체 면적의 0.3퍼센트밖에 되지 않았다. 그렇게 계속 사진 건판을 분석하던 중 뭔가를 발견했다. 그건 첫 번째 날 밤 사진에는 찍혀 있지 않았지만, 두 번째 날 밤 찍은 사진에는 새롭게 나타난 점이었다. 뭔가 움직인 것이 분명했다. 나는 놀라서 비명을 질렀다. 그날 나는 연구실 건물 복도를 지나가는 사람 누구든 붙잡고 사진 건판의 그 점을 보여주면서 1983년에 분명 관측됐던 천체 X의 모습을 말해주었다.

1983년 당시 찰리 코얼이 이것을 미처 발견하지 못한 것은 그리 놀라운 일이 아니다. 그건 정말 겨우겨우 볼 수 있는 아주 희미한 작은 얼룩에 불과했다. 정확히 어느 방향의 하늘을 봐야 하는지를 알고 있던 나조차 30분 가까운 긴 시간 동안 찾아낸 끝에 겨우 확인할 수 있는 수준이었다.

이제 우리는 천체 X가 20년 전에는 어디에 위치했는지도 알게 됐다. 이건 우리가 천체 X의 아주 정확한 궤도를 계산할 수 있게 됐다는 뜻이었다. 이제 우리의 사냥이 헛되지 않았다는 사실을 입증할 수 있게 됐다. 코얼의 사진 건판에는 그가 미처 발견하지 못했던 더 많은 새로운 것이 숨어 있었던 것이다.

하지만 우선 우리는 천체 X에만 집중했다. 우리가 계산한 천체 X의 궤도는 정말 놀라웠다. 천체 X는 태양을 중심으로 288년 주기로 궤도를 돌고 있었다. 다른 행성처럼 거의 원에 가까운 궤도였다. 하지만 다른 행성들의 궤도에 비해 8도 정도 기울어져 있었다. 8도 정도면 큰 차이가 아니라고 생각할지 모르지만, 행성의 경우에는 어마어마한 차이이다. 그렇다면 대체 천체 X의 정체는 무엇이란 말인가? 어떻게 이렇게 완벽하게 둥근 원을 그리면서 동시에 이렇게 크게 기울어져 있을 수 있다는 말인가?

오늘날까지도 우리는 그 답을 모른다. 천문학에는 카이퍼 벨트 천체들의 궤도가 덩치 큰 다른 행성 주변을 지날 때 어떤 영향을 받는지에 대한 이론이 있다. 그 이론에 따르면 카이퍼 벨트 천체들의 궤도는 크게 기울어짐과 동시에 타원 모양이어야 한다. 하지만 천체 X의 궤도는 크게 기울어져 있기는 했지만 타원이 아닌 둥근 원 궤도를 그렸다. 이건 불가능했다. 하지만 과학의 묘미 중 하나는 바로 이렇게 무언가 불가능에 가까워 보이는 새로운 것을 발견하는 것이다. 우리의 발견은 분명 수십억 년에 걸쳐 만들어진 태양계의 진화 과정 초기 단계에 대한 엄청난 단서가 될 수 있었다. 그 정체가 무엇인지, 대체 무엇을 이야기하는 것인지 알 수 있었다면 얼마나 좋았을까. 결국 우리가 이 이야기의 마지막 퍼즐 조각을 모두 맞추고 천체 X의 이상한 궤도도 완벽하게 설명할 수 있게 된다면, 우리는 태양계의 비밀도 풀 수 있게 될 것이다.

마침내 천체 X의 정확한 궤도와 위치를 계산할 수 있게 되면서, 이제 마음 한구석에 타오르고 있던 마지막 질문에 답을 할 수 있게 됐다. 천체 X의 크기가 어느 정도인가 하는 질문 말이다. 처음 발견한 날부터 천체 X는 명왕성보다 더 클 것이라고 생각했다. 하지만 완벽하게 확신할 수는 없었다. 천체 X는 너무 멀리 떨어져 있어서 망원경으로 봤을 때 그저 작게 빛나는 점으로만 보일 뿐이었다. 그 모습은 별처럼 보였다. 지금은 쓰지 않는 소행성이라는 단어의 원래 문자 그대로의 의미처럼 말이다. 천체 X는 밝았다. 하지만 이 '밝다'는 건 그것이 크다는 것을 의미하지 않는다. 단순히 햇빛을 더 많이 반사한다는 것을 의미할 뿐이다. 만약 천체의 표면이 눈에 덮여 있어서 매끈하다면 햇빛을 더 많이 반사할 수 있다. 또는 실제로는 표면이 어둡다 하더라도 그 크기가 크면 햇빛을 더 많이 반사할 수 있다.

누군가 멀리 떨어진 높은 산에서 거울로 햇빛을 반사하며 신호를 보내는 상황을 생각해보자. 이 경우에도 이와 똑같이 헷갈리는 상황을 생각해볼 수 있다. 빛을 잘 반사하는 아주 매끈한 거울로 햇빛을 반사하고 있는 건지, 아니면 지저분하지만 크기가 큰 거울로 햇빛을 반사하고 있는 건지 둘을 구분할 수 없다. 모두 똑같은 세기로 햇빛을 반사할 수 있기 때문이다. 두 경우 모두 아주 멀리 떨어진 작게 빛나는 점으로만 보일 것이다.

천체 X의 크기를 측정할 수 있을 정도로 생생하게, 둥근 원반의 모습으로 천체 X를 관측할 수 있는 아주 좋은 망원경이 하나 있었다. 바로 지구 대기권 높은 곳에서 궤도를 돌고 있는 허블 우주망원경이다. 우주에 올라간 직후 초반에는 여러 결함이 있었지만, 지금은 모두 말끔히 수리되어 세상에서 가장 선명하게 우주를 볼 수 있는 망원경이다. 물론 허블 우주망원경도 관측할 수 있는 한계가 있다. 그건 광학기기의 한계가 아니라 물리 법칙에 의한 어쩔 수 없는 한계다. 하지만 계산해보니 천체 X가 명왕성 정도의 크기만 갖고 있어도 허블 우주망원경의 최신 카메라 장비라면 충분히 그 크기를 잴 수 있다는 것을 확인했다. 이를 통해 우리는 천체 X의 정확한 크기를 잴 수 있을 것이었다.

허블 우주망원경을 쓰려면 그것을 이용해 무엇을 볼 것인지, 또 그것을 왜 관측해야 하는지를 설명하는 아주 장황한 관측 제안서를 제출해야 한다. 제안서는 1년에 딱 한 번만 통과된다. 제안서를 내면 천문학자로 구성된 심사위원들이 각 제안서를 평가하고, 그중에서 가장 좋은 것을 선정한다. 당시 다음 제안서 제출 마감까지는 9개월 정도가 남아 있었다. 우리는 아주 빨라야 1년 뒤에나 허블 우주망원경으로 사진을 찍을 수 있었다. 당시 우리에게는 두 가지 선택지가 가능해 보였다. 하나는 모든 사람에게 우리가 명왕성보다 더 커 보이는 새로운 천체를 발견했다는 사실을 서둘러 발표하고, 1년 안에 그것이 검증되기를 기다리는 것이었다. 하지만 우리가 추정한 천체 X의 크기는 단지 우리의 경험을 바탕에 둔 추정치에 불과했다. 만약에 천체 X가 알고 보니 명왕성보다 더 작으면 어떡하지? 나는 1년 뒤에 사실 우리가 발견한 천체가 명왕성보다 작았다고 입장을 철회하는 민망한 상황에 놓이고 싶지는 않았다.

다른 한 가지 선택지는 1년을 더 기다렸다가 허블 우주망원경으로 정밀한 관측을 진행한 후에 아주 정확하게 계산한 천체 X의 실제 크기와 함께 우리의 발견을 제대로 공개하는 것이었다. 하지만 그럴 수도 없었다. 만약 그사이에 천체의 실제 크기를 알아내는 것이 별로 중요하지 않다고 생각한 어떤 다른 사람이 우리가 발견한 것과 똑같은 천체를 발견해서 우리보다 먼저 세상에 공개할지도 모르는 일이었다. 또 허블 우주망원경으로 천체 X를 관측하게 될 때까지 우리가 새로운 천체를 발견했다는 비밀이 지켜질 거라고 생각되지도 않았다. 일단 관측 제안서를 제출하면 여러 사람에게 읽히게 된다. 표면적으로는 제안서의 내용이 비밀이라고 하지만, 분명 그 안에 담긴 내용은 바깥으로 새어나갈 것이 분명했다. 다행히 우리에게는 세 번째 선택지가 있었다.

가끔 평소처럼 제안서를 내고 평가받는 긴 절차를 거치지 않고 서둘러 허블 우주망원경으로 관측을 해야 하는 발견도 있다. 이런 경우 좀 더 빠르게 관측 데이터를 요구할 수 있는 공식 루트가 있다. 하지만 이 방법도 여전히 많은 사람이 어떤 관측인지 그 내용을 읽을 수밖에 없다. 나는 비밀이 새어나가지 않도록 좀 더 비공식적인 루트로 요청하고 싶었다. 그래서 허블 우주망원경과 관련해 일을 하고 있던 한 지인에게 다음과 같은 내용의 이메일을 보냈다. 나는 우리가 명왕성보다 더 클 것으로 의심되는 새로운 천체를 발견했으며, 가능한 한 빨리 허블 우주망원경으로 관측을 하고 싶다고 했다. 하지만 공식 루트로 요청할 경우 기밀 사항이 바깥으로 누설되는 것이 염려된다는 설명을 덧붙였다. 그리고 원래 공식 절차에 따라 제출했어야 할 관측 제안서도 첨부했다. 또 가능한 한 소수의 사람들만 이 내용을 알았으면 한다고 부탁했다. 이메일을 보내고 나서 다시 하늘 사진을 몇 장 더 분석하기 위해 자리에 앉았는데, 단 2분 만에 답장이 왔다. "그래요!"

나는 서둘러 허블 우주망원경으로 언제 천체 X를 조준해야 할지 적당한 시간을 계산했다. 우리는 아주 정밀하게 그 크기를 측정하고 싶었다. 그래서 천체 X가 멀리 떨어진 별 근처를 지나는 모습을 관측해야 했다. 나는 아카이브의 사진을 모두 불러와서 컴퓨터로 천체 X가 별들 사이로 어떤 궤적을 그리며 움직일지를 계산했다. 그리고 가장 적절한 관측 시기를 잡았다. 곧 3주 후면 천체 X가 밝은 별 하나 앞을 가리고 지나갈 예정이었다. 타이밍은 아주 완벽했다. 나는 허블 우주망원경이 촬영해야 할 관측 순서를 설계했고, 다시 자리로 돌아와서 3주를 기다렸다.

보통 그런 3주간의 시간은 나를 미치게 만든다. 하지만 당시 나는 이미 여행 계획을 잡아둔 상황이었다. 물론 여행에 집중하기는 어려웠다. 나는 천체 X의 가장 좋은 사진을 확보하기 위해 지구상에서 가장 거대한 켁 망원경을 사용하고 싶었다. 그래서 켁 망원경이 있는 하와이로 날아갔다. 켁 망원경 역시 사용하기 위해서는 무엇을 볼 것인지, 또 왜 하필 그 시기에 관측을 해야 하는지를 설명하는 관측 제안서를 제출해야 한다. 여느 때처럼 여러 명의 천문학자가 제안서를 읽고 그중 선정한 몇몇 제안서의 관측 일정을 3개월에서 9개월 사이에 분배했다. 아쉽게도 내가 켁 망원경 제안서를 쓰던 당시에는 우리가 천체 X를 발견하기 전이었다. 그래서 천체 X에 대한 관측 제안서는 없었다. 그 대신 다행히도 내게는 전혀 다른 주제로 써두었던 관측 제안서가 있었다. 천왕성의 위성에서 얼음 화산의 증거를 찾기 위한 관측을 하려고 쓴 제안서였다. 덕분에 우리는 천체 X를 발견한 직후에 켁 망원경을 사용할 수 있었다. 망원경에 머무르는 동안 통용되는 암묵적인 규칙 중 하나는 바로 망원경을 사용하는 밤 동안에는 내가 원하는 대로 망원경을 써도 된다는 점이다. 그렇다, 원래 나는 얼음 화산을 관측하겠다고 제안서를 제출했지만, 그 대신 더 절실하고 흥미로운 천체 X를 찾기 위해 켁 망원경을 사용했다.

켁 망원경은 하와이 빅아일랜드 마우나케아에 있는 거대한 휴화산 꼭대기에 있다. 해발 1만4000피트(4267m)의 산꼭대기는 비옥한 열대의 섬이라기보다는 척박한 달 표면처럼 보인다. 내가 산꼭대기에서 만날 수 있었던 유일한 야생동물은 장비 수송 차량에 의해 이곳까지 올라오게 된 생쥐들이었다. 생쥐들은 돔에서 근무하는 천문학자들이 흘린 음식 부스러기를 먹고 살아가고 있었다. 천문대가 아니었다면 인근에서는 먹을 것을 하나도 찾을 수 없었을 것이다.

팔로마산 천문대의 거대한 헤일 망원경은 흠 잡을 데 없는 아주 거대한 전함 또는 우아한 미국 공공사업진흥국의 댐 일부 또는 19세기 고층 건물의 한 부분처럼 보였다. 그에 비해 이 괴물 같은 켁 망원경은 볼품없어 보였지만, 사실 엄청나게 예민한 최신 기술의 집약체였다. 팔로마산 천문대의 돔 내부는 어렴풋한 망원경의 실루엣만 보일 뿐 거의 텅 비어 있었다. 켁 망원경의 돔도 헤일 망원경의 돔과 비슷해 보였다. 하지만 켁 망원경의 반사거울은 헤일 망원경에 비해 네 배가량 더 거대했다. 켁 망원경은 너무 커서 돔 내부에서는 어디서도 망원경을 한눈에 볼 수 없을 정도로 내부 공간을 가득 채우고 있었다. 엘리베이터를 타고 돔 중간층에 내려서 망원경을 둘러싼 철제 플랫폼 위에 서 있으면 하얀 대들보, 사방으로 뻗은 전선과 케이블, 육중한 산업용 크레인 등 주변에 설치된 아주 다양한 장비를 볼 수 있었다. 그리고 세상에서 가장 거대한 반사거울에 얼굴을 비춰 보고 있는 나 자신을 볼 수 있었다. 사실 그 반사거울은 한 개의 거울이 아니라 36개의 작은 육각형 거울이 벌레의 눈처럼 모여서 거의 원에 가까운 아주 큰 거울을 이루었다. 그 거울의 전체 면적을 모두 합하면 과거 내가 살았던 작은 집보다 아주 살짝 더 큰 정도였다.

그날 밤 늦게 우리는 망원경으로 천체 X에 해당하는 하늘 위의 작고 어두운 점을 조준했다. 망원경의 반사거울은 이 문장 끝에 찍혀 있는 마침표만큼이나 자그마한 영역에서 나오는 빛을 담기 시작했다. 우리의 목표는 그 빛을 모아서 프리즘과 같은 장치로 통과시켜 분해한 뒤 그 빛 속에 어떤 성분이 들어 있는지 살펴보는 것이었다. 이러한 분석을 분광 관측이라고 한다. 분산되어 나온 빛의 띠, 즉 스펙트럼을 통해 나는 천체 X의 표면이 어떤 성분으로 이루어져 있는지를 알고 싶었다.

나는 이틀 밤 동안 켁 망원경을 사용할 수 있었다. 첫째 날 밤부터 일찍이 망원경을 쓰기 위해서 하루 일찍 하와이에 도착했다. 집에서 멀리 떨어진 곳에 혼자 머무르며 아무 방해 없이 관측을 위한 최종 점검을 했다(그중에는 당시 겨우 7개월을 앞두고 있던 결혼식 준비도 포함된다). 나는 천문대 본관 건물에서 늦게까지 깨어 있었다. 밤늦게까지 쌩쌩하게 깨어 있기 위해서 정오가 될 때까지 내리 잠을 자고 싶었다. 하지만 새벽이 되기도 전에 일찍 깨고 말았다. 다시 자려고 노력했지만, 그날 밤에 할 관측 생각으로 마음이 뒤숭숭했고 잠은 오지 않았다. 망원경과 장비 세팅은 잘되어 있는지, 제일 유용한 데이터를 모을 수 있는 최선의 방법은 뭐가 있을지 계속 고민했다. 결국 나는 다시 자는 것을 포기했고, 밤이 찾아올 때까지 망원경 제어실 주변을 산책했다.

제어실에는 방 가운데를 중심으로 주변에 책상과 컴퓨터 화면들이 둥글게 빼곡히 채워져 있었다. 다 세어보니 컴퓨터 화면은 총 12개였다. 나는 밤새도록 기상 정보를 체크했고 망원경 상태를 확인했다. 또 모든 작업이 잘 진행되고 있는지 12개의 모니터를 다 살펴봤다. 천문대 야간 근무 직원들은 모두 잠들어 있었지만, 준비해야 할 것은 산더미처럼 쌓여 있었다. 점심시간에 나는 쇼핑센터까지 걸어가서 식료품 가게에 들러 신선한 하와이안 포크를 조금 먹었다.

쇼핑센터까지 걸어갔다고? 물론 황량한 마우나케아산 꼭대기에 쇼핑센터 같은 건 없다. 당시 나는 하와이 와이메아에 위치한, 주변이 다 목장으로 둘러싸인 해발 수천 미터의 시골 마을 한복판에 있었다. 오늘날에는 천문학자가 켁 망원경을 사용하기 위해 굳이 산꼭대기까지 올라가지 않아도 된다. 대신 와이메아에 있는 제어실에 앉아서 인터넷으로 연결된 산꼭대기 망원경의 상태를 점검할 수 있다. 실시간으로 관측 영상과 데이터를 받아볼 수 있다. 우리는 산꼭대기에 있는 사람들과 실시간으로 대화하고 그곳의 장비를 다루지만, 실제로 산꼭대기에 올라가지는 않는다.

이렇게 제어실과 망원경이 수 킬로미터는 떨어져 분리되어 있는 곳을 처음 사용했을 때는 망원경 안에서 실제로 무슨 일이 벌어지고 있는지 확인할 수 없어서 몹시 답답했다. 망원경과 분리된 제어실에서는 바깥으로 나가 망원경 주변의 바람과 습기를 느낄 수 없다. 망원경 주변에 구름이 몰려오고 있는지, 안개가 차오르고 있는지도 바로 확인할 수 없다. 멀리 떨어진 제어실에서는 철커덕, 하고 돔이 열리는 소리도 들을 수 없고, 망원경이 웅웅 소리를 내며 돌아가는 모습도 볼 수 없다. 그래서 장비가 잘 운용되고 있는지 불안했다. 천문학을 이런 식으로 해도 될까?

그렇다. 너무나 완벽하게 할 수 있다. 사람의 뇌는 해발 1만 4000피트(4267m)까지 올라가면 산소가 부족해서 제대로 돌아가지 않는다. 게다가 잠도 부족한 상태에서 일의 효율을 높이는 건 아주 어려운 일이다. 사실 눈으로 보는 것보다 천문대에 설치한 어안렌즈로 봐야 훨씬 더 제대로 하늘의 구름을 확인할 수 있다. 풍속계와 습도계도 잘 작동한다. 영상의 싱크도 아주 매끄러워서 옆에 사람이 없다는 사실을 잊을 정도로 자연스럽게 영상으로 대화할 수 있다. 그래도 나는 여전히 불안했다. 망원경이 있는 해발 1만4000피트 산꼭대기에서는 하늘도 아주 맑고 습도도 낮고 훌륭한 데이터를 계속 수집할 수 있었지만, 해발 2000피트(610m)의 와이메아에 있는 제어실 창밖으로는 매서운 비와 강풍이 다가오고 있었기 때문이다. 그럴 때마다 나는 불안했다.

천체 X는 저녁 8시가 되면 지평선 위에 나타날 예정이었다. 나는 모든 준비를 마치고 밤이 오기만을 애타게 기다렸다. 다른 직원들은 오후 5시쯤 하나둘 산꼭대기에 도착하기 시작했다. 우리는 영상으로 그날 저녁 관측 계획에 대해 대화를 나눴다. 해가 저물었고 돔이 열렸다. 그리고 36개의 작은 육각형 반사거울이 일제히 하늘을 올려다보며 내 첫 번째 타깃에서 날아오는 빛을 모으기 시작했다.

내가 해야 하는 일은 우선 일단 모든 시스템이 잘 돌아가고 있는지 빠르게 점검하는 것이었다. 우리는 망원경을 아주 밝은 별에 조준했고, 그 밝은 별빛이 정상적으로 프리즘 장비로 통과하는지 확인했다. 몇 분 뒤, 내 앞에 있는 커다란 컴퓨터 화면에 스펙트럼 영상이 나타났다. 나는 그것을 빠르게 살펴보고 망원경에 있는 직원들에게 그에 대한 내 의견을 전했다. 스펙트럼은 우리가 예상한 모습 그대로 완벽했다. 나중에 천체 X의 관측 데이터와 비교하기 위해서 우리는 그 스펙트럼을 따로 저장해두었다. 드디어 천체 X를 찍을 시간이 됐다. 우리는 올바른 방향으로 다시 망원경을 움직였다. 그리고 그쪽 하늘을 바라봤다. 찍은 사진은 몇 분 뒤 다시 내 컴퓨터 화면에 나타났다. 사진 속에는 스무 개 정도 되는 별이 담겨 있었다. 나는 그중 하나가 천체 X일 것이라고 생각했다. 대체 어떤 것이 천체 X일까? 나는 그걸 어떻게 찾아야 하는지 잘 알고 있었다. 별 가운데 움직이는 것을 하나 찾으면 된다.

우리는 다시 망원경을 미세하게 조정한 뒤 20분 후에 똑같은 하늘을 다시 촬영했다. 처음 봤을 때는 방금 전의 사진과 완벽하게 똑같아 보였다. 하지만 컴퓨터 화면에 두 장의 사진을 나란히 놓고, 앞뒤로 번갈아가며 비교해보니 두 장의 사진 사이에서 뭔가 깜빡거리며 움직이는 걸 찾을 수 있었다. 20개의 별 중 19개의 별은 완벽하게 똑같은 자리에 찍혀 있었다. 하지만 그중 하나는 살짝 자리가 바뀌었다. 바로 천체 X였다.

우리가 천체 X를 연구하고 추적해온 지 벌써 한 달이 넘었지만, 거대한 켁 망원경으로 (최소한 켁 망원경에서 2만 피트[6096m] 정도 아래에서 화면을 통해 바라본) 새롭게 확인한 X의 모습은 여전히 나를 놀라게 만들었다. 나는 지구상에서 몇 안 되는 소수의 사람들만 알고 있는 명왕성보다 더 클지도 모르는 그 흥미로운 천체의 구성 성분을 확인하고 싶었다. 천체 X의 빛이 프리즘으로 바로 향할 수 있도록 망원경을 살짝 움직였다. 이제 모든 준비가 끝났다. 천체 X는 명왕성보다 더 멀리 있는 천체 중에서는 가장 밝았지만, 여전히 어두웠다. 세상에서 가장 거대한 망원경으로 봐도 우리는 아주 오랫동안 심혈을 기울인 끝에 겨우 분광 관측이 가능할 만큼의 빛을 모을 수 있었다. 우리는 중간중간 가끔씩 천체 X의 빛이 제대로 프리즘을 향해 들어가고 있는지 확인하면서, 그날 밤 내내 오랫동안 천체 X를 바라봤다. 나는 수시로 들어오는 데이터를 확인했고, 강박적으로 기상 정보도 체크했다. 모든 것은 완벽했다. 구름도 없고, 안개도 없고, 망원경 기기에 결함도 없었다. 그날 밤은 모든 것이 너무 완벽해서 솔직히 말하면 지루하게 느껴질 정도였다. 나는 제어실에서 시끄러운 음악을 틀어놓고 패스트푸드를 먹으며 두 번, 세 번, 네 번 반복해서 모든 것이 완벽하게 잘 돌아가고 있는지 체크했다. 그리고 내가 곧 무엇을 보게 될지 설레는 마음으로 기다렸다.

오전 5시 30분쯤 해가 떠오르고 하늘이 밝아지기 시작했다. 그제야 나는 내 작은 방으로 돌아와 오전 11시까지 쭉 잠을 잤다. 그리고 다시 제어실로 돌아가서 다음 날 밤을 준비했다. 둘째 날 밤도 첫째 날과 마찬가지로 거의 모든 것이 완벽했다. 둘째 날 관측이 끝나고 나는 다시 오전 6시에 잠을 자러 갔다. 그 다음 날에는 오전 10시 30분에 일어났다. 그리고 오후 1시에 비행기를 타고 로스앤젤레스 공항으로 향했다. 나는 필요한 모든 데이터를 정확하게 다 수집했다고 확신했다.

켁 망원경에서 보낸 이틀 밤은 앞으로 몇 주 또는 몇 달간 자세히 분석해야 할 방대한 데이터를 안겨주었다. 완전 녹초가 됐지만 나는 집으로 돌아오는 다섯 시간의 비행을 위해 발걸음을 옮겼다. 그리고 관측한 모든 사진과 데이터를 활용해 우리가 그 안에서 무엇을 발견했는지 말해주는 일관된 설명을 완성하기 시작했다. 우선 관측 데이터 속에서 천체 X에 의한 것이 아닌 망원경이나 프리즘 자체, 지구 대기권에 의한 영향을 조심스럽게 제거했다. 이 작업을 마친 뒤에는 우리가 지금 무엇을 보고 있는지를 확인했다. 그리고 그 데이터가 무엇을 의미하는지도 확인했다.

곧 나는 천체 X가 사실 표면이 지저분한 얼음 덩어리라는 것을 명확하게 알 수 있었다. 태양계 외곽 아주 먼 곳에서 이런 지저분한 얼음 덩어리를 발견했다는 것은 그리 놀라운 일이 아니었다. 명왕성도 이와 비슷하게 얼음으로 구성되어 있을 것이라 생각됐다. 또 얼음은 목성, 토성, 천왕성 그리고 해왕성 주변의 큰 위성 표면에서도 쉽게 찾을 수 있는 성분이었다. 하지만 천체 X에서는 먼지로 덮인 얼음뿐 아니라 차갑게 얼어 있는 메테인methane(메탄)으로 생각되는 성분도 검출할 수 있었다. 이 천체 X 표면에서 메테인을 발견했다는 것도 그리 놀랄 일은 아니었다. 명왕성 표면을 구성하는 주요 성분 중에도 메테인이 있으니 말이다. 하지만 지금껏 그 어떤 카이퍼 벨트 천체에서도 메테인이 검출된 적은 없었다. 그런데 천체 X에서 검출된 메테인 성분의 신호가 아주 확실하지는 않았다. 만약 천체 X에 메테인이 있다 하더라도 그 양은 아주 적은 것처럼 보였다. 몇 년 뒤 한 천문학자는 천체 X에 메테인이 실제로는 없는 것 같다고 주장했다. 그는 내가 천체 X에 있는 메테인의 흔적이라 착각했던 그 신호가 사실은 메테인에 의한 것이 아니라, 천왕성의 위성에 있는 것과 마찬가지로 천체 X에 있는 얼음 화산에 의한 신호라고 이야기했다.

천체 X에서 확인한 메테인 신호(이후로는 그냥 메테인이라고 하겠다)는 그 후로도 몇 년 동안 정확하게 설명되지 않았다. 내 연구실에서 일하던 대학원생 에밀리 섈러Emily Schaller는 당시 타이탄 구름 속 메테인에 대한 박사 학위 논문을 쓰고 있었는데, 그녀는 내 연구실에 와서 타이탄과 명왕성 모두 메테인을 갖고 있을 것이라는 아이디어를 내놓기도 했다. 섈러의 최종 시나리오는 아주 단순했다. 그녀의 설명에 따르면 명왕성뿐 아니라 다른 카이퍼 벨트 천체에도 메테인이 존재할 가능성이 있었다. 나중에 알고 보니 천체 X는 명왕성이나 타이탄과 마찬가지로 실제 메테인을 갖고 있었다. 하지만 천체 X의 크기는 너무 작았고 중력이 약해서 메테인을 오랫동안 붙잡지 못해 대부분을 우주 공간 바깥으로 잃어버리고 있었던 것이다. 우리가 켁 망원경으로 본 그 모습은 차갑게 얼어붙은 채 서서히 죽어가는 세상에 마지막으로 간신히 남아 있던 메테인의 흔적이었다.

내가 켁 망원경으로 관측한 데이터를 이해하기 위해서 분석을 진행하는 사이에 허블 우주망원경이 촬영한 사진도 지상으로 전송됐다. 허블이 관측한 데이터는 패서디나에 있는 내 연구실 컴퓨터로 전송됐다. 허블 우주망원경은 완전히 자동으로 작동하며 미리 설계해놓은 순서대로 알아서 하늘을 관측한다. 그렇기 때문에 허블 우주망원경이 정확히 언제 우리가 원하는 타깃을 바라보고 있을지 망원경의 움직임을 짐작하는 건 어렵다. 허블 우주망원경은 다이앤을 새 식구로 맞이하는 집들이 파티를 하고 있던 토요일에 천체 X를 조준했다. 켁 망원경으로 볼 수 있는 하늘의 크기보다 살짝 컸던 당시 우리 집은 이제 사람이 늘어나면서 더 바글바글해졌다. 파티가 끝나고 뒷정리를 하느라 나는 토요일 오후까지 출근을 하지 못했다. 하지만 허블 우주망원경이 찍어준 데이터를 통해 확실히 천체 X의 크기가 얼마나 되는지는 바로 알 수 있었다. 과연 천체 X는 정말로 명왕성보다 더 컸을까? 아니면 명왕성보다 살짝 작았을까? 나는 관측된 사진이 포함된 데이터 파일을 열어봤다. 하지만 곧바로 다시 파일을 닫고 내가 지금 제대로 된 데이터를 보고 있는 건지 더블 체크를 해야 했다. 분명 내가 본 사진 속의 모습은 명왕성보다 더 클 것이라 기대했던 천체 X의 모습이 아니었다. 어떻게 이럴 수 있지? 하지만 그건 분명 천체 X가 맞았다. 사진 속에 담긴 자그마한 점은 분명 열 번째 행성이라고 보기에는 어려운 아담한 천체 X의 모습이었다. 천체 X의 실제 크기는 명왕성의 절반밖에 되지 않았다.

어떻게 이럴 수 있지? 우리가 처음에 했던 생각이 완전히 틀렸다니, 어떻게 이럴 수 있지? 그건 바로 한마디로 알베도 albedo 때문이었다. 알베도는 물체가 빛을 얼마나 잘 반사하는지를 나타내는 값이다. 방금 쌓인 눈은 높은 알베도를 갖는다. 반면 석탄이나 먼지는 꽤 낮은 알베도를 갖는다. 아무도 카이퍼 벨트 천체가 얼마나 높은 알베도를 갖고 있는지 알지 못했지만, 첫 번째 카이퍼 벨트 천체가 발견됐을 때 모든 천문학자는 카이퍼 벨트 천체의 알베도가 석탄이나 검댕만큼 아주 낮고 어두울 것이라고 생각했다. 우리가 관측하는 모든 카이퍼 벨트 천체의 모습은 전부 그 표면에 반사된 햇빛을 보는 것이다. 만약 그 천체의 표면이 아주 어둡고 빛을 별로 반사하지 않는다면 크기가 더 커야만 더 많은 빛을 반사해 우리에게 관측될 수 있다. 하지만 만약 그 천체가 어떤 이유에서인지 예상과 달리 더 매끈한 얼음과 같은 표면을 갖고 있다면 훨씬 크기가 작아도 충분히 밝아 보일 수 있다. 천체 X는 우리가 생각했던 것과 달리, 검댕이나 석탄처럼 알베도가 낮은 어두운 천체가 아니었다. 천체 X는 사실 석탄이나 검댕이라기보다는 얼음 덩어리에 더 가까웠다. 천체 X는 처음 예상했던 것보다 더 표면이 매끄러웠고, 우리 기대에 비해 크기도 더 작았다.

그 사실을 알았을 때 나는 조금 실망했다. 이제 갓 시작했을 뿐이었지만, 정말 그토록 바라던 새로운 행성을 발견할 뻔했으니 말이다. 하지만 이제 그 천체가 실제로 얼마나 큰지를 알았고, 또 그것이 분명 행성이 될 수 없는 작은 크기라는 것을 확인했기 때문에 천체 X에게 좀 더 그럴듯한 진짜 이름을 지어주어야겠다고 생각했다. 국제천문연맹에서는 하늘에 있는 모든 것에 이름을 붙이기 위해 규칙을 정해놓았다. 수성에 있는 크레이터에는 시인의 이름을 붙인다. 천왕성의 위성 이름은 셰익스피어의 작품에 등장하는 인물의 이름을 붙인다. 카이퍼 벨트에 속한 천체 X와 같은 천체의 이름에는 신화에 등장하는 신의 이름을 붙인다. 나는 잠시 고민한 끝에 채드와 함께 보통 천체의 이름을 지을 때 많이 사용하는 오래된 고대 신화에서부터 천체 X를 발견한 망원경이 있는 지역을 기리기 위한 이곳의 신화에 이르기까지 샅샅이 찾아봤다. 이왕이면 스펠링 X를 그대로 유지할 수 있는 이름을 짓고 싶었다. 신화 속에서 X로 시작하는 이름을 찾고 싶다면 아즈텍족의 신화만 한 게 없다. 우리는 그 신화에서 아주 많은 X로 시작하는 이름을 찾을 수 있었다. 그중에는 내 마음에 들었던 슈테크히틀리Xiuhtecuhtli도 있었다. 하지만 그건 발음하기가 너무 어려웠고, 다들 좋은 이름이 아닌 것 같다고 생각했다.

우리는 인터넷 검색을 통해 다른 토속 신앙의 신화도 찾아볼 수 있었다. 천체 X는 아메리칸인디언 부족이 모여 살고 있는 지역으로 둘러싸인 팔로마산의 망원경으로 발견했다. 그렇다면 이 주변에 사는 팔라족 원주민의 신화는 어떨까? 아니면 페창가족 원주민의 신화는 어떨까? 이 부족들은 오래전에 어떤 신을 숭배했을까? 우리는 인터넷을 뒤져봤지만 답을 찾지 못했다. 그 대신 인터넷에는 팔로마산 꼭대기 망원경 위로 라스베이거스 스타일의 밝은 조명을 쏘아대며 광공해를 일으키던 거대한 하라스 카지노 이야기만 나올 뿐이었다. 그래서 우리는 좀 더 지엽적인 지역의 신화까지 찾아봤다. 산 가브리엘 교인에게서 많은 영향을 받으면서 가브리엘리노 인디언이라는 별명으로도 불렸던 통바족 원주민은 오랫동안 로스앤젤레스에서 살고 있는 토박이다. 우리는 통바족 신화에서 콰아라는 이름의 조물주가 노래를 부르고 춤을 추면서 우주가 시작됐다는 이야기를 찾을 수 있었다. 나는 천체 X에 바로 이 신의 이름을 지어주고 싶었다. 그런데 문득 그 이름을 사용하려면 먼저 통바족 원주민에게 허락을 구해야 할 것 같다는 생각이 들었다.

하지만 우리 주변에 통바족 원주민을 아는 사람은 아무도 없었다. 그래서 채드는 통바족 홈페이지(www.tongva.com, 2020년 12월 11일 현재 접속이 되지 않음--옮긴이)에 들어가서 전화번호를 하나 찾아냈다. 그리고 그 번호로 전화를 걸었다. 누군가 전화를 받자, 채드는 이렇게 이야기했다. "안녕하세요, 저는 칼텍에서 일하는 천문학자입니다. 저희가 이번에 카이퍼 벨트라고 불리는 영역에서 아주 중요한 천체를 새로 발견했는데요. 통바족 창조신화에 나오는 신의 이름을 이 천체의 이름을 짓는 데 사용하고 싶어서 허락을 구하고자 연락을 드리게 됐습니다." 아마 이 말을 처음 들었을 때 전화를 받은 부족장은 채드가 칼텍의 천문학자가 아니라 정신 나간 사람이라고 생각했을 가능성이

높다. 성가신 채드를 떨쳐내고 싶었던 부족장은 자기 말고 신화에 대해 더 자세한 이야기를 해줄 수 있는 사람을 소개하겠다면서 부족의 역사학자나 수석 무용수의 이름을 알려주고 전화를 끊어버렸다.

채드는 다시 똑같은 번호로 전화를 걸었다. 채드는 전화를 받은 부족장에게 자기가 정신 나간 미친 사람이 아니라, 정말로 명왕성의 절반 정도 크기를 갖고 있는 새로운 천체를 발견한 천문학자라는 사실을 납득시키려고 노력했다. 그러고 나서야 통바족 부족장으로부터 카와(사실은 콰오아라고 발음하는 게 더 정확하다)라는 이름을 써도 된다는 허락을 받을 수 있었다.

콰오아Quaoar의 정확한 발음은 콰-오-아Kwa-o-ar라고 한다. W는 아주 부드럽게 넘기고, R는 마치 에스파냐어처럼 살짝 굴리면서 발음한다. 의심의 여지 없이 에스파냐 식민 시절의 흔적이 남아 있는 단어였다. 그냥 편하게 콰오아라고 읽어도 괜찮다.

처음 이 이름을 골랐을 때 우리는 다른 사람들도 콰오아라는 이름만 듣고 그 스펠링을 정확하게 맞힐 수 있을 것이라고는 기대하지 않았다. 사실 영어라는 언어는 발음만 듣고 스펠링을 정확히 알기 어려운 경우가 많기 때문이다. 영어에서 'uaoa'처럼 모음이 네 개나 연속해서 붙어 있는 경우는 없다. 그래서 사람들은 이 단어를 발음하려고 할 때마다 Q 발음으로 시작해서 대충 얼버무리기 일쑤였다.

이제 이름까지 지었으니, 우리가 발견한 이 새로운 천체를 다른 과학자들에게 공표할 준비는 다 끝났다. 얼마 안 있으면 곧 내 고향에서 불과 두 시간 거리인 앨라배마주 버밍햄에서 천문학자가 모이는 큰 규모의 국제 학회가 열릴 예정이었다. 나와 채드는 그 학회에서 우리의 발견을 발표하기로 했다. 채드는 〈큰 카이퍼 벨트 천체〉라는, 그다지 자극적이지 않은 무난한 제목의 논문을 미리 제출했다. 학회에서 채드는 콰오아가 이상하게도 기울어져 있지만 타원이 아닌 원 궤도를 그리며, 그 실제 크기는 명왕성의 절반 정도 되고, 얼음으로 이뤄진 매끈한 표면을 갖고 있다는 우리의 분석 결과를 발표했다. 하지만 채드의 발표가 끝난 후 청중은 콰오아 자체에 대한 질문을 하나도 하지 않았다. 그날 이후 몇 주 동안 언론에서 취재한 질문 중에도 콰오아 자체에 대한 언급은 하나도 없었다. 사람들이 정작 궁금해하는 건 전혀 다른 것이었다. 사람들은 콰오아의 발견이 명왕성이 행성인지 아닌지 하는 문제에 대해 어떤 의미를 가지는지를 더 궁금해했다.

뭐라고, 정말로? 당시에도 카이퍼 벨트에서는 계속 새로운 천체가 발견되고는 있었지만, 여전히 명왕성이 다른 카이퍼 벨트 천체에 비해 확연하게 더 컸다. 우리가 발견한 콰오아보다도 명왕성은 두 배 가까이 더 크다. 그런데 그것만으로도 명왕성이 행성에서 쫓겨나기에는 충분한 위협이 되는 것일까? 여러모로 그 질문에 대한 내 답변은 '그렇다'였다. 명왕성의 절반만 한 크기의 콰오아가 발견되기까지 겨우 9개월밖에 걸리지 않았다. 그렇다면 정말 명왕성과 크기가 비슷한 또 다른 천체가 발견되기까지는 또 얼마나 걸릴까? 우리는 수개월 이내에 그런 천체가 또 발견될 수 있다고 생각했다. 물론 명왕성의 열렬한 지지자들은 명왕성보다 크기가 작은 천체가 발견되는 것을 별로 대수롭잖게 여길 것이다. 어쨌든 명왕성은 여전히 그것들에 비해서 가장 크기가 크니 계속 행성으로 부를 수 있을 것이라고 생각할 테니 말이다. 물론 명왕성은 아직 완벽하게 죽은 건 아니었지만, 그래도 내가 보기에 명왕성은 곧 최후를 앞둔 상황인 것 같았다. 우리의 발표가 끝난 다음 날 버밍햄 뉴스에서는 내가 인터뷰에서 한 이 말을 인용했다. "콰오아는 명왕성이 들어갈 관에 박힐 커다란 얼음 못이 될 겁니다."

나와 채드는 일주일 뒤에 버밍햄에서 칼텍으로 돌아왔다. 그 날 칼텍은 야심 찬 모금 캠페인의 시작을 알리는 만찬을 열었다. 만찬에 참석한 기부자 대부분은 과거 다이앤과 함께 전 세계에 위치한 칼텍의 여러 연구 시설을 여행했던 관람객이었다. 일주일 전 뉴스에서 우리가 콰오아를 발견했다는 소식이 보도된 덕에 나는 만찬 자리에서 약간 유명인사가 되어 있었다. 그리고 다이앤과 내가 약혼하게 됐다는 소식은 나를 더욱 유명인사로 만들어주었다.

나는 그날 저녁 내내 이런 대화를 반복했다. "당신이 명왕성보다 더 멀리 있는 새로운 천체를 발견하신 분인가요?"

물론, 그랬다.

"제 친구를 소개해드릴게요. 이봐! 너 마이크 브라운 씨라고 알아? 이분이 명왕성보다 더 멀리 있는 새로운 천체를 발견하신 분이래."

"물론, 나도 마이크 씨를 알지. 그분은 이번에 다이앤 비니랑 약혼하신 분이잖아. 이봐요, 마이크 씨, 제 친구를 소개해드릴게요. 이봐! 너 마이크 브라운 씨라고 알아? 이분이 다이앤 비니랑 약혼하신 분이래."

"물론, 나도 마이크 브라운 씨를 알지. 그분은 명왕성보다 더 멀리 있는 새로운 천체를 발견하신 분이잖아. 저기 제 친구 중에 행성에 대해 정말 관심이 많은 친구가 있는데 소개해드릴게요…."

06 태양계의 끝

오늘까지 여전히 나는 태양계의 끝자락을 탐색하고, 태양계 가장자리를 떠돌며 아직 발견되지 않은 새로운 작은 세계를 찾으면서 대부분의 시간을 보내고 있다. 언젠가 망원경으로 볼 수 있는 모든 하늘을 다 뒤지기 전까지는 비로소 내 탐색이 완전히 다 끝났다고 선언할 수 없을 것이다.

매일 밤 해가 저문 하늘에 구름이 몇 조각 떠 있을 때나 밝은 달이 하늘을 비출 때 머리 위에 구름과 달에 의해 가려진 바로 그 하늘이 내가 이번 달에 관측했어야 할 하늘이었다는 사실을 상기하며 더 이상 슬퍼하지 않아도 된다면 그건 좋은 일일 것이다. 매일 아침 잠에서 깨어나 로스앤젤레스의 해안을 아름답게 수놓는 붉게 물든 두꺼운 구름을 바라보며 전날 밤 내가 무엇을 놓쳤을지 아쉬워하지 않아도 된다면 그건 좋은 일일 것이다. 물론 데이터를 하나하나 다 살펴보고 뭔가 움직이는 천체가 없는지 새로운 천체를 찾아내는 그 고단한 과정은 대부분 컴퓨터가 해주기는 하지만, 그래도 매번 나 역시 컴퓨터 프로그램을 고치고 자잘한 오류를 손봐야 한다. 나는 컴퓨터가 작업을 하다가 뭔가 중요한 문제에 맞닥뜨리면 내 스마트폰으로 문자가 오도록 설정해두었는데, 대개는 커피 한잔의 여유를 즐기며 쉬고 있는 토요일 아침에 문자가 날아왔다.

지난 100년 사이에 발견된 그 어떤 천체보다 큰, 이전까지 누구도 발견하지 못한 새로운 천체가 하늘을 가로질러 움직이는 모습을 내가 유일하게 보고 있다는 사실은 매일 아침 출근길을 즐겁게 해주는 삶의 활력이 됐다. 이 모든 일이 다 끝나버린다면 나는 슬플 것 같았다. 그 후에 그럼 나는 무엇을 하면서 살아야 할까?

사실 콰오아를 발견했다는 소식을 발표한 지 1년 뒤, 나는 새로운 행성 찾는 일을 거의 그만둘 뻔했다. 당시 나는 우리가 드디어 태양계의 가장 끝자락에 도달했다고 생각했다.

그때쯤 채드는 다시 하와이로 돌아갔고, 거기서 결혼도 했다. 채드는 하와이 빅아일랜드 북부의 비가 많이 내리는 습하고 수풀이 우거진 곳에 새 거처를 마련했다. 그리고 그곳에 있는 망원경에서 새로운 일을 시작했다. 채드와 나는 (사실은 채드가 주로) 2년간 매일 밤하늘을 탐색하며 대부분의 시간을 보냈다. 탐색을 시작한 지 2년이 지났을 무렵 우리가 관측한 하늘은 전체 하늘의 12퍼센트까지 됐다. 별로 크지 않게 들릴지 모르지만, 이는 우리가 원래 예상했던 것보다 훨씬 넓은 하늘이었다. 우리가 이 기간 동안 관측했던 하늘보다 더 남쪽 또는 더 북쪽 하늘로 가면 행성이 있을 법한 영역에서 더 멀어지게 된다. 이렇게 남쪽 또는 북쪽으로 멀리까지 떨어진 하늘에서 발견할 수 있는 건 아마도 명왕성보다 더 크게 기울어진 궤도를 그리며 태양 주변을 돌고 있는 천체뿐일 것이다. 그리고 그런 천체가 있을 가능성은 아주 희박해 보였다.

나는 희박해 보이는 가능성에도 내기를 거는 데 별로 개의치 않는다. 사실 우리가 콰오아만큼 큰 새로운 천체를 발견하게 될 가능성도 아주 희박했다고 할 수 있을 것이다. 하지만 콰오아는 정말 존재했다. 200인치 헤일 망원경의 지하에서 내가 앞으로 결혼하게 될 배필을 만나게 될 확률은 그보다 더 희박했을 것이다. 하지만 나는 6개월 전 그녀를 만났고 이제 결혼도 했다. 내가 아는 한 가능성이 희박한 일은 결국 좋은 결실을 맺었다.

2003년 여름 채드가 칼텍을 떠나고 팔로마산의 망원경을 활용해 하늘을 탐색했던 2년에 걸친 프로젝트가 끝나갈 무렵, 나는 또 다른 흥미로운 새 프로젝트를 시작하고 있었다. 나는 행성을 찾기 위해 전과 똑같은 망원경을 또다시 사용할 계획이었다. 벌써 똑같은 망원경을 세 번째 쓰는 셈이었다. 하지만 이번에는 달랐다. 이전까지는 새로운 행성이 있을 가능성이 높은 하늘 위주로 찾아봤다면, 이번에는 새로운 행성이 있을 가능성이 낮은 곳 위주로 다시 찾아볼 예정이었다. 이번 프로젝트는 이전보다 상황이 좀 더 나았다. 당시 다른 많은 천문학자는 망원경을 활용해 우주 끝자락에서 깜빡이는 아주 드문 퀘이사(아주 먼 거리에서 밝게 빛나는 전파 광원으로, 매우 강력한 초거대질량블랙홀을 품고 있는 활동성 은하핵으로 추정된다-옮긴이)라는 천체를 찾는 일에 많은 관심을 두고 있었고, 퀘이사를 찾기 위해서 전보다 훨씬 더 큰 카메라를 만들었다. 세계에서 가장 거대한 천문학 연구용 카메라였다! 그래서 이전보다 훨씬 더 넓은 영역을 한꺼번에 찍을 수 있었다. 이 소식은 우리에게도 아주 좋은 것이었다. 우리는 이 새로운 카메라를 활용해서 그 어느 때보다 더 빠른 속도로 지금껏 탐사되지 않은 남은 하늘의 영역을 훑어볼 수 있을 것이다.

채드가 하와이로 돌아가기 직전, 그는 3년 전에 사용했던 컴퓨터 프로그램을 새로운 카메라 장비에도 사용할 수 있도록 손을 봐주었다. 채드가 새로운 행성 찾는 작업 대부분을 다 자동으로 돌아갈 수 있도록 바꿔준 덕분에 그가 떠난 이후에도 나는 혼자서 계속 프로그램을 활용할 수 있었다. 하지만 새로운 프로젝트를 본격적으로 시작하려니 긴장이 됐다. 이제 내가 직접 매일 밤새 작업을 하면서 혼자 일을 해야 한다는 것을 의미했기 때문이다. 사실 지난 몇 년간 나는 대부분의 일을 채드에게 맡겨놓았고, 채드가 새로운 행성을 찾기 위한 일을 열심히 진행하는 동안 정작 나는 다른 프로젝트를 진행하고 다른 일을 고민하느라 많은 시간을 보냈다. 채드 덕분에 그나마 새로운 행성 찾는 일은 수월하게 굴러갈 수 있었다. 나는 마치 본업에 충실하며 틈틈이 아기를 돌보는 것처럼, 다른 일을 하면서 중간중간 채드가 하늘을 주시하며 새로운 행성 찾는 일을 순조롭게 잘 진행하고 있는지를 확인한 셈이었다.

채드가 하와이로 떠나고 한 달 뒤에 새로운 카메라가 도착했다. 새로운 장비가 도착한 첫날 밤 나는 하루 종일 새로운 장비로 하늘을 찍으며 시간을 보냈다. 그날 밤 첫 번째 관측이 끝나고, 나는 채드가 떠나기 전 멀리서 천천히 움직이고 있는 새로운 행성을 찾아낼 수 있도록 미리 손봐준 컴퓨터 프로그램을 활용해 지난밤 찍은 사진에서 무언가 움직인 천체가 있는지 찾아보기 시작했다. 컴퓨터는 하루 종일 내내 작업을 진행했다. 컴퓨터가 혼자 일하는 동안 나는 행성 찾기가 아닌 다른 업무를 봤다. 마침내 모든 작업을 끝낸 컴퓨터는 내게 자동으로 알림 메일을 보냈다. 나는 과연 컴퓨터가 발견한 게 있을지 확인해보기 위해 파일을 열어봤다. 뭔가 있었다! 하늘에서 움직이고 있는 천체라고 의심된 천체는 단 하나가 아니었다. 무려 3만7000개나 있었다.

심장이 철렁 내려앉았다.

물론 진짜로 하룻밤 사이에 움직인 천체가 무려 3만7000개나 포착됐을 리는 없었다. 나는 그중에서 실제로 움직인 천체는 단 하나뿐일 것이라는 사실을 알고 있었다.

사실 컴퓨터는 착각을 했다. 하지만 그건 채드가 만든 프로그램 잘못은 아니었다. 새롭게 장착한 카메라 문제였다. 천문학적이지 않은 적당한 금액으로 세계에서 가장 거대한 천문학 연구용 카메라를 제작하기 위해 개발자들은 성능 면에서 약간의 타협을 봐야 했다. 그 결과 매번 사진을 찍을 때마다 얼룩, 어두운 잡티, 작은 반점, 까만 줄무늬 그리고 밝은 점이 함께 찍히게 됐다. 아쉽게도 컴퓨터는 카메라 장비의 한계로 인해 생긴 밝은 반점과 실제 하늘에서 빛나는 천체의 모습을 분간하지 못했다. 당시 내가 열어본 파일 속에 있던 3만7000개의 움직이는 천체는 사실 대부분 카메라 장비의 한계로 생긴 오류가 태반이었다.

물론 나도 컴퓨터나 카메라가 완벽할 것이라고는 기대하지 않았다. 이제 매일 아침 사진을 일일이 보면서 그 안에 찍힌 가짜 속에서 진짜를 가려내는 작업을 해야 한다는 것을 예상할 수 있었다. 그래서 이 작업을 훨씬 더 효율적으로 할 수 있도록 도와주는 간단한 컴퓨터 프로그램을 하나 만들었다.

나는 예일 대학의 천문학자 데이비드 래비노위츠David Rabinowitz에게 이 문제를 설명하는 메일을 보냈다. 데이비드는 새로운 카메라를 만드는 데 도움을 준 사람이다. 또 그는 채드와 나의 새로운 행성을 찾기 위한 작업에 합류한 세 번째 멤버이기도 했다. 누군가 이 문제를 해결할 수 있는 영리한 답을 알고 있다면 그건 데이비드일 것이라고 생각했다. 그는 곧바로 답장을 보내왔다. "카메라 문제를 해결하기 위해서 할 수 있는 일은 아무것도 없어요."

그나마 내가 생각할 수 있는 딱 하나 가능한 해결 방안은 어떻게 해서든 컴퓨터 프로그램을 훨씬, 훨씬 더 똑똑하게 만드는 것뿐이었다. 하지만 채드는 이미 새로운 직장에서 새 일을 맡고 있었다. 그는 우리가 함께 일할 때 카메라용 프로그램을 개발했던 것처럼 새로운 카메라용 프로그램을 만들기 위해 2년의 시간을 바칠 수 없었다. 설령 채드가 이 작업을 했더라도 지금보다 훨씬 더 똑똑한 프로그램을 만들 수 있는 명확한 묘수는 없어 보였다. 내가 할 수 있는 거라곤 3만7000개의 카메라 오류를 버리기 위해서 그 안에 함께 섞인 진짜 천체의 모습까지 다 버리는 것뿐이었다.

딱 한 가지 가능한 방안은 프로젝트를 그만두는 것, 접는 것이었다. 태양계에는 더 이상 아무것도 없다고 선언하는 것이었다. 사실 그것도 꽤 괜찮다고 생각했다. 우리가 정말 새로운 천체를 또 발견할 수 있는 가능성은 정말 희박해 보였다. 설령 불가능하지는 않다 하더라도 새로운 천체를 발견하는 건 아주 어려워 보였다. 더 이상 시간을 허비하고 싶지 않다면 바로 지금이 기회였다.

내게는 두 번째 대안이 필요했다. 그래서 길 건너 내가 가장 좋아했던 카페에서 내가 가장 신뢰할 수 있었던 대학원생 한 명과 이야기를 나누었다.

"난 이제 끝났어." 그에게 말했다. "우리는 충분히 많은 하늘을 살펴봤어. 정말로 저 멀리에 다른 뭔가가 있었다면 우리는 진작 그것을 발견했을 거야. 새 카메라는 성능이 좋지 않아. 그리고 더 이상 해볼 만한 다른 방법도 없는 것 같아."

나는 내 추리를 들려주었다. 우리가 그간 관측한 하늘 영역의 윤곽을 그려주었다. 그리고 그 하늘에서 뭔가 새로운 걸 발견할 가능성은 아주 희박하다고 말했다. 나는 새 카메라로 찍은 데이터도 보여주었다.

"교수님은 미쳤어요." 그가 말했다.

"아니, 아니, 아니." 나는 그에게 말했다. 나는 다시 설명을 이어갔다. "카메라 문제를 한번 직접 보라고! 우리가 그간 얼마나 하늘을 잘 살펴봤는지 확인해보라고!

"아뇨, 교수님은 정말로 미쳤어요."

우리는 커피를 더 마셨다. 나는 내가 생각하는 태양계의 모습을 설명했고 왜 명왕성보다 더 큰 천체가 없을 거라 확신하는지 말했다. 게다가 하룻밤 사이 3만7000개나 되는 것이 움직였다고? 그런 건 불가능해!

"교수님은 정말로 더 이상 아무것도 없다고 믿으세요?" 그가 물었다.

"그렇다네." 내가 말했다.

"그럼, 어느 날 아침 신문에서 교수님이 발견하지 못한 바로 그 새로운 천체를 다른 누군가가 발견했다는 소식을 보신다면 어떠실 것 같으세요?"

나는 남은 커피를 다 마시려다가 순간 멈칫했다. "어… 하지만 그런 일은 없을 거야. 왜냐하면 우리가 이미 태양계의 끝장까지 다 봤으니까."

"만약 교수님이 틀렸다면요?"

뭣이, 정말로? 10년 전까지는 그 누구도 명왕성 너머에 새로운 무언가 있을 것이라 생각하지 않았고, 내가 그것을 찾겠다고 대부분의 시간을 보내는 것은 미친 짓처럼 여겨졌다. 아니, 2년 전까지만 하더라도 콰오아만 한 새로운 천체가 발견될 것이라 생각한 사람은 아무도 없었고, 그것을 찾겠다고 시간을 허비하는 일은 미친 짓처럼 여겨졌다. 옛날에는 다른 사람이 뭐라고 생각하든 신경 쓰지 않았고 내 소신대로 살았는데, 왜 이제는 다른 사람이 하는 생각을 신경 쓰고 있는 거지?

"정말로 저 멀리 아무것도 없을 거라 생각하시나요?" 앤터닌 부셰Antonin Bouchez가 내게 다시 물었다. 그래, 아니, 솔직히 있을 것 같다.

"그러면 대체 정확히 무엇 때문에 그만두려고 하시는 건가요?"

그건 너무 고된 일이기 때문이었다. 나는 더 이상 받을 수 있는 도움이 없었다. 확실히 나 혼자서는 그 많은 일을 다 처리할 수 없을 것 같았다. 이미 나는 지난 2주 동안 이 문제를 해결해보기 위해 노력했지만 도저히 넘을 수 없는 장애물을 만난 것 같았기 때문이다.

5년이 지난 지금 되돌아보면, 이날 앤터닌과 함께 나눴던 대화는 과거 내가 200인치 헤일 망원경 문을 나와 다이앤을 처음 만났던 때만큼 중요한 순간이었으며, 그 대화 덕분에 내 삶은 돌이킬 수 없는 아주 큰 변화를 겪을 수 있었다고 생각한다. 바로 그 순간 지난 10여 년간의 고생이 끝났다. 게다가 이번에는 겨우 몇 개월 헤맸을 뿐이었다. 심지어 과거에는 문제의 원인이 뭔지도 몰랐지만, 지금은 그 원인이 무엇인지도 알고 있었다. 문제는 카메라에 너무 많은 얼룩이 찍힌다거나 소프트웨어가 잘 돌아가지 않는다는 게 아니었다. 가장 큰 진짜 문제는 나 스스로 포기하고 천문학자가 아닌 그냥 평범한 사람이 되어버렸다는 것이었다. 나는 대부분의 사람이 생각하는 대로 믿고 있었다. 이미 나는 '대부분의 사람' 중 하나가 된 것이다.

내가 채드를 고용하고 그에게 업무를 맡겼을 때 채드는 내가 과거 몇 년 걸려 해야 했던 일을 빠르게 잘 수행했고, 덕분에 나는 내 삶을 즐길 수 있었다. 대부분 나는 아주 합리적인 시간에 퇴근을 했고 집에 가서 다이앤을 위한 저녁을 만들었다(더 자주 밤늦게까지 일하는 건 내가 아니라 다이앤이었다). 새로운 카메라가 개발되고 장착되기 1년 전 나는 다이앤과 결혼했고, 한 달간 남아메리카로 신혼여행을 떠났으며, 휴가를 보냈고, 우리의 작은 집을 고쳤다. 짧은 기간 동안 우리는 그냥 평범한 사람처럼 살았다. 이전에 이렇게 평범한 사람처럼 살았던 적은 없었다.

내가 이렇게 지낼 수 있었던 것은 그동안 채드가 매일 밤 하늘을 훑어보고 열심히 작업을 해준 덕분이다. 그리고 그는 주기적으로 일의 진행 상황을 알려주었다. 하지만 사실 나는 그가 정확하게 어떤 일을 하고 있는지 알지 못했다.

이제 채드는 새 직장으로 옮긴 뒤였고, 복잡한 시스템을 손봐야 하는 사람은 갑자기 나 혼자가 되고 말았다. 하지만 시스템의 주요한 내용은 모두 바뀌었고, 모든 것은 새로 고쳐야 했다. 하지만 그것을 어떻게 손봐야 할지 알지 못했다.

나는 앤터닌과 계속 커피를 마시고 있었다. "계속 찾아보세요." 앤터닌이 말했다. "어떻게 정말 아무것도 없겠어요?"

나도 스스로에게 똑같이 되물었다. 어떻게 정말로 아무것도 없겠는가? 어떻게 그게 태양계의 진짜 마지막이 될 수 있겠는가?

나는 커피를 더 마시며 허공을 바라봤다. 이제 어떻게 해야 할까? 계속 탐색을 이어갈 수 있도록 충분히 빠르게 작업할 수 있는 새로운 사람을 찾을 수도 없었다. 나는 여전히 매일 밤 한 번씩만 하늘을 살펴보고 있었다. 이 작업을 함께 이어갈 새로운 사람이 오기까지 수개월 또는 수년을 더 기다릴 수는 없었다. 나는 그런 사람이 지금 당장 필요했다.

이런 종류의 작업에 누가 꽤 능숙할까, 생각해봤다. 사실 나는 그 사람이 누군지 이미 알고 있었다. 바로 나였다. 그건 이제 집에 가서 밤마다 저녁을 요리하는 평범한 사람으로서의 삶을 끝내야 한다는 것을 의미했다. 그리고 그것은 태양계가 아직 끝나지 않았다는 것을 의미했다.

나는 커피를 다 마시고, 앤터닌과 함께 다시 캠퍼스로 돌아가던 중 빠르게 다이앤의 사무실로 발길을 돌렸다. 다이앤은 회의를 앞두고 있었다. 나는 그녀에게 3만7000개나 되는 오류에 관한 문제를 들려주었다. 그리고 나는 태양계가 여기서 끝나는 것을 바라지 않으며 다시 새롭게 연구를 시작하는 것만이 가능한 유일한 해결책이라고 말해주었다. 그녀는 나를 바라보며 미소를 짓고 말했다. "가서 행성을 찾아."

결국 하룻밤 사이 찍힌 3만7000개의 천체를 어떻게 해야 하는지에 대한 해답은 아주 간단했다. 그냥 그대로 두는 것이다. 이후로도 계속 밤마다 새로운 데이터를 수집했고, 3만3000개, 5만 개, 2만 개, 4만2000개나 되는 또 다른 천체가 추가로 발견되면서 패턴이 드러나기 시작했다. 카메라 오류에 의한 흔적은 대부분 사진 속에서 특정한 일부 영역 위주로 나타났다. 그런 오류가 주로 나타나는 영역에 뭐가 찍혀 있는지 크게 신경 쓰지 않고 그냥 그 영역을 말끔하게 버리고 나면, 이제는 조금 수월하게 데이터를 다룰 수 있었다. 그것은 물론 내가 버린 영역 안에 그동안 정말 찾고자 했던 천체가 담겨 있었을 수도 있다는 뜻이었다. 하지만 그런 영역을 포기하는 것도 가치 있는 일이었다. 최종적으로 카메라 오류에 의한 흔적의 99.7퍼센트를 없애기 위해 내가 찍은 하늘 중 10퍼센트 정도의 영역을 버리기로 결정했다. 첫째 날 밤 찍은 사진 속에서 움직이는 천체로 의심된 천체의 수는 3만7000개에서 100여 개 수준으로 확 줄었다. 100여 개 정도면 해볼 만했다.

나는 두 달간 찍은 사진을 어떻게 처리해야 할지 고민하며 컴퓨터 앞에서 며칠 밤낮을 보냈다. 첫째 날 밤 찍은 밤하늘 사진 속에 담겨 있던 100여 개의 천체 중 딱 하나가 실제로 카이퍼 벨트에 속한 천체인 것으로 확인됐다. 아쉽게도 그건 우리가 지금껏 발견한 가장 큰 천체는 아니었다(겨우 명왕성의 3분의 1 정도 크기였다). 다른 소천체와 구분될 정도로 큰 크기는 아니었지만, 어쨌든 새로운 천체가 거기 있었다. 10퍼센트 정도를 버리고 남은 건초더미 속에서 작은 바늘을 하나 발견한 것이다.

최신 데이터를 분석하던 어느 늦은 밤, 나는 또 다른 밝은 카이퍼 벨트 천체를 발견했다. 그리고 5분 뒤 또 다른 하나를 발견했다. 또 5분이 지난 뒤 하나 더 세 번째 천체도 발견했다. 아쉽게도 이번에도 가장 크거나 가장 밝은 천체는 아니었지만, 그래도 내가 제대로 잘하고 있다는 것은 분명해 보였다. 내가 작게 소리를 지르는 바람에 에밀리 섈러(타이탄의 메테인 구름에 대해 연구하던 내 대학원생)가 내 연구실로 머리를 들이밀고는 작업이 순조롭게 진행되고 있는지 확인하고 가기도 했다.

내가 발견한 천체들은 그다지 특별해 보이지 않았다. 그건 단지 별들로 빽빽한 우표 크기의 사진 속에서 별들 사이를 가로질러 천천히 움직이는 작게 빛나는 점 하나에 불과했다. 나는 아직 내가 발견한 천체가 아무도 발견하지 못한 것이 맞는지, 정말로 하늘을 가로질러 천천히 움직이는 천체가 맞는지, 또 내가 보고 있는 것이 정말 태양계 가장자리에 있는 게 맞는지 확신할 수 없었지만, 컴퓨터 화면 속에서 움직이는 점의 모습은 아드레날린 호르몬을 분출시켜 나를 흥분시키기에 충분했다. 지금도 누구든 복도를 지나가면 그 사람을 붙잡아 내 연구실 의자에 앉혀놓고 손가락으로 가리키며 이렇게 말하고 싶다. 한번 봐봐!

그 후 몇 달 동안 나는 간신히 작업을 수행하며 버티고 있었다. 소프트웨어를 다시 손보고, 망원경이 제대로 된 하늘을 향해 있는지 점검하고, 매일 아침 수백 장 또는 그 이상의 사진을 훑어보는 와중에도 계속 대부분의 시간은 강의를 준비하는 데 써야 했다. 내가 맡은 강의는 대학원생들에게 태양계가 어떻게 형성됐는지에 관한 현재의 관점을 가르치는 '행성계의 형성과 진화'라는 수업이었다. 나는 강의 시간 대부분을 우리가 태양계에 대해 아는 것 못지않게 또 얼마나 많은 것을 모르고 있는지를 이야기하는 데 쏟았다. 내가 좋아한 강의 중 하나는 '태양계의 끝'이라는 수업이었다. 이때 나는 아직 발견되지 않은 채 남아 있는 태양계의 나머지 영역을 탐사하는 내 연구를 소개했다. 지난 몇 년간 내가 씨름해온 수수께끼 중 하나는 태양계의 경계가 갑자기 끝나는 것처럼 보인다는 점이었다. 그렇다. 현재 명왕성이 태양으로부터 떨어져 있는 거리보다 50퍼센트 정도만 더 멀리 벗어나도 태양계는 아무것도 없이 갑작스럽게 끝이 나는 것처럼 보였다. 이 정도 거리에서는 아무것도 발견되는 것이 없었는데, 누구도 그 이유를 알지 못했다. 이 수수께끼는 지금도 나를 괴롭히고 또 흥분시키는 수수께끼 중 하나다. 나는 누구나 다 갖고 있는 아이디어를 배제하는 데 이제 꽤 능숙해졌다. 하지만 남의 아이디어뿐 아니라 나 자신의 아이디어를 배제하는 데도 능숙하다.

2003년 11월 15일은 평소보다 더 서둘러 강의를 준비했다. 그날 강의 주제는 내가 너무 잘 아는 전문 분야였기 때문이다. 서둘러 준비한 때문인지 몇 분 정도 짧은 여유 시간이 있어서 수업 전에 밤하늘 사진을 몇 개 더 빠르게 훑어보고 나가기로 했다. 늘 그래왔듯 화면에 나타나는 것들은 컴퓨터가 헷갈린 명백한 실수뿐이었다. 하지만 몇 분 뒤, 순간 나는 훑어보던 사진을 멈췄다. 나를 긴가민가하게 만드는 것이 하나 찍혀 있었다. 화면 속 하늘을 느리게 움직이는 흐릿한 점이 있었다(사실 내가 지금껏 확인했던 다른 것들보다 훨씬 느리게 움직이는 무언가 찍혀 있었다).

사진 속에서 천체가 얼마나 빠르게 움직이는지, 그 속도는 정확하게 천체가 얼마나 멀리 떨어져 있느냐, 곧 거리와 연관이 있다. 정확히 말해서 달리는 차 안에서 차창 바깥 풍경을 볼 때 가까이 있는 물체는 빠르게 지나가는 것처럼 보이지만 더 멀리 떨어진 산은 훨씬 느리게 기어가는 것처럼 보이는 현상과 같다. 그날 내가 사진 속에서 발견한 천체는 다른 천체들에 비해서 절반가량 더 느린 속도로 움직이고 있었다. 그게 정말이라면 그건 다른 천체들보다 두 배는 더 멀리 떨어져 있는, 아직 다른 사람이 찾지 못한 새로운 천체를 발견했다는 뜻이었다.

실제 천체를 발견했을 때 대부분의 경우 나는 그것이 진짜라는 것을 바로 알아챘다. 화면을 가로질러 움직이는 무언가를 발견하면 대개는 명백하게 진짜 천체인 경우가 많았다. 하지만 당시 새롭게 발견한 것은 아주 느리게 움직이고 있었고, 너무나 어두워서 그것이 진짜 천체인지 아닌지 확신하기 어려웠다. 그것은 어쩌면 별 의미 없는, 아무것도 아닌 얼룩 두 개가 우연히 나란하게 찍히면서 움직이는 천체인 것처럼 보이는 것일 수도 있었다. 하늘을 아주 오랫동안 바라보면 이런 흔적은 어렵지 않게 찾게 된다. 하지만 이것이 진짜 천체라면? 이렇게나 멀리서 천체를 발견했다는 것은 무엇을 의미하는 것일까? 나는 오래 고민할 여유가 없었다. 이제 곧 강의 시간이었기 때문이다.

나는 평소와 다르지 않게 강의를 진행했다. 하지만 강의가 끝날 때쯤 나는 참을 수가 없었다. 처음엔 우리가 태양계 경계에 대해 이해하는 것들을 이야기했다. 그런 다음 나는 잠시 머뭇거렸다. 그리고 덧붙여 이야기했다. "아마도." 내가 아마도 우리 태양계에 관한 이해를 완전히 바꿔버릴지도 모르는 새로운 것을 발견했을지도 모른다고 말이다. 하지만 확신할 수 없었다. 나는 더 확인해야 했다.

강의가 끝나고 연구실로 돌아와서 나는 채드와 데이비드에게 메일을 보냈다. 나는 가능한 한 새로운 발견일지도 모르는 이 사실을 힘을 빼고 이야기하려고 노력했다.

> 제목: 재미있는 소식
> 내가 새롭게 발견한 게 있는데, 이게 진짜라면 100AU 거리에 있는 거야. 재미있을 것 같지 않아?

100AU 거리(태양에서 지구까지 거리의 100배)에 무언가 있다면 이는 명왕성보다도 세 배는 더 먼 거리에 있는 것이고, 지금까지 발견된 그 어떤 카이퍼 벨트 천체보다 더 멀리 있다는 이야기가 된다. 채드는 곧바로 답장을 보내왔다.

> 그게 정말이라면 제가 샴페인을 사겠습니다.

채드와 나는 결국 샴페인을 마시게 됐다. 우리는 하와이 빅아일랜드 해변에 앉아서 저물어가는 노을을 바라봤다. 우리 뒤에서는 돼지고기가 구워지고 있었다. 새로운 행성을 찾고자 했던 내 시도를 그만두지 않도록 응원해준 앤터닌도 너무나 적절한 우연으로 그 자리에 함께하고 있었다. 우리는 함께 태양계의 끝을 기념하며 플라스틱 잔을 높이 들어올렸다.

* * *

그렇게 먼 거리에 있는 무언가를 우리가 보기 위해서는 그 크기가 아주 커야 했다(거의 명왕성보다는 더 커야 했다. 처음에 우리는 콰오아에 한 번 낚인 적이 있다). 콰오아의 표면은 우리가 예상했던 것보다 더 매끈했기 때문에 명왕성만큼 크지 않아도 밝아 보일 수 있었다. 하지만 이번에 새롭게 발견한 천체는 그 표면이 콰오아만큼 매끈하다고 가정하더라도 분명 명왕성보다 더 커야 했다. 그것이 너무나 이해하기 어려운 이상한 천체여서 우리는 '플라잉 더치맨'이라는 별명을 붙여주기로 했다. 물론 플라잉 더치맨은 고향에 돌아가지 못한 채 평생 망망대해를 떠돌아다닌다는 전설 속 배의 이름이다. 당시 우리는 이 별명이 얼마나 적절한 이름이었는지 미처 깨닫지 못했다.

플라잉 더치맨(그냥 짧게 더치)은 지금껏 태양계에서 발견된 그 어떤 천체들보다 더 멀리 떨어져 있었다(2021년 2월 마이크 브라운과 채드 트루히요 연구팀은 태양에서 132AU 떨어져 있는 새로운 태양계 외곽 천체를 발견했다고 발표했다. 이 천체는 2018년 처음 그 존재가 발견된 이후 수 년간의 관측 끝에 정확한 거리가 계산되었다. 그러나 아쉽게도 크기가 크지 않아 새로운 행성이 되지는 못했다. 공식 명칭은 2018 AG37이다-옮긴이). 분명 이전까지 태양계에서 새로운 천체가 발견된 적 없는 바로 그 영역에서 발견된 천체였다. 하지만 나는 다른 가능성도 염두에 두었다. 더치가 지금은 카이퍼 벨트보다 더 멀리 떨어져 있지만, 실제로는 카이퍼 벨트에 속했던 천체였을 수도 있었다. 가끔 카이퍼 벨트 천체 중 일부는 해왕성에 너무 가까이 접근해서 원래 궤도를 벗어나 멀리 날아가버리는 경우도 있다.

우리는 이와 똑같은 원리를 활용해 탐사선을 최대한 빠르게 멀리 보내는 데도 사용한다. 행성의 중력을 이용해 방향을 꺾고 속도를 높이기 위해서 탐사선은 가장 먼저 목성 곁으로 날아간다. 이 방법의 묘미는 탐사선을 거의 목성으로 조준하는 것이다. 탐사선이 목성에 가까이 접근하면 거대한 가스 행성의 중력이 잡아당기면서 탐사선이 끌려가는 정도도 더 강해진다. 그리고 목성을 스쳐 지나고 나면 탐사선은 최종 목적지를 향해 빠르게 방향을 틀고 속도를 얻을 수 있다. 목성은 질량이 아주 무겁고 중력이 충분히 강해서 태양계 바깥까지 물체를 확실하게 날려 보낼 수 있다. 탐사선 파이어니어와 보이저는 목성을 스쳐 지나가며 사진을 찍었고, 목성의 중력을 이용해 다시는 돌아올 수 없는 여정을 이어갔다.

하지만 해왕성은 물체를 태양계 바깥으로 완전히 날려 보내기에는 중력이 충분히 강하지 않다. 그래서 해왕성의 중력으로 물체가 날아가고 나면 다시 태양계 안쪽으로 돌아온다. 바로 이러한 이유로 궤도가 해왕성 근처에 접근하는 카이퍼 벨트 천체는 태양으로부터 훨씬 더 멀리 놓일 수 있다. 이러한 천체들은 그 궤도가 마치 해왕성에 의해 흩어져버린 것같이 보인다고 해서 '흩어진' 카이퍼 벨트 천체라고 한다.

하지만 소천체만 흩어질 수 있다. 덩치 큰 행성은 주변에 자신을 날려버릴 정도로 충분히 큰 다른 천체가 없기 때문에 깔끔한 원 궤도를 계속 유지할 수 있다. 카이퍼 벨트 천체는 (명왕성을 포함해서) 너무 크기가 작아서 해왕성의 중력에 의한 영향으로 인해 크게 기울어진 타원 궤도를 갖고 있다. 따라서 더치도 멀리서 원 궤도를 그리는 행성이 아니라, 흩어져버린 카이퍼 벨트 천체일 수 있었다. 아마도 우리가 이렇게나 먼 거리에서 더치를 발견한 것은 더치가 그리는 크게 기울어진 전체 궤도 중에서 가장 먼 지점을 지나고 있기 때문일 수도 있었다. 더치는 궤도를 따라 곧 다시 태양계 안쪽으로, 그러니까 다른 카이퍼 벨트 천체가 있는 영역으로 돌아올 가능성도 있었다. 그 새로 발견한 천체가 정말 행성인지 아닌지의 여부는 그 전체 궤도에 달려 있었다.

앞서 콰오아를 발견했을 때와 마찬가지로, 우리는 과거 다른 천문학자들에 의해 사진에 우연히 찍혀 있을지 모르는 더치의 모습을 미친 듯이 찾기 시작했다. 더치는 콰오아보다 훨씬 더 어두웠기 때문에 더치가 찍힌 사진은 별로 많지 않았다. 하지만 며칠간 세심하게 사진을 뒤진 끝에 우리는 몇 년 전 더치가 우연히 찍힌 사진을 발견할 수 있었다. 그 사진이면 더치의 전체 궤도를 계산하기에 충분했다.

더치의 궤도는 어떤 모양일까? 더치는 무거운 행성이 그리는 원 궤도를 가졌을까? 아니면 다른 작은 카이퍼 벨트의 소천체처럼 넓게 흩어진 타원 궤도를 가졌을까? 처음에는 말하기 어려웠다. 천체가 그리는 전체 궤도를 파악하기 위해서는 그 천체가 어디에 있는지 그리고 얼마나 빠르게 움직이는지만 알면 되지만, 더치는 너무나 멀리서 너무나 느리게 움직였기 때문에 궤도를 계산할 때마다 결과가 매번 조금씩 다르게 나왔다. 처음에는 더치가 원 궤도를 그린다고 생각했다. 하지만 다시 계산해 보니 직선으로 움직이는 것처럼 보였고, 심지어 태양 주변을 돌지도 않는다는 결과가 나오기도 했다(이런 천체가 정말 있다면 분명 최초일 것이다!). 하지만 다시 꼼꼼하게 계산을 여러 번 해본 결과, 마침내 최종 답을 얻을 수 있었다. 더치는 분명 둥근 원 궤도를 그리지 않았다. 분명히 직선 궤도를 그리는 것도 아니었다. 더치의 궤도는 극단적으로 크게 기울어져 있었다. 그렇다면 우리가 발견했던 순간의 더치는 그 크게 기울어진 전체 궤도에서 가장 먼 지점에 있었던 것이고, 다시 태양계 안쪽으로 들어오면서 다른 평범한 흩어진 소천체들 같은 궤도를 그렸을까? 그렇지 않았다. 오히려 정반대였다. 우리가 발견한 더치의 위치는 사실 더치가 그리는 전체 궤도에서 가장 가까이 있는 지점이었고, 더치는 바깥으로 더 멀어지는 중이었다. 그리고 더치가 태양 주변을 돌면서 그리는 궤도는 너무 크게 기울어져 있어서 궤도를 한 바퀴 완주하는 데 무려 1만1000년이 걸릴 정도였다.

이것은 지금껏 인류가 태양계에서 발견한 가장 먼 거리에 떨어진 천체가 분명했다. 이전에 알고 있던 다른 가장 먼 천체보다 무려 열 배 이상 더 먼 거리에서 발견된 새로운 천체였다. 태양계 안에서 이런 궤도를 그리는 이상한 천체는 없었다. 이것은 그냥 평범한 보통의 행성도 아니었고, 흩어져 있는 카이퍼 벨트 천체도 아니었다. 우주 어디에서도 이런 이상한 천체는 알려진 적이 없었다.

말로만 들어서는 이 천체의 궤도를 상상하고 그것이 정확히 무엇을 의미하는지 파악하기 어려울 수 있다. 그래서 이렇게 한번 해보기를 바란다. 종이 한 장, 연필 그리고 25센트 동전을 하나 준비하자(아니면 그냥 아래에 있는 그림을 따라가보자).

종이 중앙에 25센트 동전을 놓고, 그 가장자리를 따라 원을 그리자. 그렇게 그린 원 중심에 작은 점을 하나 찍어보자. 그 작

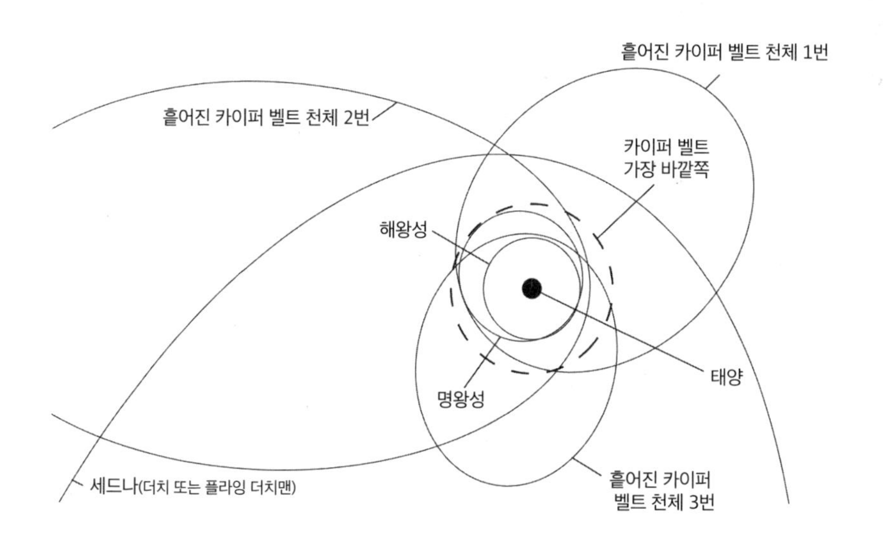

은 점이 태양이고, 방금 그린 동전의 둥근 테두리 선은 해왕성의 깔끔한 원 궤도를 의미한다. 그 둥근 궤도 안에는 1930년 명왕성이 발견되기 전까지 알려진 다른 태양계의 나머지 천체들이 다 들어 있다. 명왕성의 궤도도 그리고 싶다면, 해왕성의 둥근 원 궤도상에서 4시 방향에 해당하는 위치에 연필을 놓고 그림을 그리기 시작해 해왕성의 원 궤도상에서 10시 방향에 해당하는 위치로 가면서 태양으로부터 해왕성보다 약 두 배 살짝 안 되는 거리까지 도달해 다시 처음 선을 그리기 시작했던 지점으로 돌아오는 타원을 그리면 된다(좋다. 더 정확하게 하고 싶다면 자를 가지고 와서 원 중심으로부터 1과 16분의 9인치[4cm] 떨어진 곳에 명왕성을 두면 된다).

이제는 카이퍼 벨트의 가장 바깥 외곽도 그릴 수 있다. 명왕성 궤도가 태양에서 가장 멀리 떨어진 지점까지 도달하는 둥근 원을 대강 그리면 된다. 해왕성 궤도와 방금 그린 외곽의 원 궤도 사이의 영역을 색칠해보자. 이 영역이 바로 카이퍼 벨트다. 이제 흩어진 카이퍼 벨트 소천체 몇 개를 추가할 시간이다. 카이퍼 벨트 영역 중간쯤에서 8시 방향에 해당하는 지점에 연필을 두자. 이제 2시 방향으로 약 두세 배 더 태양에서 멀리 떨어진 지점까지 도달해 처음 선을 그리기 시작했던 지점으로 돌아오는 크게 기울어진 타원을 그리면 된다. 원하는 만큼 자유롭게, 다른 많은 흩어진 카이퍼 벨트 천체의 궤도를 그려보자. 각 천체가 그리는 궤도가 카이퍼 벨트 영역을 벗어나기 전에 정확히 어디에서 시작해 어디에서 끝나는지만 잘 확인해서 그리면 된다.

이제 드디어 더치의 궤도를 그리면 된다. 1시 방향으로, 태양으로부터 해왕성보다 세 배 정도 더 멀리 떨어진 지점에 점을 하나 찍자(이번에도 더 정확하게 하고 싶다면, 태양에서 정확히 2와 8분의 3인치[6cm] 떨어진 지점에 점을 찍으면 된다). 아까처럼 1시 방향에서 카이퍼 벨트 안쪽으로 진입했다가 다시 원래 시작 지점으로 돌아오는 타원 궤도를 그리고 싶겠지만, 일단 참아보자. 사실 더치는 당신이 방금 찍은 점보다 태양에 더 가까이 접근하지 않는다. 그 대신 7시 방향으로 태양에서 훨씬 더 먼 거리까지 도달했다가 다시 원래 점을 찍었던 자리로 돌아오는 아주 크게 기울어진 타원을 그려야 한다. 얼마나 멀리까지 그려야 할까? 거의 33인치(84cm)까지. 가로 8과 2분의 1인치(22cm)에 세로 11인치(28cm)짜리 종이 크기보다도 세 배 더 길다! 더치는 카이퍼 벨트 영역을 한 번도 건드리지 않는다. 해왕성 궤도에 가까이 접근하지도 않는다. 더치는 궤도를 도는 시간 대부분을 카이퍼 벨트에서 아주 멀리 떨어진 영역에서 보낸다. 너무 멀어서 더치에서 보면 카이퍼 벨트도 비교적 아주 작은 스케일로 보일 뿐이다. 더치의 하늘에서는 태양도 그저 하늘에서 아주 밝게 보이는 별 하나일 것이다. 그 어떤 것도 더치와 같은 건 없었다.

이제 방금 그림을 그린 종이를 나중에 다시 공부할 때 참고하기 위해 잘 보관해두자. 기말고사에 나올 테니까.

그때까지 아직 더치와 같은 천체가 발견된 적은 없었지만,

나는 곧바로 그 정체가 무엇일지에 대한 한 가지 아이디어를 구상할 수 있었다.

행성계의 형성과 진화 같은 포괄적인 강의를 하면서 얻을 수 있는 장점과 즐거움 중 하나는 바로 나 역시 행성계의 형성과 진화에 대한 많은 것을 새롭게 배울 수 있다는 점이다. 나는 낮 시간 그리고 늦은 밤과 이른 아침에도 대부분 수업 시간에 가르치고 싶은 개념들을 생각하면서 보낸다. 침대에 누울 때나 집으로 가면서 운전할 때나 저녁을 요리할 때나 아침을 먹을 때나 매순간 계속해서 다음 수업이 무엇인지 살펴보고 강의 내용을 재정비한다. 강의 내용이 잘 연결되는지, 논리에는 문제가 없는지 그리고 계산 결과가 모두 말이 되도록 확인하는 데 온 정신이 팔리곤 한다.

더치가 지금까지 우주에서 알려진 다른 천체들과 많이 다른 이상한 천체라는 것을 처음으로 깨달은 바로 그날은 혜성의 기원에 관한 다음 강의 내용을 한창 준비하던 날이었다. 사실 더치의 궤도는 거의 혜성과 유사했다. 혜성은 태양계 멀리서부터 날아와 빠르게 태양을 스쳐 지나간 후 다시 돌아오는 지저분한 얼음으로 이루어진 작은 천체다. 더치도 혜성과 비슷했다. 하지만 혜성만큼 태양 가까이 접근하지는 않았다. 또 혜성만큼 태양에서 아주 멀리까지 떨어지지도 않았다. 혜성은 거대한 행성들과 함께 복잡한 춤을 추고 별들 곁을 스쳐 지나가면서 확연하게 구분되는 독특한 궤도를 갖는다. 하지만 (나는 재빨리 계산했다) 더치의 주변엔 이런 춤을 출 수 있을 만큼 충분히 가까운 큰 행성이 없었다. 그런데 그날 강의를 진행하던 중 만약 45억 년 전 처음 태어나던 당시의 태양이 혼자 태어난 외동 별이 아니라 단순히 함께 태어난 많은 별 중 하나에 불과했다면, 더치의 궤도가 충분히 지금처럼 이상하게 변할 수 있다는 사실을 곧 깨달았다. 다른 별들이 제 갈 길을 떠나기 전에 더치를 밀어내고 지금 관측되는 자리에 정확하게 놓이도록 할 수 있었다. 지난 수십 년간 천문학자는 이런 가능성을 염두에 두고 이것이 사실인지 아닌지를 논의해오고 있었다. 그리고 바로 내가 그 질문에 답이 될 수 있는 좋은 발견을 한 것이다.

새로운 것을 발견하는 것은 그것이 얼마나 큰지 작은지 또는 얼마나 가까이 있는지 멀리 있는지와 상관없이 흥분되는 일이다. 하지만 결국 더 좋은 것은 우리의 태양과 태양계에 대한 모든 관점을 송두리째 바꿀 수 있는 새로운 발견을 해내는 것이다. 더치는 단순히 태양계 외곽에 있는 얼음과 암석 덩어리에 불과한 것이 아니었다. 더치는 태양이 태어나던 순간 남겨진 화석이었다. 고생물학자가 티라노사우루스 렉스 화석을 통해 7000만 년 전 지구가 어떤 모습이었는지를 알 수 있는 것과 마찬가지로, 나는 이 우주 화석(태양이 태어나던 순간 그 자리에 있었던 천체)을 연구함으로써 태양의 가장 어릴 적 순간에 대해 이전보다 더 많은 것을 배울 수 있을 것이라 확신했다.

그 수업은 내가 강의했던 것 중 가장 놀라웠다. 나는 학생들에게 적어도 기존의 태양계 형성에 대한 관점으로 봤을 때 왜 혜성이 지금과 같은 자리에 놓여 있으며, 왜 더치와 같은 천체

(아직 학생들은 더치에 대해서 모르는 상태다)는 존재하기가 어려운지에 대해서 차근차근 단계별로 계산 결과와 함께 설명해주었다. 그러고 나서 더치를 공개했다. 마침내 45억 년 전 상황을 가정했을 때 앞선 계산과 똑같은 계산 과정을 거치면 정확하게 더치와 같은 천체가 만들어질 수 있다는 결과를 보여주었다. 증명 끝. 학생들은 내 수업 내용을 충실하게 받아 적었다. 아마 그들의 마음속에는 이 내용이 기말고사에 나올지 안 나올지가 무엇보다 가장 중요한 문제였을 것이다. 물론 기말고사에 나왔다.

콰오아를 발견한 이후 나는 중요한 사실을 배웠다. 천체의 이름은 발음하기 편해야 한다는 점이다. 그래서 더치의 진짜 이름을 지어야 할 때가 됐을 때 나는 세드나라는 이름을 붙여주었다. 세드나는 훨씬 발음하기 쉽고 간단한 단어였고 발음만 듣고도 스펠링을 제대로 알아들을 수 있었다.

세드나는 이누이트 신화에서 가져왔다. 더치는 태양에서 너무 멀리 떨어져 있기에 지금까지 태양계에서 발견된 그 어떤 천체보다 훨씬 추울 것이다. 그래서 그에 걸맞은 추운 지역과 관련된 이름을 지어주고 싶었다. 나는 곧바로 내가 살던 패서디나에서 가장 가까이 있는 극지방의 이누이트 신화에 생각이 미쳤다. 세드나는 이누이트 신화에 등장하는 바다의 여신이다. 그녀는 바다 밑 굉장히 추울 것 같은 얼음 동굴에 산다. 그리고 세드나라는 이름에는 모음이 두 개뿐이다. 모음이 연이어 등장하지도 않는다. 하지만 세드나에게는 슬픈 뒷이야기가 있다.

이누이트 신화에 따르면 아직 소녀인 세드나는 자신에게 청혼한 이들의 모든 구애를 거부했다. 결국 세드나의 아버지는 망토에 둘러싸여 모습이 보이지 않는 수상한 이방인에게 딸을 강제로 시집보냈다. 사실 그 이방인의 정체는 까마귀였다. 까마귀는 세드나를 자신의 둥지로 데리고 갔다. 결국 세드나의 아버지는 딸의 끔찍한 비명을 들었고, 자신의 행동을 후회하며 딸을 구하기 위해 카약을 타고 바다를 가로질러 나아갔다. 그런데 바다 한가운데서 까마귀가 나타나 거대한 폭풍을 일으켰다.

보통 일반적인 신화 이야기는 이런 식으로 진행된다. 아버지는 자신의 실수를 뉘우치고 딸을 다시 구해낸다. 하지만 사악한 구혼자는 다시 딸을 되찾아오려고 한다. 그래서 아버지는 그 구혼자를 해치워버린다. 하지만 이누이트 신화는 조금 다르게 흘러간다.

죽음이 두려워진 아버지는 결국 딸을 폭풍 속에 내던져버린다. 바다에 빠진 세드나는 살기 위해서 뱃전에 매달렸다. 하지만 아버지는 세드나가 올라오지 못하도록 칼을 꺼내 딸의 손가락을 베어버렸다. 결국 세드나는 바닷속으로 완전히 잠겨버렸고, 그렇게 바다의 여신이 됐다. 그리고 잘린 그녀의 손가락은 물개와 고래가 됐다. 이후 세드나가 노할 때마다 사냥꾼들의 배는 좌초된다(충분히 그럴 만하다). 하지만 세드나는 무당이 바다 밑바닥으로 헤엄쳐 내려와 자신의 머리를 빗겨주면 (세드나는 손가락이 없어서 직접 머리를 빗지 못한다) 분노를 누그러뜨리고 사냥꾼들이 다시 안전하게 항해를 이어갈 수 있도록 허락해준다. 나는 부디 세드나가 끔찍한 아버지나 까마귀와 함께 지냈을 때보다 바다 밑에서 그리고 특히 저 하늘에서 더 행복하게 지내길 바란다.

현대의 이누이트는 자신들의 신화 속에 등장하는 인물을 환상적인 조각품으로 만든다. 세드나의 발견 소식을 세상에 발표하는 기자회견이 있기 전 주말, 나는 이베이에서 수백에서 수천 달러 하는 세드나 조각상을 발견했다. 나는 이 발견을 기념하기 위해 너무나 적절해 보이는, 게다가 가격도 합리적인 그 조각상을 구매했다. 몸은 물개인데 여성의 팔이 달려 있고, 손가락이 없는 손과 인어 같은 얼굴을 한 모습이었다. 세드나 조각상은 다른 행성 발견 기념품들에 둘러싸인 채 현재 내 책상 중심에 놓여 있다. 이베이의 세드나 조각상 경매는 일요일 밤에 종료됐다. 기자회견은 월요일에 있었다. 그날, 월요일이 끝나갈 때쯤 나는 다시 이베이를 확인했는데, 세드나 조각상 가격이 두세 배는 더 뛰어오른 것을 확인했다. 그래! 어쩌면 태양계에서의 새로운 발견이 마침내 모두 끝나게 됐을 때 나는 미래에 월스트리트 내부자 거래를 하게 될지도 모르겠다.

이름은 히트를 쳤다. 명왕성에 대한 사람들의 애착만 봐도 사실 충분히 예상할 수 있는 일이었지만, 나는 그 뒤에 흥미로운 뒷이야기를 품고 있는 좋은 이름이 사람들에게 우주에 있는 눈에 보이지도 않는 천체와 감정적 교감을 할 수 있게 만드는 것을 보고 놀라웠다. 콰오아는 전혀 관심을 받지 못했지만, 세드나는 사람들의 마음을 움직였다. 신문은 '세드나를 환영합니다!Welcome Sedna!'라는 헤드라인을 뽑았다. 이제 내 메일함은 어린 학생들이 보낸 메일로 가득 차기 시작했다. 아이들은 직접 크레파스로 명왕성 바로 옆에 붉은 세드나를 함께 그린 태양계 그림을 보내왔다. 점성술사들도 재빠르게 세드나 이야기를 만들어냈다. 그들은 세드나를 발견한 것이 환경 보호나 아동 학대에 대한 인식 개선 문제에 새로운 여성의 영향력이 등장하는 징조라고 이야기했다. 비록 점성술사들은 서로의 의견에 동의하지는 않지만, 그들은 세드나의 이름을 가지고 충분히 설득력 있어 보이는 흥미로운 이야기를 만들어냈다.

이 이름을 짓는 과정에서 생긴 유일한 문제는 내가 천문학계의 작명 규칙을 무시하고 섣불리 이름을 지었다는 것이다. 사실 내가 규칙을 어긴 건 이번이 처음은 아니었다. 지난번 새로운 천체를 발견했다는 소식과 함께 콰오아라는 이름을 발표했을 때도 그랬다. 국제천문연맹의 공식 경로를 통해 이름에 대한 적합한 허가를 받았어야 하는데, 내가 그러지 않고 이름을 붙였다는 것이다. 나는 국제천문연맹의 소천체명명위원회에 천체의 이름을 제안하고, 권위 있는 위원회를 통해서 내가 지은 이름이 적합한지 부적합한지 심사를 기다렸어야 했다는 사실을 미처 모르고 있었다. 운 좋게도 국제천문연맹의 소천체명명위원회에서는 내가 제안한 이름을 승인해주었지만, 그래도 결국 공식 제안 신청 문서는 작성해야 했다.

뭐 이름을 마음대로 붙이는 것쯤이야 남에게 피해를 주는 것도 아니고, 다들 크게 신경 쓰지 않을 거라고 생각했다. 나는 정말로 그렇게 생각했다.

그런데 나는 미처 알지 못했지만, 이 소식이 엄청 신경 쓰였던 사람들이 있었다. 인터넷 세상 어딘가에 하늘의 경찰을 자처하는 천문 애호가 동호인의 모임이 있었다. 한 학생이 내게 그 동호인들의 채팅창을 보여주면서 "와, 이 사람들은 교수님이 정말 미운가 봐요?"라고 말해주기 전까지 나는 그들의 존재를 알지 못했다. 그들은 나를 정말 싫어하는 듯했다. 특히나 인터넷 공간에서 자유롭게 표출할 수 있는 엄청나게 적대적인 분노를 느낄 수 있었다.

그들은 세드나 때문에 화가 나 있었다. 내가 단순히 규칙을 어겼을 뿐 아니라, 의도적으로 그랬다고 생각했다. 세드나 발견 소식을 처음 발표하던 당시 우리는 세드나의 공식 이름을 정하기에는 아직 충분한 데이터가 없었다. 데이터를 충분히 다 모으려면 몇 개월이 더 필요했다. 새로운 천체에 이름을 짓는 규정은 모호했고, 게다가 나는 그런 것에 흥미가 없었다. 당시 규정은 한두 번만 보이고 다시 여러 번 관측을 통해 검증되지 못한 아주 작은 크기의 소행성들에게 섣부르게 이름을 짓지 못하도록 제한하고 있었다. 어쨌든 규칙은 규칙이었다. 내게 엄청 화가 나 있던 그 천문 동호인들에게 이 규칙은 천문학계의 혼란을 막기 위해서 어겨서는 안 되는 규칙이었다.

세드나 발견 소식 발표 일주일 전까지 이 규칙을 따르지 않은 것에 대해 걱정한 것은 사실이다. 나는 천성적으로 규칙을 잘 따르는 성격이다. 하지만 나는 더치가 꼭 '세드나'라는 이름으로 발표되기를 바랐다. 그것이 중요하다고 생각했다. 내가 받은 아이들의 크레파스 그림들을 보면 분명 그랬다. 결국 나는 정중하게나마 그 규칙을 건너뛰기로 결정했다. 나는 태양계의 문지기에 어울린다고 생각하는 하버드 대학의 천문학자 브라이언 마스든에게 전화를 걸었다. 뭔가 새로운 걸 발견하면 가장 먼저 연락하게 되는 사람 중 하나다. 그는 계산이 정확한지 확인한 뒤 최종적으로 우리의 새로운 발견을 공식 목록에 올려준다. 그러고는 매번 가장 먼저 이렇게 외친다. "와우! 정말 대단한 발견이군요." 한편 브라이언은 소천체명명위원회의 총무도 맡고 있었다. 나는 그에게 내 계획을 말해주었다. 그때 그는 자기가 위원장에게 한번 말해볼까, 하고 물었다. 물론이죠, 나는 말했다. 모두 내가 지은 이름이 적합하다는 데 동의했다. 세드나는 적합한 이름이었다.

하지만 그 동호인들 속에서 나는 여전히 처벌받아 마땅한, 규칙을 어긴 사람이었다. 특히 아주 열성적이었던 한 사람은 내가 세드나라고 이름 짓는 것을 방해하기 위해 노력했다. 세드나가 공식 명칭을 부여받기 전, 그는 공식 경로를 통해 당시까지 아직 이름이 붙여지지 않았던 다른 평범한 소행성의 이름에 이누이트 신화 속 바다의 여신 이름을 붙여 세드나라고 불러야 한다고 제안했다. 만약 그렇게 되면 태양계에서 두 천체가 똑같은 이름을 갖게 되기 때문에 내가 발견한 세드나는 다른 이름으로 불려야 했다.

"기각합니다." 브라이언 마스든이 선언했다. 신화 속 중요한 인물의 이름은 오직 천문학적으로 중요한 천체에만 사용되어야 했다.

그러자 그 열성적인 동호인은 이번엔 그 이름 없는 소행성에 캐나다 가수 캐시 세드나의 이름을 붙여 세드나라고 불러야 한다고 제안했다.

"머리 좋은데." 공식 명칭을 부여받을 만한 중요한 천체들을 관장하던 브라이언 마스든이 반응했다. 그는 곧 내가 발견한 세드나가 훨씬 더 적합하며 공식 명칭으로 불릴 자격이 있다는 사실을 깨달았다.

당시 나는 이 모든 과정이 꽤 재미있었다. 그것은 분명 천체의 이름이 사람들에게 아주 중요한 역할을 한다는 증거였다. 또 그렇게까지 과학자가 천체의 이름을 붙이는 데 아주 많은 관심을 보이는 이들이 있다는 것도 놀라웠다. 어쨌든 나는 단지 18개월 안에 열성적이었던 바로 그 동호인 중 누군가에 의해 내 가장 중요한 발견을 빼앗길 뻔했다는 사실을 알지 못했다.

다행히 세드나는 세드나로 남게 됐다. 아이들이 내게 보내준 크레파스 그림들 속에도 세드나는 태양계의 올바른 자리에 그려져 있었다. 세드나는 분명 행성일 것이다. 그렇지 않은가? 내가 콰오아와 명왕성이 그 주변 다른 소천체 무리에 함께 뒤섞여 있기 때문에 행성으로 불려서는 안 된다고 주장했던 것은 사실이다. 나는 무리에 섞여 있는 천체 중 하나만 뽑아서 다른 무리와 다르게 부르는 것을 납득할 수 없었다. 하지만 세드나는 다른 천체에 비해 너무나 멀리 혼자 뚝 떨어져 있었다. 이렇게 먼, 아무것도 없을 것 같은 우주 공간에는 함께 떼로 떠도는 천체의 무리도 없었다. 그렇다면 세드나는 행성으로 불릴 수 있지 않을까? 하지만 그것도 말이 되지 않았다. 만약 우리가 지금 세드나를 행성으로 부르기로 한다면, 새로운 천체의 무리가 그 주변에서 발견됐을 때 우리는 또 한 번 태양계 행성에 관한 논의 과정을 거쳐야 한다. 우선은 세드나를 적당한 자리에 두는 편이 좋을 것 같았다.

게다가 사실 세드나는 명왕성보다 작았다. 처음에는 세드나가 명왕성보다 분명 더 크다고 생각했다. 세드나는 너무 밝았던 것이다! 하지만 마침내 허블 우주망원경으로 세드나를 관측할 수 있는 기회를 얻었을 때 우리는 행성처럼 작은 원반을 볼 것이라 생각했지만, 우리가 본 건 작게 빛나는 그냥 점이었다. 빛나는 작은 점의 모습은 세드나가 명왕성의 3분의 1 정도밖에 안 되는 크기라는 것을 의미했다. 어떻게 그럴 수 있지? 답은 언제나 같다. 알베도 때문이다. 세드나는 심지어 콰오아보다 상대적으로 더 반사를 잘하는 표면을 갖고 있었다. 결국 세드나의 밝음은 단순히 반사율 문제였던 것이다. 물론 명왕성의 3분의 1 크기도 여전히 큰 크기다. 지금 지구상의 누구도 태양계에서 이렇게 큰 천체를 발견한 적은 없다. 하지만 명왕성보다 더 밝게 보이는 천체를 발견했을 때 그것이 명왕성보다 더 클 것이라는 생각은 이제 옛날 생각일 뿐이었다. 실제로는 명왕성보다 크지 않았다.

한동안 잊고 있었지만, 앞으로 5년 안에 누군가 새로운 행성을 발견할지 못할지를 두고 동료와 내기를 한 지 벌써 4년이 지났다. 그 내기 이후 참 많은 일이 있었다. 우리는 명왕성의 절반 정도 되는 콰오아를 발견했다. 또 태양계의 끝이라 생각했던 먼 곳에서 세드나도 발견했고, 지금껏 다른 사람들이 찾았던 것보다 더 크기가 큰 다른 소천체도 여럿 발견했다. 하지만 여전히 내기에 걸었던 새로운 행성을 발견하지는 못했다.

우리는 2004년 2월 세드나의 발견을 공식적으로 발표했다. 내기의 기한은 12월 31일까지였다. 앞으로 열 달 안에 누군가 더 큰 천체, 곧 행성을 발견하지 못한다면 나는 내기에서 지게 된다.

나는 지는 게 싫다.

그리고 지는 것보다 더 싫은 것은 내가 멍청한 실수를 하는 것이다.

딱 한 가지가 나를 괴롭혔다. 나는 세드나를 거의 놓칠 뻔했다. 세드나는 너무 멀리 떨어져 있었고 너무 느리게 움직였기 때문에 내가 만든 컴퓨터 프로그램은 그것을 무시할 뻔했다. 만약 세드나가 지금보다 살짝 더 멀리 떨어져 있고, 그래서 살짝 더 느리게 움직였다면 세드나를 발견하지 못했을지도 모른다. 아마도 프로그램은 그것이 움직이지 않는 고정된 별이라 생각하고 계속 다른 천체를 탐색했을 것이다. 세드나도 거의 놓칠 뻔했는데, 그렇다면 그보다 살짝 더 멀리 있는 또 다른 천체도 미처 발견하지 못하고 있는 것이 아닐까? 이렇게 먼 곳에서 새로운 천체를 발견하는 것은 '태양의 탄생과 태양계가 처음 형성되던 당시 그 외곽의 아주 먼 천체들의 이상한 분포'에 대한 내

가설을 시험해볼 수 있는 아주 좋은 근거가 될 수 있었다. 또 이렇게 먼 거리에 있는 천체를 발견하기 위해서는 그 크기도 더 커야 했다. 나는 아직 발견되지 않은 새로운 행성이 담겨 있을 하늘의 영역이 앞서 내가 찍어놓았던 그 많은 사진 중에 있을 것이라는 생각이 들었다. 정말로 그중에 내가 앞서 놓쳤던 행성이 숨어 있다면, 나는 정말 어리석었다고 생각할 것이다. 하지만 앞서 배웠듯이, 중요한 건 멍청해지지 않는 게 아니라 더 똑똑해지는 것이었다.

나는 그해 여름 대부분을 컴퓨터 앞에 비스듬히 앉아 화면을 보고, 코드를 쓰고, 테스트하고, 다시 소프트웨어를 고치면서 시간을 보냈다. 여름이 중반을 지나갈 무렵 같은 복도를 쓰는 한 교수가 내게 말했다.

"당신, 꿈쩍도 안 하시네요." 그가 말했다.

"손가락은 움직여요."

사실 내 손가락은 엄청 움직이고 있었다. 나는 컴퓨터 소프트웨어를 통째로 다시 만들었다. 과거 채드는 당시 아직 관측 데이터를 확보하지 않은 상황에서 소프트웨어의 첫 번째 버전을 만들었다. 지금은 아주 많은 데이터를 활용해서 더 효과적으로 그리고 더 빠르게 아주 멀리 있는 어두운 천체를 찾을 수 있도록 프로그램을 개선할 수 있었다. 나는 준비를 마쳤다. 이제 매일, 전날 밤 망원경으로 찍은 새로운 사진을 보는 게 아니라, 이미 컴퓨터에 저장된 수천 장의 사진을 훑어보며 매일매일 하루를 보내기 시작했다.

그해 여름 누군가 어깨너머로 나를 지켜봤다면 정말 단조로운 모습을 봤을 것이다. 마이크가 버튼을 누른다. 컴퓨터 화면에 새로운 몇 장의 사진이 깜빡이면서 나타난다. 마이크는 3초 정도 사진을 지켜본다. 그리고 '아니' 버튼을 누른다. 새로운 사진이 나타난다.

나는 매일 몇 시간 동안 이 일을 했다. 자세는 더 나빠졌다. 등이 아팠다. 하지만 나는 이 오래된 사진들 속에서 새로운 무언가를 발견해나가고 있었다. 처음에 우리는 많은 것을 놓쳤다. 하지만 이번에는 아무것도 놓치고 싶지 않았다.

나는 2004년 가을이 내 삶에서 가장 보람 있는 시간이었다고 생각한다. 여전히 새로운 행성은 없었고 나는 내기에서 질 것처럼 보였지만 말이다. 나는 올해가 끝나기 전에 모든 데이터를 다 살펴볼 수 있기를 바라며 더 오래 일하고 잠도 더 적게 잤다. 나는 정말이지 내기에서 지고 싶지 않았다. 그 오래된, 정말 아무것도 없어 보이는 사진들 속에서 무언가를 발견하고 나서야 비로소 나는 멈출 수 있을 것이다.

12월이 시작될 무렵 사진을 살펴보던 중 잠깐 짧게 휴식을 취하고 있을 때 누군가 와서 내가 본 적 없는 사진을 한 장 보여줬다. 그것을 본 순간, 고등학교 때 봤던 사진 한 장이 떠올랐다. 1982년 러시아의 베네라 탐사선이 처음으로 (그리고 지금까지 유일하게) 금성 표면을 찍은 사진을 보내왔다. 금성은 사진을 찍기에는 험난한 곳이다. 금성의 대기압은 지구의 90배나 되고 온도는 지구에 비해 800도 더 뜨겁다. 모든 카메라 장비가 녹아버린다. 그래서 당시 러시아는 극단적으로 높은 압력과 열에서 가능한 한 오래 버티고 사진을 찍을 수 있도록 카메라를 커다란 깡통 안에 담아 보냈다. 금성을 보기 위해 잠망경 하나가 깡통 바깥으로 나와 주변을 둘러봤다. 이후 그 복잡한 기계 장치는 두 시간 만에 모두 죽어버렸다.

러시아가 받은 금성 사진에는 한 가지 독특한 특징이 있었다. 잠망경 때문에 마치 어안렌즈로 찍은 사진처럼 주변이 이상하게 왜곡되어 보였다. 그중에서도 특히 금성에서 찍은 컬러 사진은 금성을 뒤덮은 두꺼운 황산 구름 때문에 독특한 주황빛과 함께 대부분 흑백의 모습으로 나타났다. 특징이 너무 두드러져서 다른 사진과 헷갈릴 수가 없었다.

지난 몇 달 동안 나는 세상에서 처음으로 가장 먼 곳을 움직이는 커다란 천체를 발견하는 사람이 되고 말겠다는 마음으로 연구실의 커다란 컴퓨터 화면만 쳐다보면서 시간을 보냈다. 하지만 그날 아침에는 작은 화면 속에 어안렌즈로 찍은 것처럼 왜곡된 모습으로, 주황색으로 물든 흑백사진을 살펴봤다. 그건 금성의 사진이 아니었다. 묘하게 왜곡된 시야 한가운데 콩알 크기의 작은 무언가 찍혀 있었다. 그건 초음파 사진이었다. 다이앤과 나는 의사와 함께 아주 작은 심장이 두근거리며 움직이는 모습을 처음으로 확인한 사람이 됐다.

"이봐!" 나는 말했다. "이건 마치 베네라 착륙선이 찍은 금성 표면 사진 같은데."

"당신은 미쳤어." 다이앤이 말했다.

우리는 이 소식을 새해 전날 가족에게 말했다. 우리 가족은 앨라배마에서 찾아왔고, 다이앤의 가족은 같은 마을에서 살고 있었다. 우리는 모두 함께 앉아 저녁밥을 먹었다.

내가 입을 열었다. "저녁을 먹기 전에, 전달할 소식이 있습니다."

다이앤과의 결혼 소식을 발표할 때도 나는 가족과 함께하는 식사 자리에서 이런 식으로 입을 열었다. 그러고 나서 이렇게 말을 이었다. "지금은 식사 시간입니다." 평소와 다름없이 나와 함께 저녁밥을 먹는 다이앤의 가족들은 이제 너무 뻔하다는 듯이 내가 다음으로 이어서 할 농담을 기다리고 있었다.

하지만 멀리서 온 우리 가족은 이런 농담을 들어본 적이 없었다. 그들은 잠시 숨을 죽였다. 다이앤의 아버지가 곧 끼어들었다. "마이크는 항상 저래요, 신경 쓰지 마세요."

모두들 긴장을 풀고 나를 신경 쓰지 않았다. 하지만 나는 말을 이었다. "저희는 곧 7월에 딸아이를 갖게 될 것 같습니다. 아직은 딸의 이름을 짓지 않았지만, 현재 우리 딸의 예명은 피튜니아입니다."

그날 밤, 시곗바늘이 자정을 딱 넘기는 순간, 나는 결국 내기에 지고 말았다. 하지만 기분이 나쁘지 않았다. 태양계의 끝을 보는 대신, 나는 모든 것이 새롭게 시작하는 모습을 볼 수 있었으니 말이다.

07 비가 온다=퍼붓는다

2005년 1월 1일 다음 날 아침, 나는 온가족과 함께 매년 새해 첫날 패서디나에서 열리는 로즈 퍼레이드에 참여하기 위해 아침 일찍 일어났다. 아침 하늘은 여전히 깜깜했고 나는 해가 떠오르기 전 하늘에 밝게 떠 있는 목성을 발견했다. 목성, 토성, 천왕성, 해왕성, 명왕성, 그게 전부였다. 그것이 태양계의 끝이었다.

아마도.

하지만 (내가 모든 이야기를 들려준 다이앤, 우리집에 머물고 계신 부모님 그리고 내 학생들과 이곳저곳의 동료들을 제외하고는) 아무도 모르게 나는 크리스마스 이틀 뒤 아직까지 본 적 없는 가장 밝은 새로운 천체를 발견하게 됐다. 그 천체가 정확히 얼마나 큰지는 아직 확실치 않았다. 물론 이미 동료와 내기를 한 기간은 다 지나버렸지만, 어쨌든 그렇게 밝은 천체라면 행성일 것이라고 생각했다. 나는 그 천체가 발견된 계절을 기념해 '산타'라고 불렀다.

몇 년 전까지만 해도 산타의 발견에 대한 내 첫 반응은 아마 이런 식이었을 것이다. 이건 명왕성보다 더 클 거야! 내가 드디어 열 번째 행성을 발견한 거야! 하지만 지금은 달랐다. 나는 좀 더 회의적이었다. 콰오아와 세드나 모두 이례적으로 매끈하게 얼어붙은 표면을 갖고 있었고, 예상했던 것보다 더 밝아 보여 나는 속아 넘어갔다. 하지만 만약 산타가 세드나만큼 이례적으로 매끈하게 얼어붙은 표면을 갖고 있다 하더라도, 산타의 밝은 밝기는 그것이 명왕성보다 더 커야 한다는 것을 의미했다. 하지만 산타가 그보다 더 표면이 매끈하다면? 만약 산타가 세드나보다 훨씬 더 반짝이고 밝게 빛을 반사하는 완전히 순수한 얼음으로 표면이 덮여 있다면? 나는 크게 희망을 걸지 않기로 했다.

나는 채드와 데이비드에게 내가 무엇을 발견했는지 메일을 보냈다. 나는 가급적 그 새로 발견한 천체가 명왕성보다 더 클 것이라고 단언하지 않으려 주의했다. 하지만 그 천체가 (다른 많은 카이퍼 벨트 천체에서 추측되는 것과 마찬가지로) 만약 어두운 표면을 갖고 있다면 이건 수성만큼 크기가 클 수도 있다고 이야기해 주었다.

그다음 주 산타의 궤도 전체를 파악하기 위해서 채드, 데이비드 그리고 나는 각자 산타가 우연히 찍혀 있는 과거의 사진을 찾기 시작했다. 채드가 가장 빨랐다. 최종적으로 확인된 산타의 궤도는 평범했다. 카이퍼 벨트 천체의 경우 '평범하다'는 것은 그 궤도가 크게 기울어진 타원 궤도에 속한 채 다른 카이퍼 벨트 천체 무리와 함께 섞여 궤도를 돌고 있다는 것을 의미한다.

세드나의 이상한 궤도에 비하면 새로 발견된 산타의 평범한 궤도는 다행스러웠다. 적어도 카이퍼 벨트에 속한 말이 되는 천체였기 때문이다.

오늘날에는 공식적인 이름으로 산타를 알고 있다. 데이비드가 정한 이름 하우메아다. 하우메아는 하와이 신화에 등장하는 출산의 여신이다. 하우메아의 몸이 여러 조각으로 분리되면서 그 조각조각에서 하와이 신화에 등장하는 많은 신이 태어났다고 한다. 천문학적으로도 하우메아는 그와 똑같은 방법으로 자식을 낳았다. 하우메아가 발견된 이후 몇 년 동안 우리는 태양계 외곽에 있는 다른 많은 천체를 발견할 수 있었는데, 그 천체들을 거꾸로 추적해본 결과, 하우메아의 표면에서 뜯겨져 나간 조각이라는 것을 확인할 수 있었다. 우리는 과거 태양계의 진화 과정에서 어느 순간에 원래는 더 크기가 컸던 하우메아가 시속 1만 마일(1만6000km)의 속도로 빠르게 움직이던 또 다른 카이퍼 벨트의 얼음 천체와 부딪치면서 파편이 날아갔다고 추측한다.

하우메아 그리고 오늘날의 천문학자에게는 다행히도 그 충돌은 살짝 어긋나게 발생했다. 만약 제대로 정면충돌했다면 아마 하우메아는 완전히 산산조각 나서 태양계 끝까지 퍼져버렸을 것이다. 살짝 빗맞은 덕분에 하우메아의 핵 대부분은 살아남을 수 있었다. 하우메아의 표면에서 떨어져 나간 조각 중 일부는 그리 멀리 날아가지 못했다. 그중 최소 두 개는 하우메아 주변에서 궤도를 도는 작은 위성으로 남았다(우리는 처음에 발견했을 때 그 위성을 각각 산타클로스의 순록인 '루돌프'와 '블리첸'으로 불렀다. 하지만 이후 이 천체들은 각각 하우메아의 자식 중 하나인 하와이 빅아일랜드의 수호신이자 훌라춤의 여신 '히아카' 그리고 바다의 정령 '나마카'로 정해졌다). 그리고 다른 대부분의 파편은 하우메아를 완전히 벗어나 태양계 외곽 가상의 구름(오르트의 구름) 속을 떠돌고 있다.

이후 내가 산타 또는 하우메아에게 큰 기대를 걸지 않았던 것이 올바른 판단이었다는 것이 밝혀졌다. 우리는 하우메아가 순수한 얼음으로 덮여 있으며, 실은 명왕성보다 살짝 작다는 것을 확인했다.

산타 또는 하우메아가 처음 발견됐을 때는 아무것도 확실한 것이 없었다. 그건 그저 단순히 아주 밝게 빛나는 평범한 카이퍼 벨트 천체 중 하나로 보였을 뿐이다. 뭔가 이상한 점을 처음 발견한 것은 데이비드였다. 하우메아는 두 시간마다 주기적으로 밝아졌다가 어두워졌다. 이는 아주 길쭉하게 생긴 하우메아가 네 시간마다 한 번씩 빙글빙글 자전하기 때문이었다.

허, 우리는 모두 한숨을 내쉬었다.

그 후 우리는 위성 두 개도 발견했다.

이상했다. 우리 모두 그렇게 생각했다.

퍼즐의 마지막 조각이 채워지고 모든 그림이 완성된 것은 그로부터 18개월이 지난 후였다. 당시 나는 자정 무렵 시칠리아섬 해변에 있는 호텔에 머무르고 있었다. 대학원생 중 한 명인 크리스 바컴이 다음 날 아침 국제 학회에서 채드, 데이비드 그리고 내가 함께 발견해온 꽤 밝은 소천체들에 대해 연구한 박사

학위 논문을 발표할 예정이었다. 그 천체들 중 하나는 유달리 다른 천체에 비해 얼음처럼 보였다. 나는 크리스에게 이 천체들에 무슨 일이 벌어지고 있는 것인지 이해하는 데 집중해보라고 제안했다. 발표가 있기 전날 밤 자정까지 그녀는 그에 대해 많은 것을 분석했지만, 여전히 정확한 설명은 찾을 수 없었다.

우리는 계속 이 얼어붙은 이상한 천체의 데이터를 바라보고 있었지만, 어떤 뚜렷한 설명도 머릿속에 떠오르지 않았다. 결국 크리스가 말했다. "오, 교수님 재미있는 게 뭔지 아세요? 태양 주변을 도는 이 천체들의 궤도가 다 비슷해요."

그렇다고?

"네, 보세요. 그리고 더 재미있는 게 뭔지 아세요? 산타도 거의 똑같은 궤도를 그리고 있어요."

내 경우 대부분의 발견은 그것을 가장 처음 봤을 때 찾아왔다. 화면에 뜬 사진을 처음 봤을 때 나는 순간 그 안에서 뭔가 저 멀리 있는 큰 천체를 발견했다. 나는 그것이 아직 누구도 발견하지 못한 천체란 걸 알 수 있었고, 약간의 부담감도 느낄 수 있었다. 하지만 이번엔 달랐다. 이번에는 화면에 떠 있는 명백한 사진도 없었다. 우리는 단지 소파에 함께 앉아 있었을 뿐이다. 그런데 부담감 대신 약간의 전율이 느껴졌다. 모든 것이 갑자기 말이 되기 시작했다. 산타의 자전, 산타의 위성 그리고 산타 주변을 맴도는 작은 얼음 천체들. 이들은 모두 수억 년 전에 있었던 한 번의 일격으로 만들어진 것이었다. 산타의 위성과 그 곁을 맴도는 이상한 작은 얼음 조각들은 모두 태양계 외곽에서 벌어진 바로 그 강력한 충돌의 결과 산타의 표면에서 뜯겨져 날아간 파편이었다. 아하!

다음 날 크리스는 국제 학회에서 논문 발표를 했다. 그녀는 아주 능숙하게 전날 밤까지 나와 함께 논의했던 모든 퍼즐 조각을 잘 정리하고 배치해 태양계 외곽에서 벌어진 역사상 가장 극적이었던 충돌 이야기를 엮어냈다. 모든 청중은 숨을 죽인 채 이야기에 집중했다.

이 모든 세부 사항을 밝혀내기까지 하우메아의 첫 발견 이후 1년 정도가 더 걸렸다. 물론 오늘날까지 우리는 여전히 하우메아에 대해 계속 연구하고 새로운 것을 알아내고 있다. 처음 발견 이후 며칠 동안 아직 하우메아가 산타로 불리던 시절, 나는 새해의 시작과 함께 내가 앞으로 자세히 연구하게 될 새로운 크고 밝은 무언가가 나를 기다리고 있다는 것을 알지 못했다.

새해에는 산타를 연구하는 것 말고도 다른 일이 함께 찾아왔다. 나는 한 해가 끝나기 전에 서둘러서 오래된 사진 속 모든 천체를 확인하기 위해 스스로를 보챘지만, 시간이 부족했을 뿐 아니라 연구에만 집중할 수도 없었다. 솔직히 그 시기 나는 태양계 외곽에 대한 과학적 고민을 하는 것보다 배아의 성장과 유아의 발달 과정에 대한 과학적 고민을 하는 데 더 많은 시간을 보냈다. 매일 밤하늘 사진을 바라보느라 보냈어야 할 시간은 그 대신 출산 시기와 아이의 첫 미소에 대한 통계 자료를 읽는 데 사용됐다. 여전히 나는 하나에 몰두하고 있었다. 다만 그 몰두의 대상이 바뀌었을 뿐이다.

* * *

1월 5일, 연구실로 출근한 지 몇 시간이 흘렀다. 나는 자리에서 일어나 밖으로 나가 산책을 하기로 했다. 길을 따라 내려가다가 점심을 먹어야겠다고 생각했다. 좀 고민해야 할 일이 있었다. 그날 점심 메뉴는 평소와 다르지 않았다. 늘 그랬듯이 연구실을 나와 사람들로 북적이는 길모퉁이로 향했다. 평소와 같은 베이글 가게에서 똑같은 샌드위치를 주문했고, 바로 옆 커피숍에서 김이 모락모락 나는 커피가 컵에 담기는 모습을 바라보며 자리에 앉았다. 나는 매번 똑같은 것을 좋아한다. 태양은 빛나고 바깥의 테라스 좌석은 사람들로 가득 차 있었다. 그해 겨울 길게 이어진 캘리포니아의 기록적인 폭우 끝에 오랜만에 찾아온 맑은 날씨를 즐기기 위해 모두들 바깥으로 나와 있었다. 내가 앉은 테라스 자리에서는 북쪽으로 몇 마일밖에 떨어지지 않은 샌개브리엘산San Gabriel Mt. 꼭대기에 눈이 쌓여 있는 모습을 볼 수 있었다. 태평양을 가로질러 찾아온 겨울 폭풍 덕분에 하늘이 맑게 개고 산이 눈으로 뒤덮이는 1년 중 특별한 바로 이 순간, 동지가 지난 며칠 후 맑은 하늘에 낮게 떠 있는 정오의 태양이 눈부시게 테이블을 비추는 바로 이 순간, 딱 카페의 이 자리에 앉아 빠르게 녹고 있는 산꼭대기의 눈을 바라보며 마시는 커피 한잔만큼 내 마음을 편안하게 해주는 건 없었다.

나는 바로 이 자리에 앉아서 앞으로 내 삶의 모든 것이 어떻게 변하게 될지 상상하는 걸 특히 좋아했다. 나는 예전에 결혼식 몇 시간 전까지도 바로 이 자리에서 똑같은 산을 바라보며 미래를 생각하고, 과거를 돌아보았다. 그러다가 순간 집에 나비 넥타이를 두고 왔다는 사실을 뒤늦게 떠올린 적도 있었다. 또 이곳은 바로 내가 과거 다이앤과 함께 근무 시간에 만나 담소를 나누었던 자리, 다이앤이 곧바로 돌아가지 않고 나와 함께 계속 머무르려고 했던 자리, 내가 한동안 멍청하게 굴었던 바로 그 자리이기도 했다. 나중에는 앤터닌 부셰와 함께 앉아 이야기를 나누며 내가 이 일을 그만두지 않도록 용기를 얻은 자리이기도 했다. 그리고 당시에는 알지 못했지만, 그로부터 6개월 뒤에 나는 그 자리에서 순간 멈칫한 적이 있다(여기에 지금 앉아 있을 시간이 없다!). 그리고 곧 무슨 일이 벌어질지 그리고 오늘 밤이 얼마나 길어질지를 생각하며 우리 딸 피튜니아의 무사 탄생을 위해 다이앤과 함께 병원으로 달려갔다.

잠깐 찾아온 햇살을 즐기는 비에 흠뻑 젖은 사람들과 또 빠르게 녹기 시작하는 산꼭대기의 흰 눈을 바라보던 바로 그 1월의 맑은 날은 이 자리에서 경험한 그 어느 때보다 가장 기억에 남는 소중한 순간이었다. 테라스에 앉아 커피를 마시고, 마지막으로 한 번 더 산을 바라본 뒤 나는 다시 연구실로 돌아와 책상 앞에 앉았다. 그러고는 태양계에 대한 우리의 관점을 변화시킬지도 모를 내용을 담은 짧은 이메일을 조심스럽게 작성했다. 결국 그 소식은 지구 전역으로 퍼졌지만, 당시 나는 오직 두 사람, 2500마일(4023km) 서쪽의 하와이 빅아일랜드에 있는 채드와, 동쪽으로 2500마일 떨어진 예일 대학에 있는 데이비드에게만 보냈다. 이들은 내가 몇 시간 전에 처음 알게 된 이 소식을 세상에서 세 번째 그리고 네 번째로 알게 된 사람이 됐다(물론 다이앤이 두 번째다). 나는 산을 바라보며 점심을 먹으면서 생각했다. 태양계의 행성은 이제 더 이상 아홉 개가 아니다.

그날 아침 출근하려고 집을 나설 때만 하더라도 태양계는 온전한 아홉 개의 행성을 갖고 있었다. 물론 산타의 발견은 흥미로웠지만, 그보다 앞서 우리가 발견했던 새로운 천체는 명왕성보다 작은 것으로 밝혀졌고, 산타도 당연히 그럴 것이라 확신했다. 어차피 태양계는 줄곧 아홉 개의 행성만 갖고 있을 것처럼 보였다. 그날 아침 내가 책상에서 열 번째 행성을 발견하기 전까지만 해도 그럴 것이라 생각했다. 하지만 뭔가 하늘을 가로질러 움직이고 있었다. 컴퓨터 화면 속 여러 장의 하늘 사진에 보이는 작은 무언가 움직이고 있었다. 산타를 발견하고 나서 2주 후 나는 비로소 거의 행성에 버금가는 진짜 무언가를 발견했다는 것을 알게 됐다.

살면서 채드와 데이비드에게 보냈던 것과 같은 이메일을 쓰게 되는 기회는 흔치 않다. 나는 점심을 먹는 내내 이메일에 정확히 뭐라고 써야 할지를 고민했다. 나는 조심스럽게 계산한 결과를 설명했다.

제목: 우리가 아침에 일찍 일어나야 하는 이유

나는 이어서 메일을 써내려갔다. 스타카토 스타일로.

새로운 밝은 천체.

자리에 앉아서 숨을 크게 들이마시고 읽기를 바람.

등급=18.8, 산타를 제외하고 다른 그 어떤 천체보다 더 밝음.

거리=120AU.

그리고 만약 명왕성을 120AU 거리에 가져다놓는다면 등급은 19.7 정도가 됨.

이거면 바로 다음 날부터 완전히 달라질 태양계를 이해하는 데 충분했다. 이 세상의 다른 사람들에게는 별로 의미 없는 말처럼 보일 것이다(적어도 나는 사람들의 이목을 받을까 봐 지나치게 편집증적이었다. 하지만 결국 나는 지나치게 편집증적인 게 아니었다). 하지만 채드와 데이비드는 각 문장의 무엇이 중요한지를 곧바로 알아봤다.

새로운 밝은 천체.

나는 바로 2주 전에 산타를 발견했고, 그래서 분명 여기까지 읽은 그들은 내가 산타를 이야기하는 것으로 추측했을 것이라고 생각했다. 내가 또 뭐에 대해서 이메일을 쓰겠는가? 그 누구도 또 다른 새로운 천체가 이렇게 빨리 찾아올 것이라고는 예상하지 못했다.

자리에 앉아서 숨을 크게 들이마시고 읽기를 바람.

좋다, 내게는 멜로드라마 같은 구석이 있다.

> 등급=18.8, 산타를 제외하고 다른 그 어떤 천체보다 더 밝음.

천문학자는 천체의 밝기를 '등급'으로 이야기한다. '등급=18.8'이라는 말은 채드와 데이비드에게 새로 발견한 천체가 밝으며, 적어도 명왕성 주변 영역에 있는 그 어떤 천체보다 더 밝다는 것을 직접적으로 이야기한 것이다. 하지만 그건 당시까지 우리가 발견했던 것 중 두 번째로 밝은 것이었고, 명왕성만큼 밝지도 않았다. 바로 그다음 문장은 내가 앞서 앉아달라고 부탁했던 자리에서 깜짝 놀라 자빠지길 바라는 마음으로 쓴 것이었다.

> 거리=120AU.

'120AU'는 태양에서 지구까지 거리의 120배, 즉 120억 마일(193억km)을 의미한다. 천문학자에게조차 120억 마일이라는 거리는 그냥 '정말 아주 멀리'를 의미할 뿐이다. 하지만 태양에서 지구까지 거리의 120배나 된다는 건 정말 의미심장한 것들로 가득한 말이었다. 이는 태양 주변 궤도를 돌고 있는 지금까지 발견된 그 어떤 것보다 더 멀리 있다는 것을 의미했다. 명왕성보다도 거의 네 배 더 먼 거리였다. 이렇게나 먼 거리에서 무언가를 발견한다면 그게 무엇이든 상관없이 중요한 발견이 될 것이다. 하지만 이렇게 멀리 있는 것은 너무 어두워서 우리 망원경으로는 겨우 볼 수 있다. 하지만 이 천체는 그냥 겨우 보이는 수준이 아니라 지금까지 발견된 것 중 가장 밝았다. 밝기(등급=18.8)와 그 거리(120AU)를 함께 고려하면 이는 우리가 지난 몇 년간 찾아낸 그 어떤 것보다 더 큰 천체를 발견했다고 쓰고 있는 것과 다름없었다. 나는 다음 문장에서 태연한 척하며 가장 중요한 요점을 전달했다.

> 그리고 만약 명왕성을 120AU 거리에 가져다놓는다면 등급은 19.7 정도가 됨.

명왕성은 이번에 새롭게 발견한 천체보다 태양에서 훨씬 더 가까웠다. 그래서 명왕성은 훨씬 더 밝게 보였다. 하지만 만약 명왕성을 이번에 새롭게 발견한 천체와 동일한 거리까지 밀어 보낸다면 명왕성은 새로운 천체보다 세 배는 더 어둡게 보여야 했다(천문학자 방식으로 표현하자면 등급 숫자가 더 커져야 한다는 것을 말한다). 만약 태양에서 같은 거리에 두 천체가 떨어져 있을 때 둘 중 하나가 다른 하나보다 더 밝게 보인다면, 그것은 더 밝게 보이는 쪽이 어둡게 보이는 쪽보다 클 가능성이 있다는 말이다. 즉, 내가 새로 발견한 천체가 명왕성보다 더 클 가능성이 있었다. 1월 초 아침 어느 날, 갑자기 행성을 아홉 개 거느리고 있던 태양계가 끝나버릴 가능성이 있다는 의미였다.

나는 이메일을 전송하고 나서 이번 발견의 파급력에 대해 고민해봤다. 지난 150년간 태양계에서 이렇게 큰 천체가 발견된 적은 없었다. 그리고 오늘날 살아 있는 사람 중 그 누구도 새로운 행성을 발견한 사람도 없었다. 역사책, 교과서, 어린아이의 책까지 모두 새롭게 쓰여야 했다. 하지만 당시 나는 이런 것까지 고민하지는 않았다. 대신 새해가 된 지 5일째가 됐고 바로 일주일 전 부모님과 친구들에게 다이앤과 내가 첫아이를 가졌다는 소식을 전한 일만 기억이 난다. 그 전주에는 1년간 천문학계에서 가장 뜨거운 논란을 촉발했던 산타를 발견했고, 지금은 명왕성보다 더 큰 무언가를 또다시 발견했다.

와, 이거 정말 바쁜 한 해가 되겠군. 나는 생각했다.

* * *

그날 오후 나는 새로운 천체에 대한 본격적인 연구에 뛰어들기 전 이메일을 하나 더 보냈다. 5년 전 함께 내기를 했던 친구 새바인에게 보낸 것이었다.

> 우리 내기 기한을 5일만 더 연장해줄래?

그녀는 그렇게 하자고 답했다.

그리고 그 한 주가 끝날 때까지 데이비드는 그가 촬영했던 사진들 속에 담긴 새로운 천체의 움직임을 추적해나갔고, 채드는 지난 수십 년간의 움직임을 찾아 추적했다. 우리는 이 새로운 천체의 궤도를 아주 정밀하게 알아냈다. 마치 산타처럼 상대적으로 평범한 궤도였다. 궤도는 크게 흩어져 있었다. 새로운 천체가 현재 태양에서 가장 멀리 떨어진 지점을 지나고 있었기 때문에 우리가 본 것처럼 아주 멀리서 관측된 것이었다. 다시 태양계 안쪽으로 돌아오는 과정에 있기는 했지만 꽤 시간이 오래 걸렸다. 이 새로 발견된 천체는 전체 궤도를 한 바퀴 다 도는 데 557년이나 걸렸다. 따라서 그 절반에 해당하는 278년이 지나면 태양에서 가장 가까운 지점을 지나게 된다. 이때가 되면 이 새로운 천체는 명왕성보다 더 가까워지며, 아마도 지구에서 봤을 때 명왕성과 비슷한 밝기로 보일 것이다. 나는 빨리 그 모습을 보고 싶었다.

클라이드 톰보는 1930년에 명왕성을 발견했지만, 뒤이어 수십 년의 시간 대부분을 해왕성 너머에 또 다른 무언가가 있는지 탐색하면서 보냈다. 하지만 그는 해왕성 너머 더 먼 곳에서 또 다른 새로운 천체를 발견하지는 못했다. 항상 이야기했듯이, 톰보가 실패한 이유는 먼 우주의 무수한 작은 천체를 보기에는 별로 충분치 못했던 오래된 사진 건판 기술을 활용했기 때문이다. 하지만 우리는 그것이 단순한 이야기가 아니라는 것을 알고 있다. 만약 톰보가 278년만 더 일찍 또는 278년만 더 늦게 하늘을 살펴봤다면 명왕성만큼 밝게 보였을, 우리가 새로 발견한 그 천체를 톰보 역시 발견했을 수 있다.

만약 1930년대 사람들이 당시 명왕성뿐 아니라 이 새로운 천체도 함께 발견했다면 어떻게 생각했을지 상상해보는 것도 재미있을 것 같다. 두 천체 모두 아주 크게 기울어진 이상한 타원 궤도를 그린다. 둘 모두 다른 큰 가스 행성들에 비해 현저하게 작은 크기를 갖고 있다. 그리고 이들의 궤도는 서로 겹친다. 나는 아마도 130년 전 발견된 소행성대의 경우와 비슷하게 결국 당시 사람들이 두 천체 모두를, 앞으로 더 발견될 그와 비슷한 천체들이 바글거리는 큰 무리에 속한 그저 크기만 큰 구성원이라고 결론지었을 것이라고 조심스럽게 예상해본다. 그리고 그들의 생각은 옳았을 것이다. 하지만 그들은 아쉽게도 거대한 사진 건판 기술이 개발되던 시절에 태양계를 바라봤고, 그래서 그들이 태양계 외곽에서 이룩한 가장 주요한 발견은 충분히 거리가 가까워서 유일하게 목격될 수 있었던 명왕성뿐이었다. 그들이 태양계의 기원에 관한 힌트를 얻을 수 있는 명확한 증거를 확보하지 못했다는 것은 오늘날 우리에게는 참으로 안타까운 일이다. 하지만 그 덕분에 명왕성은 다행히도 지난 75년간 그 어떤 천체보다 사랑받는 이상한 천체가 될 수 있었다. 비록 그 기쁨도 오래 이어지지는 않았지만 말이다.

우리는 더 이상 우리가 발견한 새 천체를 '이 새로운 천체'라고 부르지 않았다. 빠르게 별명을 하나 붙여주었다. 처음 천체를 발견했던 당시 상황에서 영감을 받아 이름을 지었던 플라잉 더치맨이나 산타와 달리, 이번 이름은 훨씬 오래전부터 고민해온 것이었다. 사진 건판을 활용해 태양계 외곽 천체를 탐색했던 아주 초창기부터 나는 명왕성보다 더 큰 천체가 발견되면 지어주려고 생각했던 애칭이 있었다. 그 이름을 고민하는 동안 나는 해왕성 너머에 있다고 추측되는 가상의 행성 X의 철자 X를 그대로 살리는 것이 괜찮을 것 같다고 생각했다. 게다가 금성만 유일한 여성 행성으로 남아 있을 필요는 없다고 생각했다. 특히 그 이름은 신화에 등장하는 이름이어야 한다고 생각했다.

이러한 조건을 따져본 결과 단 하나의 선택지를 남길 수 있었다. 우리는 이제 이 새로운 천체를 제나Xena라고 불렀다. 제나는 드라마 〈여전사 제나〉 속 주인공의 이름으로, 배우 루시 롤리스가 그리스 여신 제나 역을 맡았다. 제나는 실제 신화가 아니라 TV 드라마 속 신화에 등장하는 이름이지만, 그 후 이 이름이 널리 알려지게 된 지난 18개월 동안 내가 계속 지적해왔듯이 명왕성(플루토)도 디즈니 만화 속 강아지 캐릭터의 이름 아닌가. 공식적인 자리에서 이런 농담을 던질 때마다 그 자리에 있던 사람들 중 절반은 내가 정말 진지하다고 생각했을 것이다.

제나를 발견하고 몇 주 후 채드는 하와이 빅아일랜드의 마우나케아산 꼭대기에 위치한 거대한 제미니 망원경으로 제나를 직접 관측할 수 있는 기회를 얻었다. 당시 채드는 그 망원경을 관리, 감독하는 일을 맡고 있었기 때문에 짬짬이 시간을 내서 그 망원경으로 재량껏 명왕성보다 큰 천체로 보이는 제나를 살펴보는 것은 그리 어려운 일이 아니었다. 처음 제나의 표면을 봤을 때 가장 먼저 느낄 수 있었던 특별한 모습은 바로 제나가 명왕성과 닮았다는 것이었다.

'명왕성을 닮았다'는 것의 진짜 의미는 더 정확히 말하자면,

제나의 표면에서 반사되어 튕겨져 날아온 햇빛 속에는 얼어붙은 고체 메테인으로 뒤덮인 표면에서 나온 신호가 선명하게 담겨 있었다는 뜻이다. 그 어떤 카이퍼 벨트 천체도 이렇지 않았다. 단 하나만 빼고. 바로 명왕성이다.

그것은 제나가 명왕성보다 더 크다는 것을 빠르게 알려주는 근거 중 하나였다. 우리는 그때까지 아주 오랫동안 많은 카이퍼 벨트 천체를 탐색해왔지만, 이렇게 명왕성과 닮은 천체는 찾지 못했다.

그날 밤 나는 집에 도착해 다이앤에게 이 메테인에 관해 이야기해주었다.

"그래서 그거 행성이야?" 그녀가 물었다.

"아니." 나는 빠르게 지적했다. "이건 명왕성이 더 이상 행성이 아닐 거란 뜻이야."

"하지만 명왕성이랑 닮은 천체가 명왕성이랑 이번에 새로 발견된 천체 두 개뿐이라면, 또 다른 천체와는 그 둘이 확연하게 다르다면, 왜 그냥 둘 다 행성이라고 부르면 안 돼?"

나는 장황한 설명을 이어갔다. 명왕성은 그냥 단순히 카이퍼 벨트 천체가 모여 있는 거대한 무리 가운데서 가장 크기가 큰 천체(이제는 심지어 두 번째로 큰 천체다!)일 뿐이었다. 이제 명왕성에 행성으로서 특별한 지위를 부여하는 건 말이 되지 않았다.

"좋아, 하지만 딸을 생각해야지."

허?

"행성을 발견한 아버지를 둔다는 건 언젠가 그 딸 대학 등록

금도 낼 수 있을 거란 뜻이지."

다이앤은 농담을 했다. 항상 그랬듯이.

하지만 나는 여전히 단호했다.

다이앤은 더 강하게 이야기했다. "당신, 그동안 '명왕성은 행성이 아니지만, 내가 찾게 될 그보다 더 큰 천체는 행성이 될 거야'라면서 행성의 정의에 대해서 농담했잖아."

그랬다. 나는 그런 농담을 한 적이 있었다. 하지만 그건 그냥 정말 농담일 뿐이었다.

당시 다이앤은 임신 6개월의 아주 활기 넘치는 슈퍼우먼이었다. 내가 제나나 산타의 정체를 알아내기 위해 늦게까지 일하는 날이면, 다이앤은 육아 잡지를 보면서 늦은 밤까지 깨어 있었다. 내가 망원경의 시야에서 벗어나기 시작하는 하늘 사진을 몇 장 더 찍기 위해서 아침 일찍 일어나는 날이면, 다이앤은 이미 아침 일찍 깨어 임신 관련 책을 보고 있었다. 배 속의 아이와 함께하는 동안 누구도 다이앤을 막을 수 없었다.

"그런데 정말로 당신은 사람들이 행성이라고 부르는 것에 대해 반기를 들고 그 사람들 앞에 서서 '그건 행성이 아닙니다. 아니라고요'라고 주장할 참이야? 그러니까 피튜니아가 정말 귀여운 아이인데도 당신은 피튜니아의 얼굴을 쭉 훑어보고 손가락으로 피튜니아를 가리키면서 코가 살짝 크니까 넌 귀엽지 않아, 하고 이야기할 거야?"

글쎄, 그건 코가 클 때 이야기 아닌가?

"기존에 있던 오래된 행성을 하나 죽이는 것보다는 새로운 행성을 발견하는 편이 천문학계에도 훨씬 더 좋지 않을까?"

나는 올바른 일을 하는 것이 더 좋다고 생각했다.

"하지만 일반 대중은 새로운 행성이 발견됐을 때 훨씬 더 천문학이나 과학에 흥미를 갖고 관심을 가지게 되지 않을까?"

그만, 그거면 됐어. 여보, 당신은 잠도 없어? 이미 내 취침 시간이 지났다고! 내일 아침에 일어나서 당신의 제안을 곰곰이 잘 생각해볼게. 물론 그때는 이미 당신이 일어난 지 한참이 지난 뒤일 테지만.

겨울이 가고 봄이 오면서 세 가지 각기 다른 독립된 생각의 흐름이 내 마음속에서 뻗어 나가고 있었다. 계속 몇 시간째 그 세 가지 일 중 하나를 골똘히 고민하다 보면 갑자기 다른 하나가 불쑥 떠오르고, 그래서 새롭게 떠오른 일에 대해 생각하다 보면 다시 또 다른 일이 떠올라 그것을 고민하기 시작하는, 매번 그런 상황이 반복되고 있었다.

우선 첫 번째 일은 완전히 생물학적 일정이었다. 피튜니아가 계속 자라고 있었다. 뼈도 더 단단해지고 눈썹도 길어졌다. 다이앤의 출산 예정일은 7월 11일이었다. 내가 마땅히 할 수 있는 일은 아무것도 없었지만, 그래도 그 예정일이 정확히 무엇을 의미하는지는 알고 있기에 계속 신경을 쓰고 있었다. 나는 통찰력이 있어 보이는 사람들 누구에게나 물어보곤 했다. 예를 들어 나는 그 예정일이 엄마의 마지막 생리 시작 날짜에 단순히 40주를 더해서 나온 날짜라는 것을 알고 있었다. 하지만 그게 얼마나 정확할까? 얼마나 많은 아기가 이 예정일과 다른 날짜에 태어날까?

우리 예비 부모 교실 선생님: "오, 겨우 5퍼센트의 아기만 실제 예정일에 태어납니다."

나: "그래서 그 나머지 중 절반은 예정일 전에 태어나고 절반은 예정일 후에 태어나나요?"

선생님: "오, 아기가 정확히 언제 태어날지는 알 수 없습니다."

나: "알겠습니다. 저는 그냥 그 통계를 알고 싶었을 뿐입니다."

선생님: "아기는 나올 준비가 되면 태어날 겁니다."

나는 산부인과 의사에게도 물었다.

의사: "예정일은 그냥 추정 날짜일 뿐입니다. 아기가 언제 태어날지 정확하게 알 수 있는 방법은 없습니다."

나: "하지만 선생님의 환자들을 봤을 때 예정일보다 먼저 태어나고 나중에 태어나는 비율이 어떻게 되는지는 알 수 있지 않나요?"

의사: "저는 그렇게 생각하지 않습니다."

나는 출산과 관련된 분야에서 일하는 모든 사람을 위한 간단한 실험을 제안하고 싶다. 이렇게만 하면 된다. 한 달간 병원에 머무른다. 그리고 아기가 태어날 때마다 그 엄마에게 가서 원래 예정일이 언제였는지를 묻는다. 그리고 얼마나 많은 아기가 예정일보다 일찍 또는 늦게 태어나는지를 추려본다. 그래프용지에 데이터를 그린다. 아래쪽에 직선으로 곧게 수평선을 하나 그린다. 수평선 가운데 0을 쓴다. 각 눈금은 오른쪽 방향으로 갈수록 며칠 더 늦게 태어났는지를 의미한다. 얼마나 많은 아기가 정확하게 예정일에 맞추어 태어났는지를 센다. 그리고 그 수를 아까 그린 수평선의 0에 수직한 선 위에 찍는다. 이와 똑같은 과정을 예정일보다 더 늦게 태어난 아기에 대해서 진행한다. 2일 늦게 태어난 아기, 3일 늦게, 4일 늦게, 계속 진행한다. 이제는 예정일보다 더 일찍 태어난 아기들 차례다. 그래프를 그리는 모든 과정이 끝나고 나면, 그래프 위에 '예정일 대비 아기가 실제 출생한 날짜 분포'라고 쓴다. 그리고 그 그래프를 한 장 만들어서 내게 이메일을 보내면 된다.

나는 그래프가 엎어진 종 모양의 표준 분포를 보일 것이라고 추측한다. 그리고 그 종 모양의 분포 중심이 0에서 크게 벗어나지 않기를 바란다. 그 종 모양의 분포는 더 높고 얇거나(대부분의 아기가 예정일에서 크게 벗어나지 않고 태어나는 경우) 더 낮고 뚱뚱할(예정일에서 살짝 벗어나 태어나는 아기가 좀 있는 경우) 것이다. 하지만 내가 알 수 있는 것 한 가지는 그 종 모양의 분포가 오른쪽에서 빠르게 푹 내려앉을 것이라는 점이다. 적어도 이 영역에서는 예정일보다 1~2주 더 늦게 태어나는 아기는 없었다. 모두 그 범위 안에 들어온다.

내가 매번 세상의 모든 일을 과학적으로, 통계적으로, 수학적으로만 바라보는 건 아니었다. 하지만 이 문제는 중요했다. 다이앤과 함께 저녁식사 파티를 하던 중 출산 예정일이 대화 주제로 거론되면, 다이앤은 약간 당황스러운 눈빛으로 나를 보면서 속삭였다. "여보 제발?" 나는 의사에 대해 과장해서 열변을 토했을 것이다. 예비 부모 교실 선생님에 대해서도 그랬을 것이다. 그리고 이 분야의 사람들이 수학적 통찰력을 활용하는 데 얼마나 관심이 없고 무지한지에 대해서도 열변을 토했을 것이다. 나는 유도분만과 제왕절개에 따라 그 종 모양의 분포도가 어떻게 달라질지, 그리고 병원마다 또 어떻게 달라질지에 대해서 추측했을 것이다. 아니나 다를까, 저녁식사 파티에 참석한 친구들은 모두 칼텍에서 온 사람들이다. 이들 대부분은 다 아이가 있다. 아버지 대부분은 다 과학자였고, 엄마 대부분은 아니었다(오늘날까지도 이러한 추세는 소름 돋을 정도로 그대로 편향되어 있지만, 최근 몇 년간 나를 거친 대학원생 대부분은 모두 여성이었다. 시대가 흐르면서 변화할 수밖에 없을 것이다). 내가 불평불만을 토로하기 시작할 때 아버지들도 함께 끼어들었을 것이다. "그래! 나도 그 질문에 답을 찾을 수 없었지." 그리고 그들은 자신들이 경험했던 모호한 통계적 사례를 제시할 것이다. 그러면 어머니들은 다이앤에게 시선을 돌리곤 속삭였을 것이다. "미안, 네 기분을 이해해." 그리고 다이앤에게 기분은 어떤지, 잠자리는 어떤지 그리고 배 속에서 피튜니아의 발길질은 어떤지 물었을 것이다(여담으로, 내 대학원의 여학생들도 내 질문의 답을 알고 싶어 했고, 함께 큰 소리로 불만을 토로할 준비가 되어 있었다. 역시 시대가 변했고 변화가 있을 수밖에 없었다).

기한이 얼마 남지 않은 다른 일정도 다가오고 있었다. 당시 태양은 거의 지구와 제나 사이에 있었다. 그래서 우리는 저 멀리 제나가 있다는 것을 알고 있었지만, 그것을 볼 수는 없었다. 채드가 제나의 표면을 살펴봤고 그 모습이 명왕성과 유사하다는 것을 알아냈을 때가 지구에서 제나를 볼 수 있는 거의 마지막 순간이었다. 제나는 해가 저물어가는 서쪽 하늘에 아주 낮게 떠 있었다. 몇 주가 더 지나면 제나는 태양과 함께 지평선 아래로 저물게 될 것이고, 우리는 더 이상 제나를 볼 수 없을 것이다. 하지만 아주 느리게 지구가 태양 주변 궤도를 돌면서 마침내 제나는 다시 반대편 하늘에서, 이번에는 아침 일찍 나타나게 될 것이다. 제나에 대해 더 많은 것을 알아내기 위해 할 수 없이 우리는 오래 기다리는 것 말고는 다른 선택지가 없었다. 제나를 제대로 보려면 이제 9월까지 기다려야 했다. 나는 그 시기에 켁 망원경을 활용할 수 있도록 일정을 확실하게 잡아두었다. 그 외에 우리가 당장 할 수 있는 것은 다른 사람들에게 우리의 발견 소식이 들어가지 않게 조심하는 것뿐이었다. 나는 아무것도 모르는 세상에 우리의 새로운 발견 소식을 공개할 수 있게 되는 순간을 고대했다.

하지만 또 다른 얼마 남지 않은 일정도 다가오고 있었다. 이번 건은 두 개의 위성을 거느린 천체에 관한 것이었다. 내가 산타에 대해 이야기한 사람 중 한 명은 바로 2년 전 내가 연구를 그만두지 않도록 용기를 준 대학원생 앤터닌 부셰였다. 앤터닌은 지금 켁 망원경에서 근무하고 있었는데, 망원경으로 매우 선명한 천체 사진을 찍을 수 있는 아주 새로운 기술 집약적 방법을 개발하고 있었다. 보통 망원경으로 별이나 행성 또는 다른 천체를 찍게 되면 지구의 대기가 그 상을 살짝 뿌옇게 만들어버리기 때문에 좀 더 상세한 특징을 살펴보기가 어렵다. 바로 이 뿌옇게 변해버리는 현상이 처음에 우리가 발견한 천체의 크기를 알 수 없게 하는 이유였다. 모든 천체는 다 뿌옇게 퍼져서 전부 비슷비슷해 보였다. 앤터닌은 바로 이 문제를 해결하기 위한 프로젝트에 참여하고 있었다. 해결책은 바로 아주 강력한 레이저를 망원경이 향하고 있는 우주 공간을 향해 쏘아 올리는 것이었다. 그렇게 쏘아올린 레이저 불빛은 지구 대기권을 가로질러 올라가 가스로 이루어진 얇은 층(지구 대기권에 진입했던 소행성들이 타버리면서 발생한)까지 도달해 부딪치게 된다. 그 후 레이저 불빛은 다시 지상으로 반사되어 돌아온다. 망원경으로 이 레이저 불빛이 반사되는 가스층의 영역을 정확하게 바라보면, 하늘에서 아주 작게 빛나는 작은 점(가짜 별이다!)을 볼 수 있다. 진정한 트릭은 바로 그다음부터 시작된다.

지구 대기권의 영향으로 왜곡된 모습으로 보이게 되는 레이저 빔의 사진을 찍고 나서, 아주 정밀하게 휘고 왜곡된 거울에 그 빛을 비춰보면서 원래 보여야 할 모습으로 레이저의 사진을 선명하게 찍는다. 그러고 나서 지구 대기권에 의해 레이저 빔이 살짝 다른 모양으로 왜곡되는 100분의 1초 후에 다른 모양으로 왜곡된 거울을 활용해서 다시 모든 과정을 반복한다. 레이저 불빛을 제대로 된 자리로 받아서 그것을 컴퓨터가 충분히 빠르게 계산하고 명령어에 따라 왜곡 거울을 아주 정밀하게 조정할 수 있다면 오랫동안 하늘 사진을 찍어서 원래 발사했을 때와 같이 아름다운 한 점에 담긴 선명한 레이저 빔의 모습을 담아낼 수 있다. 단순히 레이저 빔을 보기 위해서 너무 지나치게 많은 과정을 거치는 것처럼 보일 것이다. 하지만 다른 무언가 정말로 보고 싶은 천체가 있는 하늘 쪽으로 직접 레이저 빔을 쏘아 올린다면, 완벽하게 보고자 하는 천체에서 온 빛의 모습도 선명하게 보정할 수 있게 된다.

앤터닌과 팀원들이 켁 망원경에서 모든 장비를 갖춰놓고 테스트하기 위해 하늘을 올려다보았을 때 가장 먼저 본 것은 바로 산타였다. 그리고 그들은 산타 곁에서 위성을 하나 발견했다. 우리는 그 위성을 루돌프라고 불렀다.

위성을 발견했다는 건 굉장한 도움이 된다. 고등학교 수준의 간단한 물리학만 알아도 그 천체의 질량을 잴 수 있게 되기 때문이다. 위성이 해당 천체에서 얼마나 멀리 떨어져 있는지 그리고 그 주변을 얼마나 빠르게 도는지만 알면 된다. 그거면 충분히 질량을 잴 수 있다. 우리는 이제 산타가 위성을 갖고 있다는 것을 알게 됐고, 앞으로 몇 번 더 관측해서 그 위성이 얼마나 멀리서 얼마나 빠르게 움직이는지만 측정하면 됐다.

나에게 이는 아주 긴 기다림이 필요하다는 뜻이기도 했다. 우리는 가장 먼저 산타의 위성을 확인해야 했다. 앤터닌이 만들고 있던 레이저 시스템은 아직 실험 단계인지라 누구도 가장 중요한 관측 시간을 그것에 허비하고 싶어 하지는 않았다. 그 레이저 장비는 망원경의 성능 실험을 위해서 오직 보름달이 뜰 때, 곧 천문학자가 하늘에서 가장 선호하는 어두운 타깃이 밝은 달빛에 삼켜지는 밝은 시기에만 사용하도록 되어 있었다. 그래서 우리는 산타에 위성이 있다는 것을 일찍이 알고 있었지만,

다시 보름달이 뜨는 그다음 29일 이후까지 켁 망원경의 두 번째 사용 기회를 얻을 수 없었다.

29일 후 루돌프의 자리는 바뀌었다. 하지만 우리는 그동안 그 위성이 몇 바퀴를 공전해서 지금의 자리에 놓여 있는 것인지, 아니면 아직 궤도를 한 바퀴째 도는 중인 것인지 알 길이 없었다. 우리는 한 번 더 29일을 기다려서 살펴봐야 했다. 이번에 루돌프는 우리가 처음 봤을 때와 비슷한 자리에 놓여 있었다. 이를 설명할 수 있는 가설은 위성이 산타 주변을 약 50일 주기로 돈다는 것이었다. 우리는 총 네 번에 걸쳐 위성을 관측했고, 이제 확실히 알 수 있었다. 루돌프는 49일에 한 번씩 산타 주변 궤도를 돌았다. 또 이 마지막 관측을 통해 우리는 산타와 루돌프 사이의 거리도 정확하게 검증할 수 있었다. 루돌프가 궤도를 도는 주기와 산타로부터 떨어진 거리를 종합해 우리는 산타의 질량이 명왕성의 3분의 1 수준임을 알아냈다. 정말 다행이었다. 우리는 처음부터 김칫국을 마시지 않도록 조심해왔다.

계속 추적해야 할 산타의 위성과 앞으로 더 조마조마한 마음으로 살펴봐야 할 제나의 관측 가능 예정일이 다가오고 있다고 해서, 그것이 곧 매일 밤 분석할 새로운 사진이 굴러 들어온다는 걸 의미하는 것은 아니었다.

우주는 나에게 이상한 방식으로 말한다. 내가 대학원에 다니던 어느 날, 가장 친한 친구 둘이(하지만 이 둘은 서로를 모른다) 내게 곧 첫아이가 생길 것 같다고 말했다. 나는 두 번째 친구마저 그 이야기를 했을 때 이상하다고 생각했다. 그게 무엇을 의미하는 걸까? 우주는 내게 무엇을 말하려고 하는 걸까? 나는 한참 동안 고민했고, 한 가지 결론에 도달했다. 몇 년 전 결혼한 친누나가 분명 아이를 가질 거라는 의미라고 말이다. 우주는 또 다른 어떤 이야기를 나에게 하려고 할까? 나는 어머니에게 말했다.

"내 생각에 누나가 임신한 것 같아."

"뭐라고?" 어머니가 대답했다. "캐미가 직접 말해줬니?"

"아니, 우주가 이야기해줬어."

어머니는 내가 얼마나 진지하게 말하고 있는지 알지 못했다.

바로 그다음 날 누나가 어머니에게 전화를 걸었고, 이렇게 말했다. "엄마, 무슨 일인지 맞혀볼래?" 어머니가 답했다. "너, 임신했구나." 누나는 놀라 자빠지면서 물었다. "그걸 어떻게 알았어?" 어머니의 대답은 이랬다. "마이크가 알려줬어."

누나가 나에게 전화를 걸어 물었다. "너는 천문학을 연구하는 거니, 점성술을 연구하는 거니?"

그러나 우주와 내가 주고받는 교감이 항상 믿을 만하지는 않았던 것 같다. 이번에는 우주가 보내는 신호를 놓쳤다. 피튜니아는 계속 성장 중이었다. 루돌프는 산타 주변 궤도를 돌고 있었다. 제나(멋진 제나!)는 밤하늘을 가로질러 떠돌고 있었다. 우주는 내가 4월 3일이 되기 전까지 알지 못했던 것에 대해 경고하려는 것처럼 보였다. 며칠 전 밤에 찍은 사진을 정리하던 중 나는 컴퓨터 화면에서 가장 밝게 빛나는 무언가를 발견했다. 제나보다 더 밝았다. 산타보다도 더 밝았다.

"또 시작이군." 나는 생각했다.

내가 채드와 데이비드에게 또다시 보낸 메일의 제목은 이렇게 시작한다.

비 온다=쏟아진다

그날은 비가 너무 많이 와서 물에 빠질 정도였다.

우리는 부활절이 지나고 이틀 후에 발견한 이 새로운 천체에 이스터 버니(부활절 토끼)라는 이름을 지어주었다.

이번에도 이스터 버니는 너무 밝아서 명왕성보다 더 크거나 명왕성과 비슷한 크기인 것처럼 보였다. 우리는 제나 때와 마찬가지로 빠르게 켁 망원경으로 그 천체를 살펴봤고, 이스터 버니가 명왕성처럼 보이는 비슷한 표면을 갖고 있다는 것을 깨달았다. 불과 3개월 만에 태양계에는 명왕성과 비슷한 천체가 하나, 둘 그리고 세 개까지 생겨버렸다.

나는 기분이 좋지 않았다. 그건 너무 많지 않은가! 내가 어떻게 그 많은 천체에 마땅한 관심을 기울일 수 있겠는가? 이제 나는 계획을 세울 필요가 있었다.

우리의 목표는 멋진 과학적 관행에 따라서 이 새로운 천체의 존재를 잘 정리된 과학 논문으로 세상에 발표하는 것이었다. 하지만 모든 과학적 설명을 채우기 위해서는 시간이 걸린다. 우리는 앞서 발견한 천체에 대해서는 아주 잘해왔다. 콰오아를 처음 발견하고 그것을 완성된 논문으로 담아내기까지는 총 넉 달이 걸렸다. 세드나도 그 정도 걸렸다. 우리는 우리의 빠른 속도에 조금 자부심이 있었다. 하지만 아무리 빠른 속도를 자부한다 해도 갑자기 논문으로 써야 할 산타와 제나 그리고 이제는 이스터 버니까지 한꺼번에 생겨버렸으니 감당하기 벅찼다.

데이비드와 채드 그리고 나는 계획을 세웠다. 산타를 가장 먼저 발견했고, 우리는 이미 산타에 대해 많은 것을 알고 있었다. 우리는 각기 다른 관점에서 산타에 관한 논문을 작성했다. 이렇게 첫 번째 논문을 완성한 후에는 작은 규모로 세상에 알렸다. 우리는 산타가 명왕성보다 작다는 것을 알고 있었지만, 산타의 강력한 충돌이나 그 파편에 관한 자세한 내용은 아직 알지 못했다. 그래서 당시 우리는 산타가 대중에게 큰 관심을 받지는 못할 것이라고 생각했다. 내 목표는 피튜니아가 태어나기 전, 아직 여유 시간이 조금 남아 있을 때 산타에 관한 논문을 완성하는 것이었다. 다이앤의 출산 예정일은 이제 겨우 석 달이 남아 있었다.

그런 다음 우리는 학계에 큰 파문을 일으킬 것이 분명한 제나와 이스터 버니에 대한 일정을 잡았다. 이 두 천체를 위해 우리는 좀 더 큰 흥분을 아껴두고 있었다. 우리는 9월 켁 망원경을 활용해 처음으로 제나를 제대로 관측할 수 있는 날짜를 정했다. 열심히 작업한 끝에 그로부터 한 달 뒤 과학 논문을 한 편 완성했고(처음으로 부모가 됐다는 것이 지금까지도 내겐 큰 충격이다), 10월이 시작될 무렵 논문을 발표했다. 나는 신학기에 논문을 발표한 것이 아주 잘한 일이라고 생각했다. 학교에 간 아이들이 교실에서 명왕성보다 더 큰 새로운 천체 한두 개가 발견됐다는 소식을 가지고 이야기하는 것이 아주 멋진 일 중 하나라고 생각했기 때문이다.

계획을 완수하기 위해서는 첫아이를 갖게 된 여섯 달 동안 내 인생에서 가장 중요한 논문을 세 편 완성해야 했다. 문제없다, 난 그렇게 생각했다.

다이앤은 분만하기 몇 주 전 막판 스퍼트로 에너지를 쓰고 있었다. 그 덕에 몇 년 동안 '자전거 그리고 컴퓨터 방'이라고 불렸던 남는 침실 하나가 순식간에 아기 침대와 옅은 녹색 벽 그리고 주인을 기다리는 아기 옷으로 채워진 아기 방으로 변신했다. 나도 약간의 힘을 얻어 피튜니아를 맞이할 준비를 하기 위해서 더 힘차게 논문을 쓰려고 노력했다. 모든 일이 계획대로만 진행된다면, 우리는 해낼 수 있었다.

08 릴라, 막간 휴식 시간

2005년 7월 7일 목요일, 나는 한 번도 해본 적 없는 일을 해보기로 했다. 내 연구실로 계속 찾아와 산타나 이스터버니 또는 제나에 대한 계획이 잘 진행되고 있는지 확인하려고 하거나 그냥 시시콜콜한 이야기를 하려는 사람들의 방해에서 벗어나 집에만 머무르며 일을 하기로 한 것이다. 산타에 대한 첫 번째 논문을 마무리하기까지 딱 하루 정도를 남겨두고 있었다. 내 계산에 따르면 피튜니아는 다음 몇 주 안에는 태어날 것이기에 안전을 위해 앞으로 하루 이틀 안에 논문을 다 완성하고 싶었다.

이미 천문학계에서는 우리가 뭔가 아주 대단한 걸 발견했다는 소문이 돌고 있었다. 산타의 발견을 발표하는 것은 마치 뒤이어 곧 발표하게 될 진짜 더 중요한 발견에 관심이 집중되지 않도록 분산하는 안전한 방법처럼 보였다.

내가 집에 머무르고 있던 목요일, 다이앤은 피튜니아의 방이 될 곳을 마지막으로 꾸미고 물건을 가져다 놓으며 정리하고 있었다. 하지만 그때 나는 머릿속에 온통 연구 자료를 분석하느라 미처 눈치채지 못했다. 그러다 어느 순간 나는 다른 방에서 들리는 이상한 신음(한숨) 소리를 들을 수 있었다.

"무슨 일이야?" 나는 다이앤을 불렀다.

"그냥 오늘 약간 진통이 있어서 그래. 의사도 이런 진통이 올 거라고 이야기했어." 항상 쿨한 다이앤이 답했다.

"확실해? 전에는 그런 소리 내는 걸 들은 적이 없는데."

"아냐, 의사가 이미 경고했던 일일 뿐이야."

나는 재미로 한번 출산이 임박한 순간을 리허설해보자고 제안했다. 나는 다이앤에게 약간의 진통이 올 때마다 시간을 기록했다.

"괜찮아." 주변에서 일어나는 모든 일을 구체적인 숫자로 기록해야 직성이 풀리는 나를 비웃으며 다이앤이 말했다.

집중하지 못한 채로 나는 다시 일을 하기 위해 돌아갔다.

14분 뒤, 다이앤의 신음 소리가 또다시 들렸다. 예비 부모 교실에서 배웠던 것을 떠올려보니, 14분 정도면 꽤 긴 시간이었다. 딱히 걱정할 일은 없었다. 나는 진통이 10분도 안 되는 짧은 간격으로 반복되지 않는다면 굳이 신경 쓰지 않아도 된다고 생각했다. 진통이 5분보다 긴 간격으로 반복된다면 이는 아직 출산까지 몇 시간은 더 남아 있다는 뜻이었다. 이때 내가 할 수 있는 가장 최선의 일은 내가 해야 할 일을 하는 것뿐이었다. 논문을 끝내는 것처럼.

다이앤은 무심하게 답했다. "그런데 당신이 중간에 놓친 진통이 하나 더 있어."

뭐라고? 그렇다면 진통이 6분 간격으로 찾아왔다는 뜻이다. 그리고 6분 후 진통이 또 한 번 찾아왔다.

"음, 다이앤? 이번엔 진짜야?"

다이앤은 그렇게 생각하지 않았지만, 나는 혹시라도 나를 행복하게 해줄지 모르는 일이 벌어질 것을 대비해서 미리 짐을 싸 놓자고 제안했다.

네 번째 진통이 왔을 때 나는 그다음 진통이 언제 오는지 추적해야 할 필요가 있다고 생각했고, 진통 간격이 얼마나 되는지 시간을 재기로 했다. 진통 강도가 얼마나 되는지도 기록했다. 더 세게, 약하게, 세게, 아주 약하게.

다이앤과 나는 정말 출산이 임박한 것인지, 아니면 가짜 신호였는지 판단하기 위해서 몇 시간을 더 기다렸다. 나는 그래프를 그려봤다. 예상대로 진통 간격은 점점 짧아지고 있었다. 그리고 더 이상 짧아지지 않았다. 나는 전문가들의 의견을 믿었다. 전문가들은 진통이 4분 간격으로 찾아와서 1분간 지속되는 것이 한 시간 동안 이어지지 않는다면 아직은 괜찮은 것이라고 이야기했다. 하지만 아직 다이앤의 진통은 이 마법의 4분 간격까지 도달하지 않았다. 그리고 진통은 가끔씩만 몇 분씩 지속됐다. 또 가끔 진통이 오지 않는 경우도 있었다. 내가 가장 마지막으로 기록한 진통은 앞선 진통보다 4분 50초 더 늦은 아침 11시 14분 40초에 있었다. 그때의 진통은 50초간 지속됐고 중간 정도로 강했다. 아직은 별다른 일이 없었다. 그런데 갑자기 다이앤의 양수가 터졌고, 아마도 천문학의 역사도 바뀌고 있었다.

우리는 출산에 임박한 예비 부모답게 최대한 침착하게 행동하려고 했다. 그날 밤은 내게 아주 긴 밤이 될 것이기 때문에 병원으로 가는 길에 내가 가장 좋아하는 카페에도 들렀다(정말로 우리의 예비 부모 교사도 이렇게 해야 한다고 이야기했다!). 하지만 결국 나는 커피가 필요하지 않았다. 분만은 밤새 길게 이어지지 않았기 때문이다. 피튜니아는 다리부터 먼저 나와서 우리를 모두 놀라게 만들었고, 이를 확인하자마자 의사들은 제왕절개를 시작했다.

"남자아이예요!" 주치의를 보조하던 의사가 말했다.

남자라고? 어떻게 우리가 알던 성별과 다를 수 있지? 나는 순간 의사가 착각했을 것이라고 생각했다.

"아, 여자아이입니다." 일부러 우리를 속이려고 한 듯 절묘한 위치에 놓여 있던 탯줄 때문에 처음에 착각을 한 것이었다.

그날 밤 우리 셋은 병원의 작은 병실에서 함께 잠들었다. 다이앤이 잠들어 있던 아직은 살짝 깜깜했던 아침, 나는 작은 포대기에 싸인 아기를 안고 병원 복도를 따라 걸어가 동쪽 풍경을 바라보며 창문 앞에 서 있었다. 하지가 지난 지 3주가 채 안 된 그날, 태양이 떠오르며 이른 아침 하늘을 주황빛으로 물들이고 있었다.

"세상에 온 걸 환영해." 나는 피튜니아에게 말했다. "태양은 매일 아침 이렇게 떠오른단다. 태양은 앞으로도 수만 번 너를 위해 저렇게 떠오를 거야."

피튜니아는 눈을 떴고 시끄럽게 울기 시작했다. 젖을 먹일 시간이었고, 나는 배고픈 피튜니아에게 소용이 없었다.

피튜니아에겐 이제 진짜 이름이 필요했다. 다이앤은 모든 사람에게 내가 딸의 이름을 지으면 안 된다고 농담을 하기도 했다.

"당신은 우리 딸 이름이 콰오아라고 지어지면 좋겠어?" 아내가 물었다.

우리는 이미 몇 달 전부터 딸의 이름을 지어보려고 노력했다. 우리는 목록을 하나 만들었다. 다이앤은 내 목록에 있는 모든 이름 후보에 X표를 쳤고, 나는 다이앤의 목록에 있는 이름에 모두 X표를 쳤다. 그래서 피튜니아의 첫 생일이 될 때까지 우리는 여전히 이름을 짓지 못했다. 하지만 간호사는 출생 신고를 하려면 이름이 필요하다고 했다. 그래서 다이앤은 나 모르게 슬쩍 가서 자기 목록에 있던 이름을 제출해버렸다. 몇 가지 이유로 그 이름은 꽤 신선하고 새로워 보였다. 피튜니아의 진짜 이름은 아랍어로 '밤'을 의미했다. 그리고 내가 아는 사람 중 누구도 그 이름을 가진 사람은 없었다. 그래서 피튜니아는 릴라가 됐다. 나는 이제 릴라가 없는 세상은 상상할 수 없게 됐다.

그 주 초기 며칠간의 기억은 흐릿하다. 처음 부모가 된 다른 많은 사람들처럼 나도 두세 시간 넘게 잠을 잘 수 없었다. 얼마나 피곤했겠는가. 하루는 아침에 빨랫감을 잔뜩 들고 세탁기에 집어넣고 나서 세제 박스에서 플라스틱 컵으로 세제를 한 컵 퍼서 세탁기 안의 세제통에 부었다. 내가 부은 세제는 세제통을 가득 채우고 바깥으로 흘러넘쳤다. 전에는 이런 적이 없었다.

이전에는 한 번도 세제통 용량을 초과해서 세제를 더 많이 부은 적이 없었다. 나는 열심히 고민했다. 그리고 그 세제통과 내가 손에 쥐고 있던 물건을 바라봤다. 내 손에 들린 것은 세제를 풀 때 쓰는 작은 숟가락이 아니라 더 큰 플라스틱 숟가락이었다. 왜 세제 박스에 이렇게 큰 플라스틱 숟가락이 들어 있었던 걸까? 나는 세제 박스에 쓰여 있는 글자를 읽었다. 그건 세제 박스가 아니라 고양이 배변용 모래가 든 박스였다. 나는 세제통에 고양이 배변용 모래를 잔뜩 부었던 것이다. 나는 잠깐 동안 세탁기에 (톱밥 재질의!) 고양이 배변용 모래를 넣고 돌리면 어떻게 될지를 생각했다. 그리고 30분 동안 모든 고양이 배변용 모래를 다 치우기 위해서 안간힘을 썼다. 그러고 나서 나는 잠자리에 들었다. 빨래는 그다음에 할 수 있었다.

릴라가 하는 일이라곤 자고 먹고 우는 것뿐이었지만, 내게는 이 우주 전체에서 가장 흥미로운 일이었다. 릴라는 왜 울까? 릴라는 언제 잠에 들까? 왜 릴라는 어떨 때는 많이 먹고 또 어떨 때는 조금 먹을까? 릴라는 시간이 지나면서 변하고 있을까? 나는 이런 일에 집착하는 사람에 걸맞은 일을 했다. 우선 종이 한 장을 가지고 와서 글씨를 쓰고 그래프 용지에 그림을 그렸다. 하지만 나는 곧바로 더 정교하게 작업했다. 나는 컴퓨터로 컬러 그래프를 그리는 간단한 소프트웨어를 작성했다. 다이앤이 언제 릴라를 먹이는지를 검은색으로, 내가 언제 릴라를 먹이는지를 파란색으로(뭘 먹이는지 굳이 알고 싶다면, 그것은 모유다), 릴라가 보채는 시간은 빨간색으로, 릴라가 기분이 좋을 때는 초록색으로 표시했다. 나는 잠자는 시간, 먹는 시간, 우는 시간, 먹는 양의 패턴을 계산했다.

그러고 나서 아이들 걱정만 하는 다른 흔한 부모들이 할 법한 일을 했다. 나는 그 모든 것을 웹에 올렸다. 이 웹페이지는 아마 릴라가 충분히 나이가 들어서 민망하다고 내려달라고 할 때까지 계속 살아 있을 것이다(www.lilahbrown.com). 나는 매일 릴라의 수면과 밥 먹는 것을 기록했다. 무슨 이유에서인지, 세계 여러 나라 사람들이 이 웹페이지에 들어와서 누군지도 모르는 아기가 언제 잠을 자는지, 또 그 아기의 아버지는 그에 대해 무슨 이야기를 하고 있는지를 알고 싶어 안달 난 팬이 되어 내 글을 기다렸다. 내가 하루 깜빡하고 릴라에 관한 글을 올리지 않으면, 나는 릴라의 팬들에게서 한소리를 들어야 했다.

몇 년이 지난 지금도 가끔 부모가 될 사람들이나 이제 갓 부모가 된 사람들이 릴라의 웹페이지에 들어와 의견을 남기고 간다. 내가 가장 좋아하는 댓글 중 하나는 영국에서 처음 아빠가 된 사람이 남긴 것인데, 그는 자신의 6개월 된 딸을 위해서 자기 냉장고에다 릴라의 식사와 수면 패턴을 그린 그래프를 붙여놨다고 한다. 그는 정말로 언젠가 딸이 두세 시간 넘게 잠을 자기 시작하기 전까지, 잠을 충분히 자지 못하는 처음 몇 주 동안 정신을 잃지 않고 계속 유지하는 것이 아주 중요하다고 댓글을 남겼다. 내가 두 번째로 좋아하는 댓글은 내 친구가 남긴 것이다. 그 친구는 내게 자기 딸이 태어난 이후 릴라의 웹페이지를 읽은 것이 자기가 한 일 중 최악이었다고 이야기했다. 내가 먼저 딸을 키워가는 모습이 그에게 큰 두려움을 준 모양이었다. 하지만 그의 딸은 모든 면에서 릴라보다 나았다. 릴라보다 덜 보채고, 아빠를 덜 힘들게 했다. 그런데도 그 친구는 딸을 키우는 것에 지레 겁을 먹고 있었다. 당연히 나는 그 친구의 말에 동의할 수 없었다.

당시 7월부터 그 이듬해 3월 사이에 내가 홈페이지에 남긴 릴라가 먹고 자고 했던 모든 기록들을 다시 읽어보기만 해도, 나는 그때 무슨 일이 있었는지 하나하나 떠올리며 그 당시로 돌아갈 수 있을 정도였다. 하지만 그 상세한 일지를 보면서 난 항상 이런 생각을 하곤 했다. 내가 정말 저 일들을 다 해냈다고? 다이앤과 내가 정말 매일 밤 주중 주말 할 것 없이 서너 번씩이나 릴라에게 젖을 먹였다고? 정말로 릴라가 한번 식사를 하면 45분씩이나 걸렸다고? 그렇게 매일 열두 번씩이나 식사를 챙겨줬다고? 그렇게 릴라를 챙기는 와중에 다른 일을 할 시간이 정말 있었을까? 그 질문에 대한 내 답은 '그렇지 않다' 였다.

그래프와 차트를 통해서 나는 내가 육아에 대해 더 잘 이해할 수 있을 것이라고 생각했다. 그리고 물론 이해를 하면 통제도 할 수 있다고 생각했다. 내가 무언가 이해하고 싶은 게 있었다면, 그건 아마도 릴라의 수면이었다. 릴라의 첫 6개월을 돌이켜보면, 릴라의 수면에 대한 내 이해도는 형편없었고 완전히 빵점이었다. 하지만 그렇다고 매번 틀리면서도 그래프를 그리고, 계산을 하고, 예측을 하는 것을 멈추지는 못했다. 그게 최선이었다.

단적인 예로 릴라가 태어난 지 34일째, 35일째 되는 날 올린 글을 보면, 단 두 단락 안에 릴라의 수면에 대한 내 집착이 아주 잘 담겨 있다(수면 부족과 뇌기능 부족으로 당시 내가 할 수 있는 것은 그게 전부였다).

> **34일째(2005년 8월 10일):** 릴라는 내 영웅이다! 릴라가 처음으로 지난밤 젖을 먹고 나서 다섯 시간 넘게 잠을 잤다. 우리는 오후 9시 50분에 젖을 먹였고 릴라는 내가 젖병을 다시 가져다주기 위해 일어나야 했던 오전 3시 10분까지 깨지 않았다. 그리고 다시 릴라는 6시 15분까지 잤다. 좋다. 그럼 계산을 해보자. 다이앤은 릴라에게 젖 먹이는 것을 마친 오후 10시 30분부터 다시 릴라에게 젖을 먹이기 위해 일어난 오전 6시 5분까지 잠을 잘 수 있었다. 이건 일곱 시간 반보다 더 길다! 물론 실제로는 그 긴 시간 동안 쭉 잠을 잘 수는 없었다. 내가 릴라에게 젖을 먹이기 위해 일어나거나 내가 다시 침실로 돌아올 때, 또 고양이들이 침대 위로 뛰어올라오거나 릴라가 뭔가 기분 좋은 웃음소리를 낼 때 다이앤은 잠에서 깼다. 하지만 이런 지저분한 세부 사항은 잠시 신경 쓰지 않기로 하자. 이것은 아마 릴라가 다이앤의 방광을 짓누르며 다이앤을 매번 깨우기 시작했던 지난 6월 이후 다이앤이 침대에서 가장 오랫동안 쉬었던 시간일 것이다. 대단하다! 잘했어, 릴라!

35일째(2005년 8월 11일): 나는 영웅들이 하는 일이 그들의 추종자를 실망시키는 일이라고 생각한다. 내가 딸에게 젖병을 물리고 잠깐 쪽잠을 잤던 평화로웠던 지난밤 문득 이런 생각이 들었다. 내가 젖을 먹일 때보다 다이앤이 젖을 줄 때 릴라가 더 잠을 잘 자나? 나는 항상 그럴 것이라 의심했지만, 내 데이터는 내 추측을 뒷받침하지 않았다. 오전 1시에서 오전 4시 사이에 젖병 없이 젖을 먹였던 때를 분석해보면 식사 시간 사이 평균 간격은 두 시간 39분이었다. 똑같은 분석을 젖병으로 젖을 먹였던 시간으로 해보면 젖 먹은 시간 사이의 간격은 두 시간 28분이었다. 흠, 총 11분 차이다. 학생 수준의 간단한 T-테스트만 해봐도 이 정도 차이는 통계적으로 유의미하지 않다는 것을 알 수 있다. 나는 이 결과에 만족해야 할 것 같다. 내가 릴라의 젖병만큼 릴라를 기분 좋게 해준다는 뜻이니까.

릴라의 수면 외에 또 관심 있는 것은 바로 릴라의 식사였다. 초반에 나는 다이앤이 조금이나마 평범한 하루를 보낼 수 있도록 교대로 밤마다 젖을 먹이는 역할을 도맡았다. 나는 다이앤이 힘든데도 준비해둔 모유를 부지런히 먹였다. 나는 모유를 비축하는 역할을 맡았다. 곧 모유가 필요할 것 같으면 신선한 모유를 위해 냉장고에 넣어두었고, 아직 모유를 먹일 때까지 시간이 많이 남아 있을 때는 나중을 위해서 냉동실에 넣어두었다. 우리는 이걸 모유 아이스캔디라고 불렀다.

처음 두 달 동안 모유 아이스캔디 비축량이 점점 늘어나기 시작하면서 릴라와 나는 다이앤에게서 멀리 떨어져 있을 수 있게 됐다. 우리는 함께 하이킹을 갔다. 나는 작은 냉동 병에 아이스 팩과 얼린 모유를 넣어 챙겨갔고, 릴라가 배고파할 때마다 정확하게 모유를 먹일 수 있게 언제 미리 냉동 병에서 모유를 꺼내어 녹여야 할지 계산했다. 실수라도 하면 큰 대가를 치러야 했다. 릴라가 배가 고픈데 모유가 준비되지 않았다면? 릴라: 우아아앙. 릴라가 아직도 배가 고픈데 내가 너무 조금만 챙겨왔다면? 릴라: 우아아앙. 너무 많이 가져와 일부가 남아서 녹은 모유를 버려야 한다면? 나: 우아아앙.

나는 (머릿속에서) 부모들이 얼린 모유를 효율적으로 제공하고 관리하는 것을 도울 수 있는 특별히 고안된 새로운 장치를 발명했다. 어느 날은 심지어 내가 냉장고와 냉동실에 드나드는 것을 기록해서 데이터베이스로 정리하려고 시도하기도 했다. 다이앤은 나를 말렸다. "정신 나갔네." 그녀가 말했다. "다른 더 좋은 할 일 없어?" 그랬다. 나는 정말 그랬다. 하지만 나는 계속 차트를 작성하고 그래프를 그리고 글을 올릴 뿐이었다.

내 마지막 글은 2006년 3월 4일(릴라가 태어난 지 240일째 되는 날)이다. 3월이 되면서 나는 다시 하루 종일 일을 하기 시작했고, 릴라는 보모나 지금까지도 뗄 수 없는 베스트 프렌드로 남아 있는 또래들과 더 많은 시간을 보내기 시작했다. 그때 나는 새로운 행성과 기존 행성들에 관한 이야기를 하기 위해 떠났던 동부 해안 여행을 마치고 돌아온 참이었다. 하지만 그때 내가 생각한 것은 온통 릴라가 무엇을 하고 있나 하는 것뿐이었다.

> 지난 며칠간 릴라가 너무나 보고 싶었어. 릴라가 태어난 이후 가장 오랫동안 여행을 마치고 집으로 돌아오는 길이야. 내가 집에 가면 릴라는 무엇을 하고 있을까? 릴라가 걷기 시작했을까? 바이-바이라고 말하면서 손도 흔들 수 있을까? 마침내 엄마, 아빠도 더 여유롭게 쉴 수 있게 됐을까? 기저귀 발진이 처음 생겼던 문제는 이제 해결됐을까? (이제는 이 문제에 대해서 이야기할 필요가 없어졌을까?) 못 기다리겠어. 못 기다리겠어. 못 기다리겠어.

그리고 그게 전부다. 분명 나는 릴라 생각을 영원히 그만둘 생각이 없다. 내가 다시 바빠지면서 하루 정도 릴라 생각을 건너뛰었다. 그리고 이틀, 그다음에는 일주일을 건너뛰었다. 이제는 릴라의 그 모든 순간을 회상할 수 없고, 그때 기억이 점점 흐릿해지면서 다시 돌아갈 수 없어서 슬프다. 만약 할 수 있다면, 나는 다시 돌아가서 처음부터 끝까지 다 할 수 있다.

09 열 번째 행성

릴라가 태어난 지 20일째 되던 날, 내가 세탁기에 고양이 배변용 모래를 부은 지 얼마 되지 않았을 때, 그날 아침 나는 이상한 이메일을 한 통 받았다. 워싱턴 D. C.의 나사NASA 임원이 산타에 대해 알고 싶어 했다. 그들은 산타를 K40506A라고 불렀다. 그 이름은 내가 산타를 발견했던 날 컴퓨터 프로그램에서 자동으로 생성된 이름이었다(K는 카이퍼 벨트를, 40506은 2004년 5월 6일을, A는 그날 처음 발견한 천체라는 것을 의미했다). 전국의 다른 천문학자도 K40506A에 관해 배우는 데 흥미를 갖고 있었고, 나사 임원도 우리가 산타의 발견을 언제 공식적으로 발표할지 궁금해했다.

잠에서 덜 깬 나의 뇌는 상황을 파악해보려고 애썼다. 어떻게 나사에 있는 사람이 산타에 대해 알고 있는 거지? 더 이상한 건 산타를 K40506A라고 부르는 건 또 어떻게 안 거지? 내가 전에 이에 대해 누구한테 말한 적이 있었나? 나는 누구한테도 말한 기억이 없었다. 당황스러워서 나는 재빨리 릴라가 태어난 이후의 내 이메일을 뒤져봤다. 아기가 태어났다는 소식과 아기 사진 말고는 별다른 것이 없었다. 하지만 그 이메일들을 보면서 나의 뇌는 9월에 있을 국제행성과학 컨퍼런스에서 발표될 수백 개의 발표 제목과 내용이 7월 말에 (그리고 지금이 7월 말 아니었나?) 온라인에 미리 공개됐다는 것을 기억해냈다. 발표 목록의 중간쯤에 데이비드와 채드가 각각 발표할 K40506A라고 부르던 천체에 관한 내용과 카이퍼 벨트에서 가장 밝은 천체의 발견을 공개하는 내용이 담겨 있었다. 당시 나는 가족과 휴가를 떠났기 때문에 당분간은 어떤 학회에도 참석할 생각이 없었지만, 발표 목록에는 공동 저자로 이름을 올린 상태였다.

나는 온라인으로 확인해봤고 확실했다. 발표 하루나 이틀 전에 발표 내용이 이미 소개되어 있었고, 사람들은 우리가 (그리고 다른 모든 사람이) 다음 날 실제 발표장에서 무엇을 발표할지 미리 온라인에서 확인했다.

그날 오후 나는 나사 임원과 멀리 떨어진 다른 천문학자들에게 회신을 보냈다. 나는 우리가 9월에 K40506A의 발견 소식을 공식적으로 발표할 계획을 갖고 있지만, 그들의 연구에 도움이 될 수 있다면 (그리고 비밀을 유지해줄 수 있다면) 그 천체의 좌표를 발표 이전에 더 일찍 공유해도 괜찮다고 썼다. 나는 최대한 부드럽게 답장을 쓰려고 노력했다.

> 우리는 이 천체를 가지고 아주 대단한 걸 하려는 계획은 없습니다. 이 천체의 위성 궤도를 바탕으로 추정해볼 때 이 천

체의 질량은 명왕성의 32퍼센트 정도입니다. 하지만 우리는 사람들이 '거의 명왕성만큼 큰' 천체의 소식을 듣고 싶어 할 것이라고 생각합니다. 우리도 '명왕성보다 더 큰' 천체가 발견되기를 기다리고 있습니다.

잠깐, 정말이었다. 우리는 여전히 제나와 이스터 버니를 몇 달 더 있다가 발표할 계획이었지만, 그 발표는 내 예상보다 더 금방 찾아올 것 같았다.

이메일을 보내고 나서 45분 동안 나는 저녁을 만들고, 설거지를 하고, 진짜 세제를 세탁기에 넣었다. 낮잠을 자던 릴라가 깨어났다. 다이앤은 릴라에게 젖을 먹였다. 릴라는 다시 잠자리에 들었다. 나는 다이앤에게 저녁을 먹였다. 다이앤은 잠에 들었다. 나는 나 스스로를 먹였다. 나도 잠에 들려던 차에 다시 이메일을 확인했다.

이번엔 더 이상한 이메일이 와 있었다. 이미 산타에 대한 정보를 공유하고 있어서 우리가 진행하고 있던 다음 연구에 도움을 줄 수 있을 것이라고 생각했던 다른 동료에게서 온 이메일이었다. 그가 쓴 건 이게 전부다.

마이크, 이게 너희가 찾은 것 중 하나야?

그러고 나서 하루나 이틀 전 내가 들은 적 없는 망원경으로 새롭게 발견된(누가?), 내가 모르고 있던 천체의 관측된 날짜와 하늘의 좌표 목록이 이어져 있었다.

목록에 있는 하늘 좌표들을 쭉 훑어보느라 머리가 지끈거렸다. 나는 하늘에 있는 모든 천체의 좌표를 다 외우고 다니는 부류의 사람은 아니었지만, 산타가 4월 하늘에서는 한밤중에 아주 높이 보인다는 것은 알고 있었다. 나는 또 산타의 밝기도 알고 있었는데, 목록 속 천체의 밝기와 비슷했다.

나의 둔한 뇌가 19일 만에 처음으로 다시 풀가동하기 위해서 애쓰고 있었다. 나는 목록 속에 있는 날짜에 산타가 정확하게 어떤 좌표에 놓여야 하는지를 재빠르게 계산했고, 비교했다. 정확하게 들어맞았다. 산타가 이미 발견된 것이다.

나는 이 순간 갑자기 배가 아파왔던 것을 기억한다. 우리는 뒤통수를 얻어맞은 것이다. 6개월 전에 먼저 산타를 발견하고 그 발견을 논문으로 소개하기 위해 작업하고 있었는데(하지만 어느 날 내가 예상했던 것보다 릴라가 조금 더 일찍 태어나는 바람에 실패하고 있었다), 누군가 어딘가에서 나타나 우리의 뒤통수를 때려 버렸다.

대체 이 사람들은 누구일까? 그리고 그들이 무슨 권리로 내가 발견한 천체를 가져갈 수 있는 걸까? 내 천체란 말이다! 산타는 이미 6개월 전부터 내 아기나 다름없었다. 나는 범인을 찾아보았다. 들어본 적 없는 사람들이었다. 그들은 에스파냐의 한 작은 대학교 사람들이었고, 이전에는 다른 그 어떤 것도 발견한 적이 없는 이들이었다. 어떻게 이런 일이 벌어질 수 있는 거지?

채드에게서도 이메일이 왔다. 누군가 채드에게도 말해준 모

새로운 발견자들은 위성에 대해서는 모르고 있었다. 그
우 며칠 전에 산타(2003 EL61)를 발견했고, 그래서 발견
발표하는 것 말고 다른 것을 할 시간이 없었다. 아직 우
리 발견에 관한 소식을 논문으로 발표하지 않았기 때문
도 그 작은 위성에 대해서는 모르고 있었다.
갑자기 새로운 걱정거리가 생겼다. 만약 언론에서 명왕
더 클지도 모르는 천체가 발견됐다고 보도를 쏟아냈다
에 그것이 겨우 명왕성의 3분의 1밖에 안 된다는 사실
지게 된다면, 몇 달 후 우리가 정말로 명왕성보다 더 큰
발견했다고 발표했을 때 어떻게 될까? 사람들은 그냥
"오, 이미 전에도 그런 소식을 들었는데?"라고 할 것

그 후 몇 년간 세월이 흐르고 또 충분히 수면을 취할
덕분에 이제 와서 생각해보면 당시 내가 했던 걱정은
못됐다는 것이 확실했다. 더 현실적이고 중요한 문제
와 다큐멘터리에 이 천체가 등장하게 될 것이고, 우리
서 일부가 될 것이라는 점이었다. 다른 모든 것은 희
이다. 하지만 그때 당시 나는 일단 두 가지 일을 하는
중요하다고 생각했다. 우선 나는 그 누구도 내가 에
의 공적을 빼앗으려고 시도했다고 주장하지 않도록
두고 싶었다. 그리고 두 번째로 가능한 한 빨리 모두
L61(산타)이 명왕성에 비해 겨우 3분의 1 질량밖에 안
실을 알도록 해야 할 필요가 있었다.

양이었다. 그는 이렇게 썼다.

누군가 산타를 발견했는데, 우리보다 먼저 발견했대!

이 모든 걸 다 날려버릴 수 있는 방법이 있을 것이라 생각했던 기억이 난다. 아마도 우리가 먼저 발견했다고 설명할 수 있을 것이라고 생각했다. 아니면 우리의 발표 제목이 일종의 공식적인 발표가 되는 셈이니까, 그것이 바로 우리가 가장 먼저 산타를 발견했다는 증거가 될 수 있다고 생각했다. 어쩌면 우리의 발견을 살릴 수 있는 방법이 있을지 모른다. 그런 방법이 반드시 있을 것이다. 나는 피곤했지만, 좀 자고 나면 그 방법을 찾아낼 수 있을 것이란 걸 알고 있었다.

나는 릴라의 울음소리를 들었다. 다이앤은 여전히 잠깐의 저녁 전 낮잠을 자려 하고 있었고, 나는 다이앤이 일어나지 않도록 릴라를 살펴보러 갔다. 나는 릴라의 방에서 릴라와 함께 음악을 틀고 춤을 췄다. 바로 며칠 전에는 릴라가 처음으로 진짜 기분 좋은 듯한 미소를 짓기 시작했다. 이번에도 릴라가 미소를 지었다. 나는 나와 릴라 둘 다 잠에 들 때까지 릴라와 함께 흔들의자에 앉았다. 몇 분 뒤 나는 눈을 뜨고, 릴라를 아기 침대에 눕힌 다음 다시 내 의자로 돌아왔다.

그리고 나는 모든 문제를 바르게 해결할 수 있는 방법을 떠올렸다.

나는 채드와 데이비드에게 이메일로 그 방법을 자세하게 설

명했다. 나는 산타의 좌표를 공유하기로 약속했던 나사의 임원에게도 이메일을 보내, 이제 더 이상 산타를 비밀로 할 필요가 없어졌다고 이야기했다. 그리고 학회 발표 소식을 보고 이미 눈치채기 시작했던 언론의 질문에 응답하기 시작했다. 기자들은 평소 카이퍼 벨트에서 가장 큰 천체를 발견하는 일을 하는 이들에게서 언급을 듣고 싶어 했고, 어떻게 다른 누군가 나를 이길 수 있었는지 알고 싶어 했다.

다이앤이 일어나서 방으로 들어왔다. 나는 그녀에게 무슨 일이 벌어졌는지 알려줬다. 다이앤은 산타는 내가 발견한 것이 맞다고 항변했고, 나는 하늘은 그 누구의 소유도 아니라고 설명했다. 누군가 망원경으로 어떤 천체를 조준하고, 그것을 보고, 그것을 처음으로 발표해 공개한다면, 그것은 그 사람의 발견이 된다. 내가 그보다 더 이전부터 그 천체를 알고 있다 하더라도 말이다. 과학에서는 처음으로 발표하는 사람이 승자였다. 그 에스파냐의 천문학자들이 산타를 처음 발표했고, 따라서 산타는 그들의 발견이었다. 달리 불평할 수도 없을뿐더러 하고 싶지도 않았다. 심지어 내가 당했다 하더라도 나는 이 체계가 꽤 좋은 것이라고 생각했다.

나는 다이앤에게 어쩌면 이것도 좋은 일일지 모른다고 설명했다. 몇 달 안에 우리는 제나와 이스터 버니를 발표할 예정이고 (둘 다 산타보다 크다) 다른 대륙, 다른 나라의 다른 그룹에서 더 일찍 어떤 큰 천체의 발견 소식을 발표하는 것은 우리가 발표할 천체들에도 더 많은 흥미를 가질 수 있게 해준다고 이야기했다.

우선 내게 질문을 보냈던 기자들에게 더 빠르게 한꺼번에 답을 주기 위해서 우리가 2003 EL61에 대해 알고 있는 것을 설명하는 웹사이트를 하나 만들었다. 나는 사이트에 산타와 그 위성 루돌프의 사진을 띄워놓았고, 루돌프의 궤도도 표시해놓았다. 그리고 우리가 어떻게 산타의 질량이 명왕성의 3분의 1밖에 안 된다는 사실을 알 수 있었는지를 설명했다. 나는 우리가 어떻게 지난 12월부터 산타를 발견했으며, 이 발견에 대한 논문을 준비 중이라는 것을 설명했다. 그리고 나는 내가 최초 발견자의 공로가 처음으로 그 발견을 발표한 사람에게 돌아가는 과학계의 관행을 받아들이며, 그것이 바람직한 일이라고 장황한 설명을 남겼다.

왜 그것이 바람직한 일이었을까? 내가 생각하기에 바로 이것만이 모든 정보를 곧바로 공개적으로 알고 싶은 넓은 공동체의 욕구와, 다른 사람들이 먼저 알아내기 전에 혼자서 몇 년 동안 발견을 비밀로 숨기고 모든 정보를 파악하기 위해서 천천히 오랫동안 연구하고자 하는 개인의 욕구 사이에서 균형을 유지할 수 있게 해주는 유일한 방법이라고 생각했다. 두 가지 모두 자연스러운 욕구다. 그리고 둘 모두 특별히 좋은 생각은 아니다. 즉각적으로 발견 소식을 공표하는 것은 면밀하게 검토되지 않은 잘못된 과학적 결과가 공동체에 퍼지게 만들어버린다(마치 2003 EL61이 명왕성보다 두 배 더 크다고 했던 것처럼). 그리고 이는 무언가를 최초로 발견하는 것을 장려하는 것을 어렵게 만들어버린다. 반면에 발견을 비밀로 꽁꽁 숨겨두는 것은 더 넓은 과학 공동체가 그 발견에 대해 배우지 못하게 만들어버린다.

과학은 오늘날과 같은 체계를 갖추기까지 많은 시간이 걸렸다. 1610년 갈릴레이는 자신의 망원경으로 금성을 바라보면서 금성의 위상이 달과 비슷하게 변한다는 것을 알아챘다. 그는 자신의 발견이 아주 대단한 것이고, 모두가 자신이 그것을 처음 발견했다는 것을 확실하게 알기를 바랐지만, 한편으로 갈릴레이는 만약 자신이 몇 달 더 금성이 태양 주변을 돌아 태양 반대편으로 넘어가서 정반대 위상으로 관측될 때까지 기다린다면 자신의 발견이 더 완벽해질 것이라고 생각했다. 나는 갈릴레이가 자신이 발견했던 행성이 태양 뒤편에서 다시 나타나기를 기다렸던 심정을 이해할 수 있다. 내가 켁 망원경으로 제나를 보기 위해서는 아직 한 달을 더 기다려야 했다.

갈릴레이는 자신이 이미 금성의 위상 변화를 발견했다는 것을 증명하기 위해서 케플러에게 다음과 같이 적어 보냈다. 'Haec immatura a me iam frustra leguntur oy', 번역하면 '그것은 이미 때 이르게 내 눈에 띄었다'라는 뜻이다. 누군가 금성의 위상 변화를 처음 발견했다는 사람이 튀어나왔다면, 갈릴레이는 케플러에게 보냈던 그의 공책을 가리키며 그것은 사실 'Cynthiae figuras aemulatur mater amorum', 다시 말해서 '사랑의 어머니가 신티아를 흉내 낸다'라는 뜻의 애너그램 암호였다고 이야기할 수 있었을 것이다. 사랑의 어머니 금성이 신티아, 달의 모양을 흉내 낸다는 뜻이다. 금성의 위상이 달처럼 변화한다는 사실은, 금성이 지구가 아닌 태양 주변을 공전한다는 양이었다. 그는 이렇게 썼다.

누군가 산타를 발견했는데, 우리보다 먼저 발견했대!

이 모든 걸 다 날려버릴 수 있는 방법이 있을 것이라 생각했던 기억이 난다. 아마도 우리가 먼저 발견했다고 설명할 수 있을 것이라고 생각했다. 아니면 우리의 발표 제목이 일종의 공식적인 발표가 되는 셈이니까, 그것이 바로 우리가 가장 먼저 산타를 발견했다는 증거가 될 수 있다고 생각했다. 어쩌면 우리의 발견을 살릴 수 있는 방법이 있을지 모른다. 그런 방법이 반드시 있을 것이다. 나는 피곤했지만, 좀 자고 나면 그 방법을 찾아낼 수 있을 것이란 걸 알고 있었다.

나는 릴라의 울음소리를 들었다. 다이앤은 여전히 잠깐의 저녁 전 낮잠을 자려 하고 있었고, 나는 다이앤이 일어나지 않도록 릴라를 살펴보러 갔다. 나는 릴라의 방에서 릴라와 함께 음악을 틀고 춤을 췄다. 바로 며칠 전에는 릴라가 처음으로 진짜 기분 좋은 듯한 미소를 짓기 시작했다. 이번에도 릴라가 미소를 지었다. 나는 나와 릴라 둘 다 잠에 들 때까지 릴라와 함께 흔들의자에 앉았다. 몇 분 뒤 나는 눈을 뜨고, 릴라를 아기 침대에 눕힌 다음 다시 내 의자로 돌아왔다.

그리고 나는 모든 문제를 바르게 해결할 수 있는 방법을 떠올렸다.

나는 채드와 데이비드에게 이메일로 그 방법을 자세하게 설명했다. 나는 산타의 좌표를 공유하기로 약속했던 나사의 임원에게도 이메일을 보내, 이제 더 이상 산타를 비밀로 할 필요가 없어졌다고 이야기했다. 그리고 학회 발표 소식을 보고 이미 눈치채기 시작했던 언론의 질문에 응답하기 시작했다. 기자들은 평소 카이퍼 벨트에서 가장 큰 천체를 발견하는 일을 하는 이들에게서 언급을 듣고 싶어 했고, 어떻게 다른 누군가 나를 이길 수 있었는지 알고 싶어 했다.

다이앤이 일어나서 방으로 들어왔다. 나는 그녀에게 무슨 일이 벌어졌는지 알려줬다. 다이앤은 산타는 내가 발견한 것이 맞다고 항변했고, 나는 하늘은 그 누구의 소유도 아니라고 설명했다. 누군가 망원경으로 어떤 천체를 조준하고, 그것을 보고, 그것을 처음으로 발표해 공개한다면, 그것은 그 사람의 발견이 된다. 내가 그보다 더 이전부터 그 천체를 알고 있다 하더라도 말이다. 과학에서는 처음으로 발표하는 사람이 승자였다. 그 에스파냐의 천문학자들이 산타를 처음 발표했고, 따라서 산타는 그들의 발견이었다. 달리 불평할 수도 없을뿐더러 하고 싶지도 않았다. 심지어 내가 당했다 하더라도 나는 이 체계가 꽤 좋은 것이라고 생각했다.

나는 다이앤에게 어쩌면 이것도 좋은 일일지 모른다고 설명했다. 몇 달 안에 우리는 제나와 이스터 버니를 발표할 예정이고 (둘 다 산타보다 크다) 다른 대륙, 다른 나라의 다른 그룹에서 더 일찍 어떤 큰 천체의 발견 소식을 발표하는 것은 우리가 발표할 천체들에도 더 많은 흥미를 가질 수 있게 해준다고 이야기했다.

나는 이보다 더 좋은 계획은 떠올릴 수 없었다.

이전까지 내가 설명했던 과학계의 체계에 대해 별 감흥이 없었던 다이앤은 내가 미쳤다는 듯이 나를 바라봤다. 하지만 흔한 미치광이들이 그렇듯, 나는 그렇게 미치지 않았다. 산타를 누가 발견한 것인가, 하는 질문에 대한 답은 이제 정해졌다. 우리는 올바른 일을 해야 했다.

다이앤은 다시 잠을 자러 갔고, 나는 이메일을 쓰러 다시 돌아갔다. 천문학 매체들 사이에서는 K40506A(채드와 데이비드가 9월에 있을 발표 제목에 넣었던 이름)가 방금 새롭게 발견됐다고 발표된 천체와 동일하다는 사실이 돌기 시작했다(이제 이 천체는 새로운 이름을 갖고 있다. 2003 EL61. 내가 이 천체를 오래된 사진 속에서 발견했던 것처럼, 이 천체를 발견한 천문학자가 2003년에 찍은 오래된 사진에서 발견했기 때문이다). BBC 뉴스의 헤드라인은 이랬다. '행성 발견에 관한 상반되는 주장들'. 그 뉴스에서는 누구의 주장이 더 합당한지에 대해 이미 천문학자들이 얼마나 열띤 토론을 하고 있는지, 그리고 이 논란이 국제천문연맹에서 얼마나 시끄럽게 불거질 것인지를 숨 가쁘게 보도했다. 그리고 그 천체가 명왕성의 두 배 정도나 더 클 수 있다고 덧붙였다.

명왕성의 두 배라고? 우리는 물론 2003 EL61 또는 산타 또는 K40506A, 나중에는 하우메아라고 부르게 된 이 천체의 질량이 명왕성의 3분의 1밖에 안 된다는 사실을 알고 있었다. 우리는 산타 주변을 맴도는 작은 위성 루돌프의 궤도를 추적했고, 이 과정을 통해 산타의 질량을 아주 정밀하게 계산했다. 하지만 이번의 새로운 발견자들은 위성에 대해서는 모르고 있었다. 그들은 겨우 며칠 전에 산타(2003 EL61)를 발견했고, 그래서 발견 소식을 발표하는 것 말고 다른 것을 할 시간이 없었다. 아직 우리가 우리 발견에 관한 소식을 논문으로 발표하지 않았기 때문에 아무도 그 작은 위성에 대해서는 모르고 있었다.

나는 갑자기 새로운 걱정거리가 생겼다. 만약 언론에서 명왕성보다 더 클지도 모르는 천체가 발견됐다고 보도를 쏟아냈다가 나중에 그것이 겨우 명왕성의 3분의 1밖에 안 된다는 사실이 밝혀지게 된다면, 몇 달 후 우리가 정말로 명왕성보다 더 큰 천체를 발견했다고 발표했을 때 어떻게 될까? 사람들은 그냥 간단하게 "오, 이미 전에도 그런 소식을 들었는데?"라고 할 것 같았다.

하지만 그 후 몇 년간 세월이 흐르고 또 충분히 수면을 취할 수 있었던 덕분에 이제 와서 생각해보면 당시 내가 했던 걱정은 초점이 잘못됐다는 것이 확실했다. 더 현실적이고 중요한 문제는 교과서와 다큐멘터리에 이 천체가 등장하게 될 것이고, 우리 문화 속에서 일부가 될 것이라는 점이었다. 다른 모든 것은 희미해질 것이다. 하지만 그때 당시 나는 일단 두 가지 일을 하는 것이 가장 중요하다고 생각했다. 우선 나는 그 누구도 내가 에스파냐 팀의 공적을 빼앗으려고 시도했다고 주장하지 않도록 확실히 해두고 싶었다. 그리고 두 번째로 가능한 한 빨리 모두가 2003 EL61(산타)이 명왕성에 비해 겨우 3분의 1 질량밖에 안 된다는 사실을 알도록 해야 할 필요가 있었다.

우선 내게 질문을 보냈던 기자들에게 더 빠르게 한꺼번에 답을 주기 위해서 우리가 2003 EL61에 대해 알고 있는 것을 설명하는 웹사이트를 하나 만들었다. 나는 사이트에 산타와 그 위성 루돌프의 사진을 띄워놓았고, 루돌프의 궤도도 표시해놓았다. 그리고 우리가 어떻게 산타의 질량이 명왕성의 3분의 1밖에 안 된다는 사실을 알 수 있었는지를 설명했다. 나는 우리가 어떻게 지난 12월부터 산타를 발견했으며, 이 발견에 대한 논문을 준비 중이라는 것을 설명했다. 그리고 나는 내가 최초 발견자의 공로가 처음으로 그 발견을 발표한 사람에게 돌아가는 과학계의 관행을 받아들이며, 그것이 바람직한 일이라고 장황한 설명을 남겼다.

왜 그것이 바람직한 일이었을까? 내가 생각하기에 바로 이것만이 모든 정보를 곧바로 공개적으로 알고 싶은 넓은 공동체의 욕구와, 다른 사람들이 먼저 알아내기 전에 혼자서 몇 년 동안 발견을 비밀로 숨기고 모든 정보를 파악하기 위해서 천천히 오랫동안 연구하고자 하는 개인의 욕구 사이에서 균형을 유지할 수 있게 해주는 유일한 방법이라고 생각했다. 두 가지 모두 자연스러운 욕구다. 그리고 둘 모두 특별히 좋은 생각은 아니다. 즉각적으로 발견 소식을 공표하는 것은 면밀하게 검토되지 않은 잘못된 과학적 결과가 공동체에 퍼지게 만들어버린다(마치 2003 EL61이 명왕성보다 두 배 더 크다고 했던 것처럼). 그리고 이는 무언가를 최초로 발견하는 것을 장려하는 것을 어렵게 만들어버린다. 반면에 발견을 비밀로 꽁꽁 숨겨두는 것은 더 넓은 과학 공동체가 그 발견에 대해 배우지 못하게 만들어버린다.

과학은 오늘날과 같은 체계를 갖추기까지 많은 시간이 걸렸다. 1610년 갈릴레이는 자신의 망원경으로 금성을 바라보면서 금성의 위상이 달과 비슷하게 변한다는 것을 알아챘다. 그는 자신의 발견이 아주 대단한 것이고, 모두가 자신이 그것을 처음 발견했다는 것을 확실하게 알기를 바랐지만, 한편으로 갈릴레이는 만약 자신이 몇 달 더 금성이 태양 주변을 돌아 태양 반대편으로 넘어가서 정반대 위상으로 관측될 때까지 기다린다면 자신의 발견이 더 완벽해질 것이라고 생각했다. 나는 갈릴레이가 자신이 발견했던 행성이 태양 뒤편에서 다시 나타나기를 기다렸던 심정을 이해할 수 있다. 내가 켁 망원경으로 제나를 보기 위해서는 아직 한 달을 더 기다려야 했다.

갈릴레이는 자신이 이미 금성의 위상 변화를 발견했다는 것을 증명하기 위해서 케플러에게 다음과 같이 적어 보냈다. 'Haec immatura a me iam frustra leguntur oy', 번역하면 '그것은 이미 때 이르게 내 눈에 띄었다'라는 뜻이다. 누군가 금성의 위상 변화를 처음 발견했다는 사람이 튀어나왔다면, 갈릴레이는 케플러에게 보냈던 그의 공책을 가리키며 그것은 사실 'Cynthiae figuras aemulatur mater amorum', 다시 말해서 '사랑의 어머니가 신티아를 흉내 낸다'라는 뜻의 애너그램 암호였다고 이야기할 수 있었을 것이다. 사랑의 어머니 금성이 신티아, 달의 모양을 흉내 낸다는 뜻이다. 금성의 위상이 달처럼 변화한다는 사실은, 금성이 지구가 아닌 태양 주변을 공전한다는 것을 증명한다. 2000년간 이어졌던 우주에 대한 우리의 관점이 바로 그 순간 문밖으로 내던져졌다.

요즘 애너그램 암호는 쳐주지 않는다. 과학적 발표를 하기 전까지 공식적으로 발견을 하지 않은 것이다.

나는 밤새 웹사이트에 이 모든 설명을 남겨놓았다. 한편 나도 나만의 애너그램을 추가하고 싶은 욕구를 느꼈다. '깔끔하고 하얀 코끼리가 유혹한다'를 다시 배열하면 '열 번째 행성이 고래 근처에 있다'가 되며, 이는 제나가 고래자리 쪽에 있다는 사실을 분명하게 암시했다. 하지만 갈릴레이와 달리 나는 애너그램을 넣고 싶은 욕구를 참았다. 나는 제나와 이스터 버니를 위해 위험을 감수해볼 생각이었다.

어느 날 늦은 저녁, 나는 그간 다른 모든 발견으로 매번 접촉했던 (태양계의 문지기) 브라이언 마스든에게서 온 이메일을 확인했다. 그는 K40506A의 이름이 대중에 공개됐던 날과 같은 날, 에스파냐 팀의 발견이 수상하다는 것을 발견했다. 그는 K40506A라는 이름만 알면 에스파냐 팀이 산타의 위치를 알아낼 수 있는 방법이 있는지를 알고 싶어 했다.

나는 그런 방법은 없다고 말했다. 그건 마치 내가 어떤 도시를 해피 타운이라는 별명으로 부르기로 결정했는데, 그냥 그 별명만 듣고 다른 사람한테 지구본에서 그 장소를 찍어보라고 하는 것과 다름없었다. 그런 게 가능할 리는 없다고, 브라이언에게 말했다.

자정 무렵 나는 내 계획의 두 번째 단계를 위해 작업하기 시작했다. 나는 아무도 내가 산타의 발견에 소유권을 주장하고 싶어 하지 않는다고 확실히 생각하도록 해두고 싶었다. 나는 산타를 발견한 천문학자 호세 루이스 오르티스José-Luis Ortiz에게 직접 메일을 보냈다.

> 오르티스 박사님께
> 박사님의 발견을 축하드립니다! 저희도 약 6개월 전에 그 천체를 발견했고 지난 몇 달간 더 자세한 연구를 하고 있었습니다. 그 천체는 박사님도 흥미롭다고 생각하실 만한 성질을 몇 가지 갖고 있습니다. 가장 흥미로운 건 그 위성인데, 위성의 궤도를 통해서 이 천체와 위성의 전체 질량이 명왕성-카론 시스템의 28퍼센트 정도 된다는 걸 알 수 있습니다. 여전히 카이퍼 벨트 천체 중에서 가장 큰 질량이지만 아주 높은 알베도 때문에 밝게 보일 뿐, 사실 명왕성만큼 크거나 무겁지는 않습니다. 아이러니하게도 저희는 내일 제출할 예정인 그 위성에 관한 논문을 완성했습니다. 제가 제출할 논문을 박사님께도 공유드립니다.
> 저는 제가 다른 사람들에게 박사님의 새 천체에 관한 문의를 받게 될 것이라 확신합니다. 제가 사람들에게 당신의 발견이나 탐색에 관해 설명해줄 수 있는 웹사이트가 있다면 (또는 곧 있을 예정이라면) 알려주실 수 있을까요?
> 다시 한번, 아주 멋진 발견을 축하드립니다!
> _마이크

이 이메일을 비판적으로 분석해보자면 몇 가지를 발견할 수 있다. 우선, 나는 피곤할 때 '흥미롭다'는 말을 아주 많이 사용하곤 한다. 둘째, 나는 불과 몇 시간 전까지만 해도 시간을 되돌려서 그 발견이 사실 내가 먼저 찾아낸 것이라고 주장하려고 했던 사람에게 놀라울 정도로 관대하게 이야기했다. 만약 오르티스가 우리가 싸움을 걸려고 한다는 이야기를 들었다면, 내가 그의 발견을 축하하며 보낸 친절한 이 이메일을 확인하고 오르티스는 마음을 놓을 수 있을 것이다. 셋째, 나는 단어들을 아주 조심해서 사용했다. 우리는 그 천체를 '찾았지만', 오르티스는 그것을 '발견했다'. 그리고 나는 반복해서 '당신의/박사님의' 천체라고 불렀다. 하지만 나는 100퍼센트 솔직하지는 않았다. 지금으로서는 내가 내일 논문을 제출할 계획이었다는 게 사실이 되기는 했지만, 우리가 오르티스의 발견 소식을 듣기 전까지는 사실이 아니었다. 전반적으로 그 일이 있은 후 몇 년이 지나서 이 이메일을 다시 돌아보면, 나는 내가 이런 이메일을 썼다는 것이 뿌듯하다.

릴라는 밤늦게 젖을 먹기 위해 깼고, 이번에는 내가 먹일 차례였다. 릴라는 빠르게 모유를 빨았고, 뭔가 특별한 일이 벌어졌다는 것을 눈치채지도 못한 채 다시 잠들었다.

나는 그날 밤 자기 전에 할 일이 하나 더 있었다. 산타에 대한 논문을 마무리해야 했다. 나는 20일 전에 쓴 공책을 펼쳐놓고, 해야 할 어떤 일이 더 남아 있는지 샅샅이 확인했다. 이제 할 일은 아주 조금밖에 없었다. 몇 시간 후 나는 원고를 정리하고,

한 번 더 계산을 끝내고, 과학 잡지 웹사이트에 논문을 모두 업로드하고 '제출' 버튼을 눌렀다. 원래 이 논문은 학계에 산타의 존재를 처음으로 공표하는 논문이 될 예정이었지만, 이제는 다른 사람이 먼저 발견한 2003 EL61이라 불리는 천체에 대해 설명해주는 논문이 되어버렸다. 나는 누구든 이 논문을 찾아볼 수 있도록 내 웹사이트에 링크를 걸어놓고 침대로 돌아갔다. 이번에는 다이앤이 릴라를 먹이기 위해 잠에서 깨어나고 있었다.

하지만 잠이 오지 않았다. 'K40506A'라는 이름이 공개적으로 알려진 것과 에스파냐 팀의 발견 사이에 어떤 연결고리가 있는 것이 아닌가 하는 브라이언 마스든의 질문이 계속 머릿속을 맴돌았다. 여전히 나는 어떻게 산타의 발견에 K40506A라는 이름이 사용될 수 있었는지 상상이 가지 않았다. 결국 나는 다시 일어나 컴퓨터 앞으로 돌아가서 'K40506A'를 검색해보았다. 우선 하룻밤 사이 등장하기 시작한 그 발견에 대한 이야기들이 나타났다. 그다음으로 채드와 데이비드의 학회 발표 제목들이 검색됐다. 세 번째로 나온 것은 좀 이상했다. 5월의 어떤 특정한 날 칠레에 있는 망원경으로 관측된 천체들의 목록이었는데, 그 안에 K40506A가 포함되어 있었다. 그리고 그 천체가 어디에 있는지도 설명되어 있었다.

이건 대체 뭐지?

그 웹페이지의 주소는 아주 길었다. 나는 추리를 거듭한 끝에 그 목록이 바로 과거 데이비드가 산타를 찾기 위해 칠레에 있는 망원경을 사용하던 당시 기록된 목록이라는 것을 깨달았다. 망원경에서 바로 작성된 것은 아니고, 망원경에 사용된 카메라를 제작했던 오하이오의 한 천문학자가 작성한 것이었다. 그는 악의 없이 그냥 단순하게 자신이 만든 카메라가 언제, 무엇을 보고 있는지를 추적해놓았을 뿐이었다.

나는 사이트를 좀 더 둘러보면서 웹사이트 주소를 살짝 변경하면 다른 날 밤에 찍은 천체들 목록이 담긴 표를 확인할 수 있다는 사실을 깨달았다. K40506A는 다른 표에도 나타났는데, 다른 위치에 놓여 있었다. 약간의 위경련이 찾아왔다. 나는 계속 웹사이트를 뒤적거리며 다른 날 밤에 찍힌 천체의 위치를 계속 확인했다. K40506A는 계속 움직이고 있었다. K40506A를 관측했던 망원경이 연이어 어느 쪽 하늘을 봤는지 알고 있다는 것은 K40506A가 연이은 밤하늘에서 계속 어느 위치에 놓여 있었는지를 알고 있다는 것과 다름없었다. 그리고 이는 바로 그에 대해 모든 것을 알기 위한 작은 첫 번째 도약이나 다름없었다.

산타의 움직임에 대한 발견을 먼저 빼앗기 위해서 그렇게까지 애썼을 사람은 없을 것이라고 생각했지만, 문득 새로운 걱정거리가 생겼다. 목록에는 데이비드가 사용했던 칠레의 망원경이 K40506A를 보고 있던 날 밤, K50331A와 K31021C라는 천체도 함께 봤다는 기록이 남아 있었다. 나는 이 코드 네임도 바로 알아볼 수 있었다. 이들은 바로 이스터 버니와 제나였다. 이건 나쁜 소식이었다. 왜냐하면 이미 K40506A라는 이름이 천문학계에서 공개적으로 알려져 논쟁거리가 되어버렸기 때문에 사람들은 분명 나처럼 그 이름을 검색해볼 것이고, K40506A

가 5월에 어디에 있었는지 그 좌표를 보게 될 것이다. 그리고 그들 중 일부는 더 나아가 내가 한 것처럼 이 웹사이트를 둘러보며 K40506A의 또 다른 좌표들을 더 찾아볼 것이다. 그리고 그들 중 또 일부는 이와 비슷한 이름의 K50331A와 K31021C라는 천체가 있다는 것도 발견할 것이고, 가끔 목록에 등장하는 이 천체들의 정체가 무엇인지 궁금해할 것이다. 그리고 몇몇은 충분히 하늘에서 그 천체들의 위치를 파악해 계산해보려 할 것이다. 그러면 그들은 결국 제나와 이스터 버니가 어디에 있는지 그리고 이것들이 무엇인지 정확히 알게 될 것이다.

한밤중이었지만 나는 채드와 데이비드에게 이 모든 것들에 대해 경고하며, 오하이오의 웹사이트에 올라가 있는 정보를 내릴 수 있는지 물었다. 그리고 브라이언 마스든에게도 메일을 보내 이 소식을 알렸다. 당신도 K40506A를 잠깐만 검색해서 찾아보면 그 이름이 어디에서 튀어나왔는지 알 수 있을 것이라고 말했다. 덧붙여 나는 오르티스가 설마 산타를 이렇게까지 해서 발견했다고는 생각하지 않는다고 진지하게 설명했다(천문학자가 실제로 이런 부정한 짓을 한다는 것은 상상도 할 수 없는 일이다). 하지만 산타가 이미 세상에 공개되어버렸으니, 또 다른 누군가 결국 비슷한 방법으로 다른 두 천체도 발견할 수 있을지 모른다는 걱정이 엄습했다. 그래서 브라이언에게 제나와 이스터 버니에 대해 이야기했다. 나는 그에게 우리가 그 천체들의 발견을 공표하기 전에 우선 몇 달이 걸리더라도 논문을 준비하는 것이 목표라고 이야기했다.

그러고 나서야 잠자리에 들었다. 그날 나는 20일 만에 처음으로 잠자는 도중에 연속해서 두 번 릴라에게 젖을 먹였다.

아침에 일어나서 지난밤 벌어진 모든 일을 다이앤에게 들려줬다. 나는 커피를 마셨다. 그리고 릴라를 안고 집 안을 잠깐 돌아다녔다. 그러고 나서 다시 이메일을 확인했다.

언론은 명왕성보다 더 큰 천체가 발견됐다는 소식과 천문학자 간의 난투극 이야기에 모두들 매료되어 있었지만, 두 가지 모두 사실이 아니었다. 나는 계속해서 사람들에게 내 웹사이트를 알려주었다.

오르티스에게서도 답장이 왔다. 그는 살짝 당황한 듯 보였다. 오르티스는 자신의 발견을 함께 설명하기 위해 서둘러 만든 빈약한 웹사이트 링크도 하나 보내주었다. 나는 사람들이 최초의 발견에 대해서도 함께 읽어볼 수 있도록 그가 보내준 링크를 내 웹사이트에 함께 올려두었다.

브라이언 마스든은 좀 더 의심해볼 필요가 있다고 답장을 보내왔다. 내가 오르티스의 발견과 2003 EL61의 발표 사이에서 이상한 정황을 발견하지 못한 건가?

데이비드는 오하이오의 웹페이지에 대해서 우리가 할 수 있는 건 아무것도 없다는 답장을 보내왔다.

오전 9시 18분, 나는 브라이언에게서 새 이메일을 받았다. 메일에는 이스터 버니와 제나를 보았던 모든 망원경의 목록이 담겨 있었다. 누군가 이미 오하이오의 웹사이트에서 이 천체들의 좌표를 확인했고, 새로운 천체들이 발견되면 보고하는 곳에 그 좌표를 보낸 뒤였다. 동시에 그 좌표는 브라이언에게도 보내졌다. 그들은 내가 세드나와 콰오아의 이름을 지을 때 공식 절차를 밟지 않았다며 분개했던 동호인 그룹에도 이 소식을 알렸다. 이미 모든 정보가 공개된 뒤였고, 이것을 막을 수 있는 방법은 없었다. 우리는 지금 당장 발표를 해야 했다.

나는 브라이언에게 공식 데이터를 보냈고, 당장 발표를 진행해달라고 부탁했다. 나는 채드와 데이비드에게도 이메일을 보내서 무슨 일이 벌어지고 있는지 이야기했고, 당장 발표를 준비해야 한다고 말했다. 그리고 오르티스에게도 이메일을 하나 더 보냈다.

호세 씨에게

당신이 2003 EL61을 발견했던 이번 주 동안 저희는 카이퍼 벨트의 또 다른 두 개의 거대한 천체를 추적하고 있었습니다. 2003 EL61 발견이 발표되고 나서 사람들은 온라인 데이터베이스를 뒤져서 우리의 망원경이 바라보고 있는 하늘의 좌표를 확인하기 시작했고, 이 새로운 두 개의 카이퍼 벨트 천체의 좌표도 파악하기 시작했습니다. 현재 이들이 이 천체들을 공개적으로 발표하려 하고 있습니다. 이러한 이유로 인해 우리는 오늘 아침에 이 두 천체의 발견을 발표할 예정입니다.

당신의 발견이 발표된 바로 다음 날 저희의 발견을 발표해서 당신의 멋진 성과가 가려지게 되어 유감스럽게 생각합니다. 저는 계속해서 2003 EL61 발견이 당신의 성과라는 점을 분명하기 하기 위해 노력하겠습니다.

_마이크

이제는 곧 새로운 이름을 갖게 될 제나와 이스터 버니에 관한 공개 웹페이지를 재빨리 만들 필요가 있었다. 공식 언론 발표를 위한 준비도 해야 했다. 나는 다이앤과 아직 자고 있는 릴라에게 키스를 하고 20일 만에 처음으로 차를 타고 칼텍으로 향했다.

연구실에 들어오자마자 칼텍의 언론대외홍보부에 전화를 걸어 보도자료 작성자를 불렀다. "저희가 명왕성보다 더 큰 천체를 발견했는데, 오늘 당장 배포할 보도자료를 작성해주세요."

"명왕성보다 더 크다고요!" 그가 소리쳤다. "와! 그러면 그건 열 번째 행성이 되는 건가요?"

아직 그 부분은 생각해보지 못했지만, 나는 행성에 관해 아주 확고한 입장을 갖고 있었다. 명왕성이 행성으로 분류되어야 한다고 생각하지 않은 것이다. 행성이라는 단어는 태양계에서 정말로 중요한 아주 소수의 천체에만 부여되어야 한다고 생각했다. 제나가 명왕성보다 더 크기는 했지만, 태양계 전체에서 봤을 때 행성으로 불릴 만큼 아주 중요한 천체라고 보기는 어렵다고 생각했다.

하지만, 하지만, 하지만 일단은.

"저는 언론에서 이 천체를 행성이라고 부르지 않았으면 합니다. 그냥 명왕성보다 큰 천체라고만 이야기해주세요." 나는 대답했다.

"미쳤어요?" 그가 물었다. "이건 금세기 태양계에서 벌어진 가장 대단한 천문학적 발견이라고요! 그런데 당신은 이게 행성이 아니라고 주장할 생각이신가요?"

음, 그렇다.

"만약 이걸 열 번째 행성이라고 한다면 사람들은 더욱 흥미로워하고 관심을 가질 거예요. 하지만 그냥 크기만 크지, 행성은 아니라고 한다면 사람들은 더 혼란스러워할걸요."

나는 릴라가 태어나기 전에 다이앤이 해준 말을 떠올렸다. 결국 나는 항복했다. 그날 전 세계로 나간 보도자료의 제목은 이랬다. '칼텍의 천문학자와 그 연구팀이 열 번째 행성을 발견했다.'

다음 날 잠에서 깨어나고 나면, 나는 아주 많은 것을 설명해야 할 것이다.

그다음으로 할 일은 기자회견을 준비하는 일이었다. 나는 나사에 전화를 걸어서 그들에게 당장 오늘 오후 열 번째 행성을 발견했다는 기자회견을 해야 한다고 이야기했다.

불가능해요, 그들이 말했다. 하필 당시에는 우주왕복선이 외피 타일 조각이 하나 없어진 채로 우주정거장에 머무르고 있었고, 사람들은 우주왕복선이 지구로 돌아오다가 파괴되지나 않을까 걱정하던 중이었다. 그래서 그들은 그날 오후 이에 대한 기자회견을 할 예정이었다. 월요일은 어때요?

불가능해요, 내가 답했다. 만약 오늘 해가 저물기 전에 이 발표를 하지 못한다면, 또 다른 누군가가 적당한 크기의 망원경으로 이미 공개되어버린 천체들의 좌표를 활용해 그 천체를 자기가 먼저 발견했다고 발표해버릴지도 모른다.

"열 번째 행성이라고 하셨나요?" 그들이 물었다. 결국 우리는 기자회견을 오후 4시에 잡을 수 있었다.

전화를 끊자마자 다시 전화벨이 울렸다. 대학에서 만난 오랜 친구로, 지금은 〈뉴욕 타임스〉에서 과학 분야 기자로 일하고 있는 켄 창이었다.

"내게 그 커다란 천체에 대해서 들려줘." 켄이 말했다.

"어떤 거?" 내가 물었다.

"음, 뭐라고?" 그가 말했다.

켄은 물론 산타(2003 EL61)에 대해서 이야기하고 있었다. 그는 아직 열 번째 행성에 관한 기자회견 소식은 듣지 못했다. 나는 빠르게 그에게 우리가 더 큰 천체를 발견했으며, 이에 대해 더 자세한 내용을 기자회견에서 발표하기로 한 오후 4시까지만 더 기다려줄 수 있는지 물었다.

"오후 4시? 금요일 오후에? 열 번째 행성을 그 시간에 발표하려고? 너 미쳤어?"

그날은 모두가 나에게 이렇게 묻는 것 같았다. 나는 오늘이 금요일인 줄도 미처 몰랐다. 하지만 그건 염두에 둘 만한 정말 좋은 정보였다. 그리고 아, 그래, 지금은 7월이었다.

"서부 해안에 사는 나에겐 금요일 오후 4시는 너무 늦은 시간이야." 켄은 말했다. "토요일과 일요일에는 신문을 잘 안 보니까 월요일까지 기다리고 나면 그건 이미 오래된 뉴스가 되어버릴걸."

나는 그에게 내 발견에 대해 이야기해줬다. 그가 새로운 행성의 이름이 무엇인지 물었을 때 나는 아직 그 천체의 공식 등록번호가 무엇인지도 모른다는 사실을 깨달았다(공식 등록번호는 2003 UB313이 됐다). 나는 그에게 아직 이름을 짓지 않았다고 말했다.

"음, 그동안에는 그럼 뭐라고 불렀는데?" 켄은 답을 알고 싶어 했다.

"제나. 곧 진짜 이름을 갖게 되겠지만, 아직 우리는 제나로 부르고 있어."

켄은 싱긋 웃으면서 내 말을 받아 적었다.

아침까지 생각했던 것과 달리, 제나는 곧바로 새 이름을 얻지 못했다. 켄이 처음으로 제나의 이름을 받아 적었던 이후 1년도 더 넘게 계속 제나라는 별명으로 불렸다. 아직도 그 천체의 이름이 제나라고 생각하는 사람들이 꽤 있을 것 같다.

켄 창이 옳았다. 우리의 발견 소식은 토요일과 일요일에는 신문에 보도되지 않았고, 월요일이 되어서야 뒤늦게 보도됐다. 확실히 금요일 오후 4시는 언론 기자회견을 하기에 좋지 않은 시간이었다. 만약 공개적으로 사람들에게 알리고 싶지 않은 일을 발표해야 한다면 이때가 가장 좋은 시간대일 것이다. 하지만 적어도 우연한 전화 한 통 덕분에 우리의 열 번째 행성 발견 소식은 2005년 7월 30일 토요일 〈뉴욕 타임스〉의 1면을 장식할 수 있었다.

금요일 정오까지 나는 제나를 설명하는 웹페이지를 만들고 있었다. 시간이 없어서 짬을 내 만들어야 했다. 그 후 기자회견장이 마련된 제트추진연구소JPL로 차를 몰고 갔다.

그날 나는 내가 남은 시간 동안 무슨 일을 했는지 일정을 떠올리기가 쉽지 않다. 모든 기억이 뒤죽박죽 섞여 있다. 어느 순간 JPL의 기자회견 건물 남자 화장실에서 셔츠를 갈아입고 면도를 한 기억은 있다. 그날 기자회견에서 내가 뭐라고 말했는지 또 다른 사람들이 뭐라고 말했는지 기억나지 않는다. 단지 작은 이어피스를 귀에 꽂은 채 TV 카메라 앞에 앉아 있던 기억만 어렴풋하게 난다. 3분마다 위성을 통해 각기 다른 TV쇼에 연결됐다. 나는 내가 뭐라고 했는지도 기억이 나지 않고, 또 내가 화면에 어떻게 나갔는지도 정말 알고 싶지 않다.

그날 오후 늦게 집으로 돌아왔다. 집에 도착하고 나서 몇 분 후 JPL의 언론 담당 부서장이 내가 괜찮은지 더블 체크하기 위해서 전화를 걸어왔다. 나는 그날의 대화가 아주 괜찮았다고 기억한다. "괜찮습니다." 내가 말했다. "저는 지금 제 팔을 베고 잠들어 있는 딸과 함께 침대에 누워 있습니다. 이보다 무엇이 더 좋겠습니까?"

"좋아요." 그녀가 말했다. "그러면 월요일 아침에 〈굿모닝 아메리카〉에 출연해주실 수 있을까요? 사람들이 릴라도 함께 오라고 하네요."

월요일 오전 2시, 다이앤과 릴라 그리고 나는 할리우드 스튜디오로 향했다. 평소라면 새벽 2시라는 시간은 아주 끔찍하다고 생각하겠지만, 당시에는 24시간 밤낮없이 일정을 소화하던 터라 새벽 2시가 딱히 오후 2시보다 더 좋거나 나쁠 게 없다고, 별반 차이가 없다고 생각했다. 사실 교통체증이 없어서 더 좋다고도 생각했다.

스튜디오에 도착한 나는 또다시 귀에 이어피스를 끼고 진행자 찰리 깁슨, 다이앤 소여와 함께 오래된 그리고 새로운 행성들에 관해 이야기했다. 마지막에 아내가 릴라를 안고 카메라 앞으로 왔다. 2000마일(3200km)이나 떨어진 먼 앨라배마에서 어머니는 손에 땀을 쥐고 흥미롭게 방송을 지켜봤다. 어머니에게 행성들에 대한 이야기는 이미 다 알고 있는, 그저 분량 채우기에 불과했다. 하지만 어머니는 릴라의 모습을 처음 보고 있었다.

달력을 보면 이 시기에 나는 그 뒤 몇 주간 내 기억에도 남아 있지 않을 정도의 많은 폭풍 같은 인터뷰와 발표 그리고 TV 출연 일정을 소화했다. 만약 내가 릴라를 먹이고 재우고 릴라가 울고 웃고 했던 순간들을 모두 기록해놓은 걸 본다면, 내가 그 모든 외부 일정을 소화했다는 걸 믿을 수 없을 것이다.

내 삶에서 가장 성대했던 과학적 기자회견이 끝나고 일주일 후 내가 가장 신경을 썼던 것은 릴라가 잘 자는지 못 자는지, 얼마나 자주 릴라를 먹여야 하는지, 하는 것뿐이었던 것 같다.

31일째(2005년 8월 7일)**:** 릴라가 드디어 태어난 지 한 달이 됐다! 첫 달을 기념하는 듯 릴라는 처음으로 다섯 시간 넘게 가장 길게 잠을 자는 기록을 세웠다! 처음에 차 안에서 한 시간 정도 잤던 것을 포함해서, 그게 도움이 됐는지 안 됐는지는 모르겠지만, 릴라는 이후로도 세 시간 반 동안 내리 더 잠을 잤다. 더 면밀하게 릴라를 지켜봤다면 릴라가 평소보다 더 많이 기지개를 켰다는 것을 알 수 있었다(적어도 밤에는). 지난 5일 동안 하루에 릴라에게 젖 먹이는 횟수가 열 번에서 아홉 번으로 줄었다. 그렇게 큰 차이는 아니라고 생각할지 모르지만, 그 덕분에 다이앤은 매일 45분씩 아낄 수 있게 됐다(정확히 말하면 밤에 45분간 더 잠을 잘 수 있게 됐다)! 내가 기록하는 걸 깜빡했던 29일째 되는 날에는 처음으로 하루에 여덟 번만 젖을 먹인 적도 있었다. 12일째 되는 날, 릴라가 낮밤 구분 없이 지내는 것 같다고 투덜거렸던 내 불만은 이제 유효하지 않게 됐다. 이제 밤이 되면 릴라는 분명 더 오랫동안 잠을 잔다. 고마워 릴라, 고마워, 고마워!

10

도둑맞은 무대

지난번 콰오아와 세드나의 이름 짓는 문제로 나를 괴롭혔던 인터넷 동호회 그룹이 또 한 번 들고 일어났다. 나는 알지 못했지만 오르티스도 분명 가끔 그 그룹에서 활동하는 회원 중 한 사람이었고, 그 동호회의 많은 사람이 오르티스의 공로를 갈취하려는 사악한 미국인 천문학자의 맹공에 대항해 그를 보호하려고 모여들고 있었다. 물론 나는 그런 맹공을 한 적이 없었다. 나는 누구든 묻는 사람에게 2003 EL61(산타)을 발견한 사람은 오르티스가 되어야 한다고 이야기했다. 동호회원들은 내가 오르티스의 공로를 빼앗으려고 했다는 이유로 비난할 수 없게 되자, 나를 욕할 만한 다른 건수를 찾아 헤맸다. 그러고는 내가 거짓으로 제나와 이스터 버니의 좌표를 발견했다는 이야기를 꾸며내 그것을 핑계로 오르티스의 발견이 발표된 바로 다음 날 기자회견을 열어서 그의 발견을 묻히게 했다고 주장하기 시작했다. 그리고 그들은 또 다른 새로운 건수를 찾아 나를 욕하기 시작했다. 내가 오랫동안 산타와 제나 그리고 이스터 버니를 비밀로 해왔기 때문에 내가 나쁘다는 것이었다. 나는 그동안 우리가 과학적 기준에 따라 모든 것을 정확하게 하기 위해 얼마나 힘들게 노력했는지를 생각하면서, 껄껄 웃으며 고개를 저었다.

그런데 심지어 오르티스까지 직접 인터뷰에 나서서 이런 이야기를 했다.

> 저희보다 더 좋은 발전된 기술을 활용해서 브라운의 팀은 몇 달 더 전에 세 개의 또 다른 큰 천체를 발견했지만, 그들은 과거 콰오아와 세드나를 발견했을 때와 마찬가지로 국제학계에 그 존재를 숨겼습니다.
> 그 발견을 비밀에 부친 것은 브라운에게는 유용했을 겁니다. 브라운이 그 천체들에 대해 독점적으로 더 면밀한 연구를 할 수 있게 해주었으니까요. 하지만 그의 이러한 행동은 새로운 것이 발견되면 그 새로운 천체의 존재를 곧바로 공표해야 한다는 천문학계의 관행을 따르지 않은 것이고, 과학에 해를 끼치는 행동이었습니다.

하! 나는 자리에 앉아서 왜 훌륭한 과학자들은 무언가를 발견하면 곧바로 발표하는 일을 절대 하지 않는지, 그리고 왜 그 발견을 최종적으로 확인하기 위한 과학적 확인 작업을 더 거치고, 대중에게 공표하기 전에 과학 논문을 써야 하는지를 설명하는 장황한 글을 썼다. 하지만 나는 그런 비난 자체가 우스꽝스

럽다고 생각했고, 그냥 그들을 무시하고 사람들의 기억 속에서 사라지게 내버려두는 편이 낫겠다고 결심했다.

하지만 나는 오르티스의 인터뷰를 볼 때마다 짜증이 나고 좀 이 쑤셨다는 점은 인정한다. 천문학자가 아닌 사람들이 동호회 채팅창에서 떠드는 소리에는 신경 쓰지 않았지만, 천문학자가 그런 비과학적 발언을 하는 것은 바람직하지 않다고 생각했다. 게다가 내가 매번 가능한 한 오르티스와 그의 발견에 대한 문제 제기를 받을 때마다 얼마나 오르티스의 편을 들었는지를 생각해보면, 그가 너무 야박한 것 아닌가 하는 생각이 들었다. 너무 이상하다고 생각했다.

오가는 모든 이야기를 감안해 나는 다시 한번 오르티스에게 나는 그가 2003 EL61의 정당한 최초 발견자라고 생각한다고 확실하게 말해주기 위해 메일을 쓰기로 했다. 나는 그에게 이 천체에 어떤 이름을 붙여줄지 생각해둔 것이 있느냐고 물었다. 오직 최초 발견자만 이름을 지을 수 있기 때문에 이 질문을 통해 내가 오르티스를 최초 발견자라고 인정한다는 내 의도를 분명하게 전할 수 있었다. 나는 그에게 오르티스가 지은 2003 EL61의 이름에 어울리는 것으로 우리가 발견한 위성에 이름을 붙이고 싶다고 이야기했다. 오르티스는 고맙다고 답했지만, 최근 그에게 쏟아진 맹비난으로 고생하느라 새로운 이름을 지을 겨를이 없었다고 이야기했다.

그 동호회 사람들은 계속해서 내 악의를 증명하려고 했다. 그중에서도 오르티스의 가장 열렬한 지지자 가운데 한 사람은 독일의 아마추어 천문학자였는데, 그는 바로 1년 반 전 다른 천체들에 먼저 세드나라고 이름을 붙이면서 우리가 발견한 천체의 이름을 세드나로 짓는 것을 방해하던 사람이었다. 흥미롭게도 그는 이번 오르티스의 발견에 살짝 기여하기도 했다. 오르티스는 그의 오래된 데이터에서 이 새로운 천체를 발견하고, 그 천체의 현재 사진을 찍기 위해서 독일의 아마추어 천문학자들에게 요청했다는 것이다. 그 아마추어 천문학자는 즉각 응답했고, 곧바로 그 천체를 발견한 팀의 2군 멤버로 합류했다. 매번 나와 큰 마찰을 일으키며 사사건건 반대하려는 꿍꿍이가 있는 듯한 사람이 어디에서나 나와 마주친다는 것은 참으로 오묘한 우연이었다. 하지만 우연은 항상 일어난다. 나는 별로 대수롭잖게 생각했다. 그러나 이런 이야기를 듣자 브라이언 마스든은 이렇게 말했다. "어딘가 구린 냄새가 나는군요." 마스든의 후각은 아주 예민했다.

그런데 어느 정도 시간이 지나자 그 동호회원들 사이에서도 반대되는 주장이 제기되기 시작했다. 모두가 2003 EL61(산타)의 발견이 에스파냐 팀의 공로로 돌아가는 것이 합당하다고 보지는 않는 것 같았고, 그들은 오르티스에게 진실을 캐묻기 시작했다. 그중 한 질문이 굉장히 흥미로웠다. 오르티스는 그가 산타를 발견했다고 발표하기 전에 우리 팀이 이미 산타를 발견했다는 사실을 알고 있었는가? 오르티스는 그 모든 좌표가 담겨 있는 웹사이트에 들어가본 적이 있는가? 오르티스는 응답하지 않았지만, 그의 독일인 아마추어 천문학자 친구는 맹렬한 비판과 반격으로 오르티스를 열렬히 변호했다. 요즘은 인터넷에서 그런 채팅 그룹을 찾아보기 어렵지만, 당시에 그들의 모습은 굉장히 흉했다. 나는 이 지저분한 싸움에 관여하지 않는 것이 최선이라고 생각했다.

기자회견 후 일주일 반이 지났을 때 느닷없이 모르는 천문학자로부터 전화가 한 통 걸려왔다. 오하이오 주립대학의 교수인 릭 포기Rick Pogge였는데, 바로 그의 웹사이트 데이터베이스 때문에 우리가 서둘러 제나와 이스터 버니의 발견을 공표할 수밖에 없었다. 그는 그간 벌어진 일에 대해 미안하다는 뜻을 전했다. 나는 그에게 걱정하지 말라고 말했다. 이런 데이터베이스를 비양심적 목적으로 이용하려고 하는 사람들만 없다면 이런 일은 벌어지지 않을 것이라고 이야기했다. 그리고 실제로 그런 일이 우리에게 벌어졌을 가능성도 희박하다고 이야기했다. 그러자 릭은 최근 자신의 웹사이트 데이터베이스를 어떻게 손봤는지 설명했고, 다시는 이런 일이 벌어지지 않을 것이라고 말해주었다.

"좋네요." 나는 말했다. "그거 좋은 소식이네요."

"그런데 당신이 알아야 할 것이 좀 더 있습니다." 릭이 말했다.

더 있다고?

릭은 아주 흥미로운 이야기를 해주었다.

릭도 다른 사람들과 마찬가지로 일주일 반 전에 있었던 우리의 기자회견 내용을 읽고 그때 처음으로 제나와 이스터 버니에 대해 알게 됐다고 했다. 사람들이 어떤 데이터베이스를 활용해서 천체를 찾고 있다는 보도가 산발적으로 쏟아지자 처음에 릭은 참 안타까운 일이라고 생각했다고 한다. 그런데 잠깐, 그거 내 데이터베이스인가, 설마? 하는 생각이 들었다고 한다. 분명 릭은 산타, 제나 그리고 이스터 버니를 쭉 모니터링했던 칠레 산꼭대기의 망원경에 설치된 카메라를 제작했다. 칠레에 있는 이 망원경의 특히 좋은 점 중 하나는 우리가 찾았던 카이퍼 벨트 천체의 사진을 촬영하는 것과 같은 일상적인 관측을 위해서 매번 비행기를 타고 칠레까지 날아갈 필요가 없다는 점이다. 그 대신 칠레에 상주하는 직원이 릭이 만든 카메라를 활용해서 우리가 원하는 사진을 찍어준다. 그러고 나면 천문학자들이 카메라로 찍은 사진에 접근할 수 있도록 관측한 데이터베이스를 유지했다.

릭은 뉴스에 나왔던 사람들이 뒤져보고 있다는 그 데이터베이스가 자신의 것이라는 의심이 들었고, 그래서 누가 자신의 데이터베이스를 사용했는지 기록을 찾아보기 위해 로그 데이터를 확인했다. 데이터베이스가 만들어진 이후 몇 년 동안은 평소에 데이터베이스를 관리하던 소수의 사람, 즉 그 데이터베이스와 연관된 망원경을 사용하는 천문학자들만 접속했다. 가끔 우연히 외부에서 접속된 기록이 있기는 했지만, 두 번 다시 나타나지 않는 경우가 많았다.

그런데 그 로그 데이터에는 7월 말경 뭔가 이상한 일이 벌어졌다는 것을 암시하는 기록이 있었다. 릭이 알지 못하는 주소의 컴퓨터에서 여러 번에 걸쳐 데이터베이스에 접속한 기록이 있었다. 그 주소의 컴퓨터는 매번 데이터베이스에 접속할 때마다 다른 날짜에 K40506A라는 천체가 어느 위치에 나타나는지를 확인하기 위해서 웹페이지를 뒤졌다. 릭은 그 컴퓨터 주소가 어디에서 온 것인지 확인했다. 그건 에스파냐의 주소였다. 그는 더 자세히 조사해봤다. 그 주소는 오르티스가 교수로 있는 에스파냐의 한 대학 주소였다. 오르티스는 2003 EL61을 발견했다고 발표하기 이틀 전에 이 데이터베이스에 접속한 것이다. 오르티스는 이미 알고 있었던 것이다.

나는 전화를 끊고 망연자실한 채 앉아 있었다. 나는 다시 릭에게 전화를 걸어서 정확한 접속 날짜, 시간 그리고 컴퓨터 주소를 알려달라고 했고, 그것을 받아 적었다.

그뿐만이 아니었다.

오르티스가 자신의 발견을 발표하려고 했던 첫째 날, 그는 실수로 잘못된 채널에 그 소식을 보냈고 답장을 받지 못했다. 그다음 날 오르티스는 그의 독일인 친구가 새로 찍은 관측 사진과 다른 더 오래된 사진 속의 더 많은 데이터를 함께 챙겨서 더 많은 자료와 함께 발견 소식을 알리는 더 철두철미한 메일을 다시 보냈다. 이런 추가 데이터를 준비하기 위해서는 이전보다 더 정확하게 해당 천체의 정확한 위치를 알아야 한다. 오르티스는 이 오래된 데이터를 추가해서 메일을 보내기 전 그날 아침, 릭의 데이터베이스에 다시 한 번 더 접속했다. 그는 각기 다른 날 밤에 찍힌 K40506A의 위치가 담긴 여러 링크 화면들을 확인했다.

나는 릭의 이야기를 계속 써내려갔다. 나는 망연자실했던 기분에서 이제는 아찔한 느낌을 받기 시작했다. 그 에스파냐 사람들은 데이터베이스 속에서 산타를 훔쳐갔지만, 결국 그들의 범행은 실패로 끝나버렸다. 그들은 범행 현장 이곳저곳에 지문을 남겼다. 그들의 범행이 드디어 발각됐다.

릭 포기와 통화를 끝낸 뒤, 나는 곧바로 브라이언 마스든에게 전화를 걸었다.

"그럴 줄 알았어요." 그가 말했다.

내가 알고 있는 것은 에스파냐에 있는 오르티스의 학교 컴퓨터 주소가 릭의 데이터베이스에 접속했던 기록이 있다는 것이 전부였다. 그러자 브라이언은 흥미로운 방법을 제시했다. "제게 그 컴퓨터 IP 주소를 알려줄래요?" 그가 말했다. 그러고 나서 그는 그가 받았던 이메일들을 살펴보면서 그 IP 주소를 대조해보기 시작했다. 데이터베이스에 접속했던 컴퓨터의 IP 주소는 정확하게 천체를 발견했다는 소식을 처음으로 알려왔던 그 컴퓨터의 IP 주소와 일치했다. 그리고 두 번째로 데이터베이스에 접속했던 컴퓨터의 주소는 두 번째로 천체의 발견 소식을 알려왔던 컴퓨터의 주소와 일치했다. 첫 번째 이메일은 오르티스의 학생인 파블로 산토스산스에게서 온 것이었고, 두 번째 이메일은 오르티스 본인이 보낸 것이었다. 이제 지문은 완벽하게 들어맞았다.

물론 정확하게 이 모든 일을 확인하기는 어렵지만, 나는 실제로 무슨 일이 벌어졌는지를 가설로 세워봤다.

7월 셋째 주 수요일, K40506A가 아주 크고 밝다는 이야기를 담고 있는 채드와 데이비드의 발표를 포함한 국제 학회의 발표 내용과 제목이 온라인상에 공개됐다. 그다음 주 화요일, 산토스산스는 채드와 데이비드의 발표 제목을 발견했고, K40506A가 궁금해져 검색을 해봤다. 그는 5월 밤 망원경들이 정확히 어느 방향을 바라보고 있는지에 대한 정확한 정보를 발견했고 (내가 일주일 뒤에 똑같이 그랬던 것처럼) 굉장히 놀랐다. 처음에 깜짝 놀란 이후 그는 뭔가 굉장히 긴장되고 흥분되는 기분을 느꼈다. 그는 망원경이 무엇을 가리키고 있는지에 대해 더 많은 정보를 확인할 수 있다는 것을 알아낼 만큼 영악했다. 그는 웹페이지의 주소를 봤고 이런 주소를 발견했다.

www.astro.osu.edu/andicam/nightly_logs/2005/05/03

그는 날짜를 살짝 바꿔보면 어떨까 생각해봤다. 그리고 이렇게 주소를 바꿔봤다.

www.astro.osu.edu/andicam/nightly_logs/2005/05/05

그는 곧바로 다른 날 밤에 찍힌 K40506A의 위치를 확인할 수 있었다. 그는 또 다른 날 밤에 찍힌 천체의 위치를 더 파악했고 작업을 시작했다. 며칠 밤 동안 망원경이 어느 쪽을 바라봤는지를 아는 것은 며칠 밤 동안 그 천체가 어느 위치에 있었는지를 아는 것과 같다. 그리고 그걸 안다는 것은 스스로 그 천체를 찾아낼 수 있을 정도로 충분히 천체의 위치를 파악하고 있다는 것을 의미했다.

그다음에는 무슨 일이 벌어졌는지 모르겠다. 이제부터는 내 상상 속의 이야기다. 내 생각에 아직 성공하지는 못했지만, 오르티스와 산토스산스는 열심히 정석대로 카이퍼 벨트 천체를 찾고 있었던 것 같다. 내 추측으로 그 둘은 탐색을 도울 만한 컴퓨터 프로그램을 만들지 못했고, 그래서 그들은 수년간 찍힌 아주 많은 사진들만 쌓아놓고 어떻게 천체를 찾아내야 할지 모르고 있었던 것 같다. 별로 놀라운 이야기는 아니다. 내가 지난 몇 년간 배웠듯이, 데이터를 분석하기 위한 컴퓨터 프로그램을 만드는 일은 데이터 자체를 모으는 것만큼 아주 버거운 일이다. 하지만 이제 K40506A가 이전에 어디에 있었는지 그 위치를 파악하게 된 산토스산스는 더 이상 모든 사진을 다 살펴볼 필요가 없었다. 그는 빠르게 그중 어느 사진에 이 천체가 찍혀 있을지를 추렸고, 이제 더 이상 한가득 쌓여 있는 사진들을 다 훑어보기 위한 복잡한 소프트웨어를 만들 필요가 없었다. 그는 곧바로 (그가 K40506A라고 생각되는 천체가 담겨 있어야 한다고 생각했던) 제대로 된 사진을 찾아냈고 빠르게 그 천체를 찾기 시작했다. 그리고 그는 발견했다. 그는 오르티스에게도 그것을 보여줬다. 그리고 둘은 자신들의 '발견'을 처음 데이터에 접속한 지 38시간이 지난 수요일에 발표했다. 그들은 정말 바쁜 38시간을 보냈을 것이다.

처음 발표 소식을 이메일로 전했을 때 아무런 답장을 받지 못하자(그들은 이전에 뭔가를 발견해본 경험이 없어서 발견 소식을 어디에, 어떻게 전해야 하는지를 몰랐다) 그들은 그 천체가 정말 존재한다는 것을 설명하기 위해 더 많은 사진을 찍어야겠다고 생각했다.

이 시점에서 오르티스는 정확하게 무슨 일이 벌어지고 있는 건지 몰랐을 가능성이 있다. 아마도 산토스산스는 그에게 컴퓨터로 접속했던 데이터에 관해서는 이야기하지 않았을 수 있다. 아마도 그는 자기가 빠르게 만들어낸 소프트웨어로 이 환상적인 발견을 해낸 것처럼 오르티스를 속였을 수도 있다. 하지만 목요일 아침, 그들이 자신들이 발견한 천체가 진짜라는 것을 사람들에게 설득하기 위해 더 많은 사진을 찍어야겠다고 결정했던 바로 그날, 그들은 데이터베이스에 다시 접속했다. 이번에는 오르티스 본인의 컴퓨터로 접속했다. 그는 더 많은 위치를 찾기 위해 똑같은 짓을 했다. 열두 시간 후 오르티스의 독일인 아마추어 천문학자 친구(나를 아주 격렬하게 싫어하는 사람)는 마요르카에서 망원경으로 그 천체를 관측하고 있었다. 두 시간 뒤 오르티스는 그날 저녁 바로 관측한 사진과 독일인 아마추어 천문학자가 그 천체를 추적하기 위해 활용했던 오래된 사진들을 포함해 자신의 발견을 알리는 이메일을 다시 보냈다.

이번에는 제대로 된 채널을 통해서 소식이 전해졌다. 그러고 나서 몇 시간 뒤 목요일 오후 나는 다이앤과 태어난 지 22일 된 릴라와 함께 집에 머무르고 있다가 그 소식을 듣게 됐다. 그리고 일곱 시간이 지난 뒤 나는 그가 웹사이트를 뒤져서 찾은 게 아니라 정말 밤하늘에서 그 천체를 발견했다고 생각하고는 오르티스에게 그의 발견을 축하한다는 이메일을 보냈다.

브라이언 마스든은 내게 두 가지 질문을 더 했다. 독일의 그 아마추어 천문학자는 어때요? 그 사람도 이 사건에 조금이나마 연루되어 있지 않나요? 분명 그 사람도 어떻게든 연루되어 있었다. 나는 브라이언에게 그 사람은 아닐 거라고 이야기했다. 오직 에스파냐 주소의 컴퓨터들만 그 데이터베이스에 접속한 기록이 있었다. 나는 만약 그 독일의 아마추어 천문학자가 그 컴퓨터 로그 기록에 대해 알고 있었다면 그 역시 분명 직접 데이터베이스의 로그 기록을 확인해봤을 것이라고 생각했다. 나는 그 역시 다른 사람들처럼 오르티스에게 속았을 것이라고 추측했다. 그에게 너무나 완벽하게 속아 넘어간 탓에 그는 오르티스의 결백을 주장하는 호전적인 지지자가 되어버린 것이다.

브라이언의 마지막 질문은 이랬다. 이 일에 대해서 어떻게 하실 건가요?

나도 어떻게 해야 할지 몰랐다. 나는 일단 전화를 끊었다. 그러자 점점 분노가 차오르기 시작했다. 그들은 우리의 발견을 도둑질했고, 더 끔찍한 것은 내 인생에서 가장 중요한 발견을 미완성인 채로 허겁지겁 대충 발표해버리게 만들었다는 것이다. 그들 때문에 가족과 함께 휴가를 보냈어야 할 지난 몇 주 동안 나는 집에 있는 대신 연구실에서 보내야 했다. 만약 탐정 릭 포기의 꼼꼼한 조사가 아니었다면, 이들은 교묘하게 들키지 않고 수사망을 빠져나갔을 것이다. 이 일에 대한 올바른 대응은 무엇일까? 공개 모욕? 우주급 핵펀치 한 방? 하지만 나는 지금 당장 가장 중요한 건 일단 집으로 돌아가는 것이라고 생각했다.

다이앤과 릴라가 집에 있었다. 우리 셋은 가장 좋아하는 안식처에서 휴식을 취했다. 다이앤과 나는 소파에 서로의 발을 맞댄 채 반대 방향으로 누웠다. 릴라는 우리 둘 사이를 계속 왔다갔다 하면서 놀고 있었다.

나는 다이앤에게 그날 벌어진 모든 이야기를 해주었다.

"이제 어떻게 하려고?" 그녀가 물었다.

나는 여전히 어떻게 해야 할지 몰랐다. 나는 지쳐 있었다. 화가 났다. 나는 인생의 한순간, 내가 알아낸 모든 것을 활용해서 당장 오르티스를 공개적으로 비난하고 공세에 나서야 할지 고민했다. 분명 오르티스는 아주 만족스러운 처참한 공개적 참패를 하게 될 것이다. 나는 오르티스가 마땅히 그런 처분을 받아야 한다고 생각했다.

하지만 나는 그렇게 하지 않았다. 적어도 그때까지는.

왜 안 해?

아무리 노력해도, 그날 내 기분으로 돌아갈 수가 없다. 나는 그 외의 다른 일은 정확히 기억나지 않는다. 하지만 내가 기억할 수 있는 단 한 가지는 그날 릴라의 웹사이트로 다시 돌아가 들여다봤다는 것뿐이다.

그날 저녁 다이앤이 소파에 앉자 릴라는 더 칭얼거리며 엄마 아빠의 관심을 받고 싶어 했다. 나는 일어나서 릴라를 안고 아기 침대에 눕혔다. 릴라가 잠이 들자 컴퓨터 앞에 앉아 릴라의 웹페이지에 글을 하나 작성해 올렸다.

나는 이렇게 썼다.

33일째(2005년 8월 9일): 지금은 대략 오후 7시 반이다. 릴라는 젖을 먹고 나자 바로 울었고 나는 릴라와 함께 거실을 맴돌면서 잭 존슨의 〈함께라면 더 좋아Better Together〉에 맞춰 춤을 췄다. 릴라는 결국 버티지 못하고 잠들었다. 노래가 중간쯤 지나고 있을 때 나는 앞으로 20년, 30년 뒤에 릴라가 다 크고 나서 릴라의 결혼식 날 이 노래에 맞춰 릴라와 춤을 춰야 할지도 모른다는 생각이 들어 몰래 눈시울이 붉어졌다. 음, 그런데 릴라, 만약 결혼식 날 아빠와 딸이 함께 춤추기에 좋은 노래를 찾고 싶다면 오늘로 5주째를 살고 있는 네 인생에서 나는 이 노래가 최고라고 생각해. 오늘날 우리가 CD라고 부르는 물건에 이 노래를 담아놨어. 언젠가 네게 이 구식 기술에 대해서 설명해줄게. 그때가 되어도 이 CD가 잘 작동하기를 바래.

그러고 나서 나는 오르티스에게 이메일을 보냈다.

호세 씨에게

당신도 충분히 잘 아시다시피, 저는 당신이 2003 EL61 발견을 발표한 것에 대해 꽤 지지했습니다. 그리고 저는 공식적인 자리에서 최대한 당신의 발견이 100퍼센트 정당하다는 것을 분명하게 하려고 노력해왔습니다.

하지만 이런 저의 지지에도, 당신의 행동이 정직하지 못했다는 것을 알게 되어 굉장히 실망했습니다. 우리는 SMART의 사용 기록을 확인하기 위해 웹 로그 기록을 점검했고, 당신이 발견 소식을 공표하기 바로 직전에 이 데이터에 당신의 컴퓨터가 접근했던 기록을 발견했습니다.

저는 이것이 과학 윤리에 심각하게 위배된다고 생각합니다. 우리는 이에 대해 곧 공식적으로 문제를 제기할 생각이지만, 그에 앞서 우선 당신의 답변을 받을 수 있으면 좋겠습니다. 내일까지 당신의 이 행동에 관해 해주실 이야기가 있다면 전해주시기 바랍니다.

_마이크

나는 다시 잠들었다.

다음 날 답장이 왔는지 확인해봤다. 아무것도 없었다. 그다음 날도 없었다. 그다음 날도 마찬가지였다. 나는 이 문제에 관해 하루나 이틀 뒤 곧 공개적으로 문제를 제기하겠다고 이야기했고, 이제는 말했던 시간이 됐다. 이제는 어떻게 해야 할까?

나는 계속 기다렸다. 나는 공개적으로 오르티스를 모욕할 수는 없었다. 나는 내가 오르티스를 깨부수거나 모욕하고 싶어 하지 않는다는 것을 깨달았다. 나는 단지 오르티스가 그간 벌어진 일을 인정하고 미안하다고 말해주기만을 바랐다.

나는 계속 기다렸다. 하지만 내 인내심에도 한계가 있었다.

나는 사과를 바랐다. 그리고 그가 얼마나 심각하게 윤리에 위배되는 행동을 한 것인지 이해해주기를 바랐다. 오르티스에게서 답장이 오지 않은 채 몇 주가 지난 후 나는 오르티스가 일하는 학교의 학장에게 이메일을 보냈다.

> 델 토로 박사님께
> 제가 최근 국제천문연맹에 호세 루이스 오르티스가 했던 비윤리적 행동으로 인한 문제를 공식적으로 항의하게 됐다는 이야기를 드리게 되어 유감입니다. 박사님께서 의심의 여지없이 알고 계시듯이, 오르티스 박사는 지난달 2003 EL61이라는 밝은 해왕성 주변 천체를 발견했다는 보고를 한 바 있습니다. 그 당시에 커뮤니티의 많은 사람들은 저희가 관측했던 동일한 천체의 관측 기록을 오르티스가 확인하고 그 천체를 발견했던 것이 아닌지 의문을 제기했습니다. 저는 여러 번에 걸쳐 반복해서 제가 오르티스의 발견은 정당하다고 믿고 있다고 이야기했고, 이 모든 공식적인 발견의 공로는 오르티스와 그 동료들에게 돌아가야 한다고 지지했습니다. 저는 공식적으로 또 사적으로도 오르티스와 그 팀을 축하했고 그들에 대한 비난을 일축했습니다.
> 하지만 슬프게도 저는 지금 오르티스가 정직하지 못했고, 저희의 관측 로그 기록에 그가 접근했다는 사실을 알게 됐습니다. 저희는 현재 웹사이트 서버에서 오르티스와 산토스산스가 분명 저희 관측 기록에 접근한 기록이 있다는 것을 확

인했습니다. 첫 번째 접근 기록은 그 발견이 발표되기 이틀 전에 있었습니다. 저희의 관측 로그 기록에 며칠간 여러 번에 걸쳐 접근했습니다. 이를 통해 그 천체의 완벽한 궤도를 계산하고 천체를 추적할 수 있도록 하기 위해서 여러 날짜의 각기 다른 밤하늘을 관측한 데이터에도 접근했습니다.

저는 오르티스가 본인이 이미 먼저 그 천체를 발견한 이후에 우리의 관측 기록 데이터에 접근했을 뿐이라고 설명할 수도 있겠다고 생각했습니다만…. 그렇다 해도 여전히 심각하게 윤리를 위반한 행위입니다. 그들은 저희의 관측 로그 기록에 접근했고, 저희가 관측하고 있던 천체를 확인했고, 그것이 동일한 천체라는 것을 알아봤으며, 저희가 앞서서 그 천체를 이미 관측해오고 있었다는 사실을 밝히지 않은 채 서둘러서 발표해버렸습니다. 저는 이러한 행동이 과학 윤리에 심각하게 위배되며, 비난받아 마땅하다고 생각합니다.

이와 마찬가지 확률로 오르티스가 저희의 관측 로그 기록에 접근하기 전까지 이 천체에 대해 모르고 있었다고 추측할 수 있다고 생각합니다. 이 경우라면 그의 행동은 과학적 사기 행위라 볼 수 있으며, 해고되어도 충분한 사건이라고 생각합니다.

저는 해명을 듣기 위해서 오르티스에게 연락을 시도했으나, 지금까지 3주째 아무런 답장을 받지 못하고 있습니다. 저는 그의 입장에서 이 일에 대한 이야기를 들을 수 있을 때까지 기다리려 했으나, 그의 행동에 대해 공개적으로 문제를 제기하기까지 더 이상 기다릴 수 없습니다. 저는 다음 주 초에 저희 관측 로그 기록에 접근했던 오르티스의 타임라인을 공식적으로 공개할 예정입니다.

제가 느낀 바와 같이 박사님도 이해하시길 바랍니다. 귀하의 학교에서도 이러한 잠재적인 사기 행각에 대해서 굉장히 심각하게 생각해주시고 철두철미한 조사가 시행되기를 바랍니다.

_마이크 브라운 드림

학장은 곧바로 사태의 심각성을 깨달을 수밖에 없었을 것이다. 그는 이와 관련된 정보를 수집할 것을 약속했고, 오르티스의 행동을 보고 학교 전체가 다 그럴 것이라고 싸잡아서 오해하지는 말아주길 바란다고 부탁했다.

두 번째 이메일에서 그 학장은 자신이 직접 오르티스에게 이 일과 관련해 이야기를 했고, 그에게 답장을 하도록 말했다고 알려주었다.

이제 지난 한 달 동안 대체 무슨 일이 있었던 것인지 짐작할 수 있게 된 나는 오르티스와 산토스산스에게 우리가 알고 있던 것들에 대해 아주 상세하게 설명하며 이메일을 다시 보냈다. 나는 그들이 자신들의 범행을 자백하고 우리에게 사과하는 것 말고는 다른 방법이 없을 것이라고 생각했다.

나는 계속 기다렸다.

거의 한 달이 지나고 나서, 나는 어느 날 오르티스에게서 온

메시지를 확인했다. 그의 반응은 무엇이었을까? 그는 화를 내면서 자신의 범행을 부인했을까? 그는 그런 실수를 하고도 다시 만회할 수 있는 기회가 주어진 것에 대해 굉장히 감격했을까? 자신에게 유리한 몇 가지 대안으로 협상을 하려고 했을까? 나는 그의 반응이 어떨지 너무 궁금하고 초조했다. 그의 답장이 어떤지에 따라 앞으로 벌어질 일이 결정될 것이었다.

오르티스는 굉장히 무례했다. 그는 이 사태가 전적으로 내게 원인이 있다고 이야기했다. 그리고 그는 분명 내가 과학 그 자체에 해를 끼치는 인물이며, 적어도 나는 윤리에 대해 논할 자격이 없다고 이야기했다. 자신 대신 국제 과학계에 사과를 해야 하는 것은 나이고, 비밀스럽게 연구를 하는 내 행태를 멈추라고 이야기했다. 오르티스는 내가 내 잘못을 고친다면 2003 EL61에 대한 발견의 공로를 양도할 의향까지 있다고 말했다. 그는 그 천체를 처음 발견한 사람으로 지목되어서 굉장히 기분이 좋았을 뿐이라고 이야기했다. 다시 생각해봐야 할 사람은 나라면서, 월말에 다시 이야기하자고 말했다.

내 생각에 오르티스의 관점에서는 그가 K40506A를 훔친 것이 아니라 해방을 해준 것이라고 여기는 것처럼 보였다. 그가 봤을 때 나는 오랫동안 그 천체의 존재를 꽁꽁 숨겨왔고, 이는 과학계의 규칙을 분명하게 위반한 행위라고 생각하는 것 같았다. 오르티스는 자신이 천체의 정보를 몰래 훔쳐갔다는 이유로 비판받아야 할 것이 아니라, 그 천체에 자유를 준 것이라 생각하는 듯했다.

오르티스도 잘 알지 못했지만 어떤 면에서는 오르티스가 옳았다. 나는 그 천체의 정보를 숨겼다. 나는 정확하게 오르티스가 갖고 있는 것과 똑같은 정보를 갖고 있었고, 한 달간 납득할 수 있는 대안이 나오기를 바라며 그 정보를 세상에 발표하는 걸 미뤄왔다. 하지만 이제 내 희망은 완전히 무너졌다. 나는 내 웹사이트에 오르티스가 우리의 관측 데이터베이스에 접근했던 기록을 올렸다. 그다음 날 〈뉴욕 타임스〉의 과학면 1면에는 이 혐의와 그에 대한 반론이 담긴 긴 기사가 실렸다. 주요 과학 뉴스 잡지들도 이 혐의와 관련한 이야기를 소개했다. 이 소식이 알려진 이후 어느 날 하루는 MSNBC의 키스 올버먼에 의해 오르티스는 출근하기 싫어서 거짓말로 폭탄 테러 위협이 있다고 장난 전화를 걸었던 스리랑카 항공기의 승무원을 제치고 세계 최악의 사람으로 이름을 올리기도 했다.

하지만 어떤 면에서는 오르티스의 주장도 타당하게 들렸다. 우리는 우리의 발견을 비밀로 숨겼다. 그건 분명 나쁜 짓 아닌가?

그때까지 나는 우리를 사악한 인물이라고 비난하던 온라인 동호회 사람들을 그냥 무시했다. 그들의 말에 신경을 쓸수록 그들의 주장에 오히려 더 힘을 실어줄 수 있다고 생각했기 때문이다. 하지만 항상 그렇듯이 거짓된 정치적 음해(Swift-boating)는 작동하기 마련이다. 나는 심지어 실제 과학자들에게서도 왜 그동안 발견을 숨겨왔는지 묻는 질문을 이메일로 받기 시작했다.

결국 나는 그들의 질문에 응답해야 했다. 나는 그날 밤 늦게까지 전 세계로 널리 재생산되어 퍼지게 될 긴 글을 작성해 내 웹사이트에 남겼다. 나는 우리가 천체 발견을 숨겼으며, 그것이 과학에 해를 끼친다는 비판을 인정하면서 글을 써내려갔다.

> 이러한 비판에 대해서 이상한 점 한 가지는 그런 주장들 역시 각각 명성이 있는 과학 잡지에 게재된 개개의 과학적 결과를 바탕으로 구성되어 있다는 점입니다. 언제나 과학계에서는 발견이 있으면 그 발견을 입증하고, 그들의 발견을 세심하게 글로 정리하고, 과학 잡지에 논문으로 발표합니다. 과학자들이 하지 않는 것은 바로 자신들의 발견을 곧바로 기자회견으로 발표하는 일입니다(이런 생각을 해본 과학자라면 '상온 핵융합'과 같은 이야기를 듣자마자 바로 가던 길을 멈추고 얼어붙을 겁니다). 훌륭한 과학은 주의 깊고 신중한 과정입니다. 처음 발견하고 나서 과학 논문으로 발표하기까지는 2년 정도도 걸릴 수 있습니다. 우리가 앞서 발견했던 것들도 모두 공개적으로 그 천체의 존재를 발표하기 전에 그 천체에 대해 설명하는 과학 논문을 게재했습니다. 그리고 우리가 천체를 발견하고 그것을 발표하기까지 걸린 시간은 매번 9개월 미만이었습니다.
>
> 이러한 과학 논문은 중요합니다. 논문을 통해 다른 천문학자가 우리가 한 분석을 점검하고 입증하고 비판할 수 있도록 해줍니다. 슬프게도 우리는 제나와 이스터 버니의 발견을 조급하게 발표할 수밖에 없었고, 우리는 이 천체들을 설명하는

완성된 과학 논문을 마무리하지도 못했습니다. 우리는 이 상황이 과학적으로 당혹스러우며, 언론에 보도된 기사를 통해서 이 새로운 천체들에 대해 먼저 읽고 더 자세히 알 수 있는 기회를 잃어버린 다른 동료들에게도 사과를 전합니다. 우리는 이 천체들을 소개하는 과학 논문을 열심히 작성하고 있지만, 앞에서 말씀드린 것처럼 훌륭한 과학은 조심스럽고 세심한 과정이며 우리는 아직 우리의 분석을 모두 다 마치지 못했습니다. 항상 우리의 목표는 발견부터 발표까지 9개월을 넘지 않게 하는 것입니다. 우리는 이것이 굉장히 빠른 속도라고 생각합니다.

누군가는 천체가 존재한다는 것은 분명하지 않느냐면서, 일단 곧바로 그 천체의 존재를 알리고 그에 대해 더 연구하고 알아가면 되는 것 아니냐고 반문할 수 있습니다. 이렇게 하면 다른 천문학자도 이 천체에 대해서 연구할 수 있게 됩니다. 우리가 이렇게 하지 않은 데는 두 가지 이유가 있습니다. 우선, 우리는 태양계 외곽에서 처음으로 가장 큰 천체를 발견하고 그것을 연구하기 위해 하늘을 정확하게 탐색하며 우리 경력의 상당 부분을 바쳤습니다. 발견 자체에는 사실 과학적으로 크게 흥미로울 것이 없습니다. 실제로 관심 있는 과학의 대부분은 발견 이후 그 천체에 대해 자세한 연구를 하면서 얻게 됩니다. 그 천체의 존재를 발표하고 다른 천문학자들이 이 천체들에 대한 더 자세한 관측을 하도록 해버린다면, 우리는 더 많은 노력과 시간을 들여 알아내고자 했던 그 천체들에 대한 모든 과학적 분석을 할 수 없게 되어버립니다. 어떤 이들은 우리가 발견한 천체를 다른 천문학자도 알 수 있도록 하지 않은 이 행위가 '과학을 해친다'고 주장하기도 합니다. 하지만 아무도 그 존재조차 알지 못했던 천체를 연구하는 것이 9개월 늦춰졌다고 해서 대체 어떻게 과학에 해를 끼친다는 건지 이해하기 어렵습니다.

다른 많은 천문학 탐사 역시 같은 이유로 아주 정밀하게 이루어지고 있습니다. 천문학자는 이보다 더 먼 은하를 보기 위해서 하늘을 탐색합니다. 그들이 무언가를 새롭게 발견하면 그들은 그것을 연구하고 과학 논문을 작성합니다. 논문이 나오고 나면, 다른 천문학자들은 그 먼 은하에 대해 배울 수 있고 더 많은 연구를 하게 됩니다. 또 다른 천문학자들은 갈색왜성과 같은 더 드문 천체를 찾아내기 위해서 2MASS 적외선 탐색 데이터와 같은 방대한 데이터베이스를 뒤져보기도 합니다. 그들이 무언가를 발견하면 그들은 그것을 연구하고 과학 논문을 작성합니다. 논문이 나오고 나면, 다른 천문학자들은 그 갈색왜성에 대해 배울 수 있고 또 다른 방식으로 그것들을 연구하게 됩니다. 또 다른 천문학자들은 태양계 바깥 다른 외계 행성에서 직접 포착할 수 있는 찾기 어려운 신호를 발견하기 위해서 주변의 가까운 별들을 탐색합니다. 그들이 무언가 하나를 발견하면 그들은 그것을 연구하고 과학 논문을 작성합니다. 이러한 방법은 천문학 (그리고 분명 모든 과학) 분야에서 이루어지고 있습니다. 이는 굉장히 효율적인 시스템입니다. 찾기 어려운 드문 천체를 발견하기 위해 어마어마한 노력을 들인 사람은 그것을 과학적으로 처음 연구할 수 있는 기회를 얻게 됩니다. 그 천체를 발견하기 위해 이 정도로 노력을 기울이고 싶지 않거나 기울일 수 없는 사람들은 조금 더 기다린 후에 그 천체를 연구할 수 있게 됩니다.

우리가 이 천체를 곧바로 발표하지 않았던 두 번째 이유는 우리가 과학계의 동료뿐 아니라 대중에게도 책임감을 느끼고 있기 때문입니다. 우리는 이런 큰 천체를 발견하는 것이 대중에게 매우 흥미로운 소식이라는 걸 알고 있고, 그래서 가능한 한 완전한 이야기로 발표하고 싶었습니다. 예를 들어 2003 EL61 발견을 서둘러 발표했던 오르티스의 경우를 생각해봅시다. BBC 웹사이트와 같은 곳에서는 호들갑을 떨면서 헤드라인으로 '새로 발견된 천체는 아마 명왕성의 두 배일 것'이라고 이야기했습니다. 하지만 당시에도 우리는 2003 EL61의 질량이 고작 명왕성의 30퍼센트밖에 안 된다는 것과 위성을 하나 가지고 있다는 사실을 알고 있었습니다. 우리는 빠르게 진실을 알리고자 했지만, 효과는 없었습니다. 슬프게도 2003 EL61의 또 다른 흥미로운 요소들은 등한시되고 사람들에게 별 관심을 받지 못했습니다. 누구도 이 천체가 네 시간마다 한 번씩 자전하며, 이는 그 어떤 카이퍼 벨트 천체보다 더 빠른 속도라는 사실을 듣지 못했습니다. 또 이런 빠른 자전 속도로 인해 천체의 모양이 시가처럼 긴 모양이 됐다는 이야기도 듣지 못했습니다. 또 우리가 위성의 존재를 활용해서 2003 EL61의 질량을 어떻게 잴 수 있었는지도 듣지 못했습니다. 이 모든 것은 대중이 물리학의 묘미와 태양계에 대해서 조금 더 배울 수 있도록 도와줄 수 있는 흥미로운 것입니다. 언론을 통해 이런 이야기를 접할 수 있는 기회는 단 한 번뿐입니다. 이번 2003 EL61의 섣부른 발표로 언론에 소개된 이야기는 단지 '저 바깥에 뭔가 큰 게 있대.' 하는 것에 불과합니다. 우리는 이보다 더 과학적으로 풍성한 이야기를, 그리고 천문학, 물리학 그리고 추리소설이 포함된 하나의 완성된 이야기를 대중에게 들려줄 수 있었던 마지막 기회를 잃어버려서 너무나 슬픕니다.

우리가 다른 천문학자들이 하는 것처럼 정확히 똑같이 했고 또 실제로는 굉장히 신속하게 발견을 발표해왔다는 점을 생각해보면, 우리가 그 천체를 발견하자마자 발표했어야 한다는 미친 생각은 대체 어디서 나오는 것인가요? 흥미롭게도 천문학에서도 신속한 발표가 예상되고 또 그것이 장려되는 분야가 있습니다. 그건 아주 드물고 빠르게 변화하는 초신성, 감마선 폭발, 혜성 그리고 지구 근접 소행성입니다. 이 현상이 완전히 사라지거나 완전히 달라지기 전에 사람들이 가급적 빨리 연구할 수 있도록 하기 위해서 천문학자는 그 발견을 서둘러 발표하기도 합니다. 누구도 혜성을 발견하고 혼자서 그걸 연구하지 않습니다. 왜냐하면 그 연구가 끝나갈 때쯤이면 혜성은 이미 사라져서 다른 사람들이 그것을 다시

> 연구할 수 없게 되기 때문입니다. 처음에 우리가 곧바로 발견을 발표하지 않은 것이 잘못이라고 주장하던 사람들 대부분은 원래 혜성이나 지구 근접 소행성을 관측하는 데 더 익숙했던 소규모의 아마추어 천문학자들이었습니다. 우리는 그분들이 주로 혜성과 소행성의 상황에 더 익숙하다 보니 이런 오해가 생겼을 것이라고 추측합니다. 하지만 카이퍼 벨트 천체는 그렇게 급박하게 변화하지 않습니다.
>
> 우리는 태양계 외곽에서 더 많은 큰 천체가 발견되기를 바랍니다. 우리가 발견한다면 우리는 그때도 그 천체들의 존재를 즉각 공표하기 전에 가능한 한 많이 그 천체들을 연구하기 위해 노력할 것이고, 과학적으로 또 대중적으로도 흥미로운 사실을 담은 완성된 이야기로 발표할 것입니다. 우리는 (다른 모든 과학자와 마찬가지로) 시간을 들여 과학적으로 정확한 과정을 통해 누군가 우리보다 먼저 그 발견 소식을 발표하게 된다면 그들을 진심을 다해 축하할 것입니다.

동호회 사람들은 이 글을 보고 또다시 분개했지만, 나는 더 이상 그들의 말을 듣지 않았고, 누구도 내게 그들의 말을 전해주지 않도록 했다. 그다음 해에 오르티스는 전 세계의 과학 학회에 모습을 보이지 않았고, 이후 그의 소식은 들을 수 없었다. 나는 (정확하지는 않지만) 앞으로도 그에 대해서는 소식을 들을 수 없을 것이라고 생각했다.

그 일이 있은 지 몇 년 후 나는 가끔 당시 실제로 무슨 일이 벌어졌던 것일까 궁금했다. 하지만 영원히 알 수 없을 것이다. 오르티스는 이후 몇 번의 공식적인 발표 자리에서 그가 유일하게 할 수 있는 이야기를 했다. 그는 웹사이트를 뒤져보기 전이었던 어느 날 정당하게 K40506A(2003 EL61, 산타, 하우메아)를 발견했으며, 이 발견을 발표하려 할 때 그의 팀이 우리의 데이터베이스에 접근했다는 사실을 어떻게 해야 좋게 언급할 수 있는지 마땅한 방법을 떠올리지 못했다고 한다. 그건 간단한 작은 실수였다고. 그런데 이 이야기가 정말 진실이라면? 나는 정당히게 발견한 사림을 지옥으로 내몬 것일까? 어쩌면 그들이 평생을 바쳐 부지런히 노력한 끝에 그 천체를 발견해낸 정말 불쌍한 사람들이었을지도 모른다는 찜찜한 생각을 과연 나는 떨쳐낼 수 있을까?

하지만, 하지만, 하지만 만약 그들이 정말 정정당당했다면 왜 우리의 데이터베이스에 접근했다는 사실을 숨긴 것일까? 왜 오르티스와 내가 화기애애하게 이메일을 주고받던 초창기에 일찍이 말하지 않았을까? 물론 분명 그런 사실을 언급할 공식적인 채널이 따로 있는 것은 아니었지만, 나는 오르티스가 자신의 발견을 발표한 다음 날 친절하게도 그 채널을 열어주었다. 그런데도 오르티스는 내게 이야기하지 않았다.

나는 다시 자리로 돌아가서 최근 받은 이메일을 다시 확인했다. 분명 오르티스는 한 번도, 초창기에도 우리의 데이터를 사용하지 않았다고 명확하게 부인한 적이 없다. 단지 그는 내 질문에 답을 하지 않았을 뿐이다. 여전히 자신 역시 오르티스에게 속았다고 믿고 있는 그 독일인 친구만이 우리 데이터에 접근하지 않았다고 주장했을 뿐이다. 나는 그 독일인 친구가 뭔가 잘못됐다는 낌새를 느끼고 몰래 의심을 했는지, 아니면 나처럼 순진하게 믿다가 속아 넘어간 것인지 궁금하다.

II 행성이거나 아니거나

7월 마지막 금요일 아침, 나는 서둘러 언론에 제나가 열 번째 행성이라는 사실을 공표하기로 결심했다. 나는 다이앤의 설득과 그날 내게 이야기해준 언론과 관련 있는 사람의 설득에 마음이 흔들렸다. 그날 아침 나는 갑작스러운 공격을 받은 상태였지만, 지난봄 내내 우리는 행성이라는 단어를 우선 어떻게 정의해야 할지 이해하기 위해서 신중하게 고민하고 있던 터였다.

나는 철학 박사인 오랜 대학 친구에게 물었다. 단어를 말할 때 그 단어란 무엇을 의미하는 걸까?

"단어는 사람들이 그게 무엇을 의미한다고 생각하는지를 뜻하지." 그의 부드러운 철학적 답변이었다. "그러니까 네가 '행성'이라고 말할 때 그건 네가 생각하는 것을 의미한다는 거지."

그 친구에게 묻기 전에 내가 먼저 기억해야 할 점이 있었다. 나는 대학 시절 그 친구가 매일 아침 일어날 때마다 지금 현실이 여전히 현실이라는 사실이 놀랍다고 이야기하곤 했던 것이 떠올랐다.

하지만 뭔가 더 다른 게 있는 것 같았다. 단어는 아마도 우리가 무엇인지 의미한다고 생각하는 것을 뜻할 것이다.

사람들이 무슨 뜻인지 이미 알고 있는 단어를 굳이 천문학자가 다시 새롭게 정의하려고 하는 것은 어쩌면 잘못된 일일지도 모른다. 아마도 천문학자가 해야 하는 일은 사람들이 행성이라는 단어를 사용할 수 있도록 그 단어의 정의를 만들어내는 일일 것이다. 어쨌든 행성이라는 단어는 우리가 행성에 대해 이해했던 기간보다 더 오래 우리 주변에서 함께해왔다.

그렇다면 대체 사람들은 행성이라는 단어를 어떤 의미로 이해하는 것일까? 그해 봄, 아직 사람들이 열 번째 행성을 얻게 될지도 모른다는 사실을 모르던 시절, 나는 만나는 사람마다 묻기 시작했다. 답은 가지각색이었고, 과학적으로 잘못된 답도 많았다. 태양계에 있는 큰 암석 천체(글쎄, 가스로 이루어진 거대한 행성도 있다), 달을 가진 천체(수성과 금성은 행성이 아니라는 말이잖아!), 눈으로 볼 수 있을 정도로 충분히 큰 천체(천왕성, 해왕성, 명왕성은 그럼 행성이 아니라는 거네), 지구가 궤도를 그리며 돌 수 있도록 지구를 잡아당기는 천체(그건 태양이라고). 하지만 사람들에게 행성의 이름을 대보라고 하면 그들은 수성에서 명왕성으로 끝나는 답을 정확하게 말했다. 요즘 사람들은 명왕성을 행성에서 제외하겠지만, 당시 사람들은 분명 명왕성을 행성으로 여겼다.

좋다. 그렇다면 다시 물어보자. 사람들이 행성이라고 말할 때는 무슨 의미인 것일까? 사람들이 말하는 행성은 종합해보면 대부분 비과학적 혼란을 의미했다. 그리고 태양계에 있는 특정한 아홉 개의 천체를 뜻했다.

나는 매번 사람들을 더 강하게 밀어붙였다. 새로운 천체가 발견됐을 때 그것이 행성이라는 것을 어떻게 알 수 있을까? 답은 항상 똑같았다. 다른 행성만큼 크기가 크면 행성인 것을 알 수 있다. 또는 내가 파악했던 그해 봄날 사람들의 의견을 종합해 추측하면, 명왕성 정도 또는 그보다 큰 무언가가 태양 주변 궤도를 돌고 있다면 그건 행성이라고 할 수 있다.

이게 진짜 정의 아닌가? 이미 의미를 가진 단어인데 천문학자가 굳이 건드릴 필요가 있나? 그냥 내버려두어야 하는 것 아닐까?

나는 여전히 결정할 수 없었다. 명왕성이 행성이라면 왜 명왕성보다 아주 살짝 작은 천체는 행성으로 간주하지 않는 것일까? 과학적으로는 말이 되지 않는다. 왜 임의로 명왕성의 크기라는 기준을 정한 걸까? 과학자가 해야 할 일은 비과학적 관점을 묵인하고 내버려두는 것이 아니라, 대중이 자연을 올바르게 이해하도록 이끌어내는 것 아닌가?

그해 봄에는 제나와 산타와 이스터 버니를 발견했고, 그 천체들을 연구했으며(당시 아직 피튜니아였던), 릴라가 다이앤의 배 속에서 성장하며 발차기를 시작하는 등 많은 일이 한꺼번에 벌어지고 있었다. 당시 나는 처음으로 칼텍에서 지질학 입문 강의를 하고 있었다. 그런데 나는 지질학자가 아니다. 학생 때 지질학 강의를 들어본 적도 없다. 만약 내 앞에 다양한 종류의 암석을 내밀고 묻는다면 나는 그중 아주 일부만 알아볼 수 있을 것이다. 나는 아직도 주향과 경사의 의미가 헷갈린다. 다행히 학생 대부분은 이러한 사실을 알지 못했다.

실제 나는 그 수업을 꽤 잘 가르쳤다. 그 강의는 다른 많은 대학의 '지질학 입문' 수업과 비슷했다. 즉, 지질학 전공이 아닌 학생을 위한 수업이었다. 하지만 칼텍의 학생들은 다른 분야에 대해서도 빠삭한 전문가였다. 수업을 듣는 학생 대부분은 물리학, 생물학, 수학, 공학 전공자였다. 나는 애정을 담아 그 수업을 '지식인을 위한 지구과학'이라고 불렀다.

그런데 왜 나는 내가 잘 모르는 분야를 강의했을까? 한 가지 이유가 있었다. 내가 간청했기 때문이다. 행성을 연구하는 천문학자로서 나는 칼텍에서 천문학과가 아니라 행성과학과에 속하게 됐다. 행성과학과는 지질학과 바로 옆에 붙어 있었다. 내가 복도를 걸어가면서 마주치는 사람들과 수업에 오는 사람 대부분은 지질학자가 많았다. 칼텍에서 10년 넘게 근무하면서 나는 언젠가 제대로 한번은 지질학을 공부해봐야겠다는 생각이 들었다. 스스로 직접 그것을 가르치는 것만큼 제대로 배울 수 있는 가장 좋은 방법이 또 있을까?

나는 겨울 내내 강의 준비를 잘하려고 했다. 하지만 새로 발견한 산타와 제나를 연구하는 데 많은 시간을 쓰게 됐다. 첫 수업이 시작되는 4월이 다가오고 있었지만, 나는 그때까지도 강의 준비를 거의 하지 못했다. 그리고 그 주에 이스터 버니를 발견했다.

그래도 나는 매 수업 2주 전에는 미리 수업 내용을 공부했다. 강의 기간 전체를 통틀어 나는 딱 한 번 잘못된 내용을 뻔뻔하게 이야기한 적이 있다(2005년 당시 지질학 1 수업을 들었던 모든 분께 사과한다. 감람암 광물은 높은 압력을 받아도 첨정석으로 변하지 않는다. 그 결정 구조는 첨정석과 동일하게 수축하지만, 그 화학 조성은 감람암 광물과 첨정석이 확연하게 다르다).

지식인들에게 지구과학을 가르치는 것은 내 교육 생활에서 가장 중요한 사건이었다. 지구라는 곳은 단순히 문밖으로 걸어 나가기만 하면 쉽게 만날 수 있는 환상적인 실험실이나 다름없다. 학생들과 나는 로스앤젤레스의 산에 있는 토석류를 이해하기 위해서 우리 지역의 작은 협곡을 여행하기도 했다. 우리는 칼텍에서 남쪽으로 1마일(1.6km) 떨어진 충상단층까지 걸어갔다. 버스를 타고 시에라네바다의 동쪽으로 올라갔고, 버스에서 내려 고대의 화산이 남긴 흔적, 지금은 메말랐지만 빙하기 시절 호수였던 지역 그리고 잔해로 뒤덮여 꼭대기까지 파묻혀버린 5000만 년 된 산을 살펴보았다. 그러면서 나는 대학생이 되어 첫 1년을 보내는 동안 쉽게 갖게 되는 사고방식에서 학생들을 끌어내기 위해 노력했다. 정보를 주세요. 무엇을 알아야 하는지 알려주세요. 시험에 뭐가 나오나요? 하지만 내 지구과학 수업에서 학생들에게 주는 메시지는 이런 것이었다. 주변을 둘러봐! 여기서 무슨 일이 벌어졌을까? 그렇게 생각한 이유는 뭐지?

그해 봄 나는 온통 지질학에 빠져 있었다. 그랬기 때문에 과학자들이 앞서 이미 다른 의미를 가진 단어를 마주했을 때 어떻게 했는지 지질학 분야에서 그 예시를 찾아보려고 한 것은 그리 놀라운 일이 아니다. 사실 지질학자는 천문학자보다 훨씬 더 이 문제로 어려움을 겪고 있었다. 행성은 하늘에 있어서 사람들이 평소에는 잘 경험하지 못하지만, 지질학 분야의 단어는 우리 일상을 가득 채우고 있다. 사람들은 산, 강, 호수, 해양을 본다. 그런데 그것들은 언덕, 하천, 연못, 바다라고도 불린다. 대체 언제 산이 아니라 언덕이 되는 걸까? 언제 강 대신 하천이라고 부르는 걸까? 호수 대신 연못은? 해양 대신 바다는?

하지만 지질학자는 한 번도 이러한 것을 정의하려고 시도하지 않았다. 그냥 이 단어들은 사람들이 그것을 말할 때 무엇을 생각하는지를 의미하는 것일 뿐이다.

나는 앨라배마주에 있는 웨덜리마운틴이라는 작은 언덕 마을에서 자랐다. 어렸을 때 나는 산이라는 단어에 어떤 정의가 있을 것이라고 생각했다. 우리 가족이 서쪽으로 처음 여행을 갔을 때였다. 나는 약 6000피트(1829m) 높이로 솟아 있는 로키산맥을 마주했을 때 충격을 받았다. 우리 동네에 있던 300피트(91m) 높이의 산은 그에 비하면 두더지가 쌓아놓은 작은 흙 언덕처럼 보일 뿐이었다. 하지만 여전히 웨덜리마운틴은 앞으로도 계속 웨덜리마운틴, 산일 것이다.

행성에 버금가는 혼란을 주는 지질학 분야의 단어는 대륙일 것이다. 대륙은 무엇을 의미할까? 내가 생각하는 대륙의 정의는 대강 이렇다. 하나의 연결된 거대한 땅덩어리. 얼마나 큰가? 이 질문에 내가 줄 수 있는 유일한 답은 '충분히 크다'는 것뿐이다. 호주는 대륙이라 부를 수 있을 정도로 충분히 크다. 하지만 그린란드는 충분히 크지 않다.

나는 행성에 대해 사람들에게 질문했던 것처럼, 대륙이라는 단어에 대해서도 사람들에게 묻기 시작했다. 나는 대륙을 어떻게 정의할 수 있는지에 대해 지질학을 모르는 사람을 포함해 아주 다양한 사람의 흥미로운 이론을 들을 수 있었다. 아주 단호한 답변도 들었다. 자신이 속한 대륙판이 섬일 때만 대륙이라고 할 수 있다는 것이다. 그러니까 그린란드는 북아메리카의 나머지가 속한 동일한 대륙판 위에 포함되어 있고 분리되어 있지 않기 때문에 독립된 대륙이라고 부르기에 적합하지 않다는 것이다. 그래서 나는 대륙이라는 단어는 1970년 대륙의 판구조론이 등장하기 전부터 존재했다는 점을 지적했다. 그리고 당신의 '과학적' 정의에 따르면 뉴질랜드 남쪽의 섬도 따로 분리된 별개의 대륙으로 봐야 한다는 점을 지적했다.

그렇다면 우리는 실제로 대륙을 어떻게 정의할까? 그 답은 간단하다. 그냥 전통에 따라 관용적으로 정의한다. 일곱 개의 대륙이 대륙이라고 불리는 이유는 사람들이 대륙이라는 단어를 말할 때 그 일곱 개의 대륙을 의미하기 때문이다. 다른 이유는 없다.

하지만 반드시 그런 건 아니었다. 분명 일부 사람은 확실히 다른 의미를 갖고 있었다. 예를 들어 많은 유럽인은 오스트레일리아를 별개의 대륙으로 여기지 않았다. 또 아르헨티나 사람은 북아메리카와 남아메리카를 합쳐서 하나의 대륙으로 생각했다

(내 생각에 파나마운하로는 이 둘을 갈라놓기에 역부족이었던 것 같다). 유럽이 별개의 대륙으로 언급되는 이유는 단순히 처음으로 대륙이라는 단어를 정의했던 사람들이 모두 유럽인이었기 때문이라는 합리적인 답을 하는 사람도 많았다.

이렇듯 우리가 지형을 이해하기 위해 사용하는 가장 중요한 분류 체계가 아무런 과학적 근거도 없이 사용된다는 것이 가능한 일일까? 지질학자는 이런 용어를 더 세심하게 정의하기 위해 노력해야 했던 것이 아닐까?

하지만 그런 명확한 정의가 없는데도 지질학자는 대륙지각이나 대륙붕이라는 단어를 말할 때 그것이 정확히 무엇을 의미하는지 잘 알고 있다. 우리가 모두 대륙이라고 생각하는 커다란 땅덩어리 하나를 지칭할 때가 아니라면, 지질학자는 절대 대륙이라는 단어만 따로 떼어내서 언급하지 않는다.

대중에게 모두가 그 이름을 기억할 수 있는 몇 개의 대륙이 있다는 것은 (모든 사람이 다 그 분류에 동의하지 않는다 하더라도) 우리 주변 세상의 모습을 이해하는 데 가장 중요한 방법이다. 일관된 원리 원칙 없이 수백 개에 달하는 지구의 모든 국가를 다 파악하는 것은 어려운 일이다. 대륙이라는 단어는 지구의 광활한 크기를 인간이 쉽게 사고할 수 있는 규모로 줄여주는 방법 중 하나다.

행성도 마찬가지다. 행성이라는 말은 지구 바깥의 광활한 우주를 쉽게 이해할 수 있도록 도와주는 방법 중 하나다. 사실 이는 대부분의 사람이 익히 잘 아는 가장 거대한 규모의 분류 체계 중 하나다. 누군가에게 주변에 무엇이 있는지 묘사해보라고 하면 그는 우선 자기 주변의 가까운 이웃부터 이야기할 것이다. 그보다 더 많은 것을 말해보라고 하면 자기 마을이나 지역에 대해 이야기할 것이다. 계속 더 많은 것을 요구하면 자기 나라, 그다음으로 자기가 사는 대륙(이 단어가 또 등장했다!) 그리고 결국이 세계를 이야기할 것이다. 하지만 거기서 포기하지 않고 더 많은 것을 요구한다면 그는 결국 태양계에 대해서도 묘사하기 시작할 것이다. 행성 그다음은? 그다음에는 또 뭐가 있지? 거기서 대개 사람들은 눈만 깜빡이며 나를 바라본다.

사람들은 이웃을 묘사할 때는 자기가 사용하는 단어의 과학적 의미에 신경 쓰지 않는다. 대신 자기가 어디에 사는지를 정확히 특정할 수 있는, 알아보기 쉬운 랜드마크에 더 신경 쓴다. 행성이란 바로 이 랜드마크와 같다. 이것이 바로 사람들이 행성이라는 단어를 말할 때 의미하는 것이다.

그렇다면 행성이라는 단어는 구체적인 의미를 가질까, 아니면 그냥 묘사하기 위해 사용하는 수사적인 말일 뿐일까? 사람들이 행성이라는 단어를 말할 때 그들은 정확한 장소(수성 그리고 금성 그리고 지구 그리고 다른 것들)를 의미하는 것일까? 아니면 이 장소들과 또 다른 이곳과 비슷한 다른 장소들도 모두 의미하는 것일까?

나는 역사 속에서 이에 대한 좋은 실마리를 찾을 수 있었다. 천왕성이 우연히 발견됐을 때 그건 곧바로 행성으로 받아들여졌다. 해왕성도 마찬가지였다. 심지어 여기서 가장 중요한 명왕성조차 약간의 반대가 있기는 했지만 결국 행성으로 받아들여졌다. 명왕성이 행성으로 처음 받아들여지던 당시에는 확실히 명왕성도 다른 행성만큼 크다고 생각했다. 하지만 명왕성이 받아들여진 이후 행성이라는 크기의 기준은 더 낮아졌다. 대부분의 사람들은 (나와 일부 좀스러운 천문학자를 제외하고는) 행성을 말할 때 당연히 명왕성도 포함했다.

결국 이 행성인지 아닌지에 대한 결정은 1919년 국제 합의에 의해 창설된 후 하늘에서 일어나는 모든 현상을 분류하고 이름을 붙이고 그것을 올바른 자리로 돌려놓는 권한을 갖게 된 국제천문연맹이 하게 됐다. 국제천문연맹이 창설되기 전에는 아무런 규칙 없이 천문학자들이 각자 선택한 방식으로 분류해 이름이 붙은 천체로 가득했다. 오리온자리에서 오리온의 오른쪽 어깨에 해당하는 붉은 별은 아랍어로 '거인의 겨드랑이'를 의미하는 베텔게우스로 잘 알려져 있지만, 한편 1920년에 이 좌표를 기록한 헨리 드레이퍼의 천체 목록에서는 HD 39801이라는 이름으로 불린다. 그 외에도 이 별은 다른 천체 목록에서 PLX 1362, PPM 148643 그리고 내가 가장 좋아했던 2MASS J05551028+0724255 등 다양한 이름을 갖고 있다. 현재 국제천문연맹은 하늘에서 발견된 거의 모든 종류의 천체에 관한 규정과 정책을 갖고 있다. 새로운 초신성이 폭발한다면? 그것이 발견된 해와 그 뒤에 알파벳을 붙인다. 초신성 1987A는 가장 최근에 가장 가까이서 그리고 가장 밝게 폭발했던 초신성이다. 이 다섯 글자만으로도 나이 지긋한 천문학자는 알아보기 어렵다며 한숨을 쉴 것이다. 이러한 명명법은 거인의 겨드랑이처럼 쉽게 바로바로 그 의미가 떠오르지는 않지만, 천체의 이름을 붙이는 훨씬 체계적이고 일관된 방법이기는 하다.

국제천문연맹은 오직 태양계 천체에 이름을 붙일 때만 역사적 인물이나 문학가의 이름을 요구한다. 국제천문연맹의 규정에 따라 목성의 위성들에는 (자발적인 또는 그렇지 않은) 제우스의 아내들 이름이 붙었고, 수성의 크레이터에는 시인과 예술가의 이름이 붙었다. 토성의 거대한 위성 타이탄의 여러 형체(정확히 그 정체가 무엇인지 아직 알지 못하기 때문에 '형체'라고 말할 수밖에 없다)에는 문헌에 등장하는 신화 속 장소의 이름이 각각 붙었다.

국제천문연맹은 해왕성 너머 카이퍼 벨트에서도 새로운 천체가 처음 발견되자 재빨리 대응했다. 원래 처음에는 카이퍼 벨트 천체에 이름을 붙일 때 여러 세계의 다양한 신화 속 창조신의 이름을 붙였는데, 나중에는 새로 발견되는 카이퍼 벨트 천체 수가 창조신 수보다 더 많아지면서 이 규칙이 조금 느슨해지게 됐다. 심지어 최근에는 한 카이퍼 벨트 천체에 커트 보니것Kurt Vonnegut Jr.의 소설에 등장하는 허구의 신 이름인 '보라시시Borasisi'를 붙이기까지 했다.

이렇게 연이어 벌어지는 만일의 사태에 대비하느라 국제천문연맹은 어느 날 갑자기 모두의 마음속에 떠오른 질문에 대해서는 사실 깊이 고민해본 적이 없었다. 명왕성보다 더 큰 새로운 무언가가 발견되면 우리는 그것을 뭐라고 불러야 할까? 그것을 처음 봤을 때 그것이 새로운 행성인지 아닌지를 어떻게 알 수 있을까?

다른 훌륭한 국제기관들과 마찬가지로 국제천문연맹은 이런 비상 상황이 벌어졌을 때 무엇을 해야 할지 알고 있었다. 그것을 최종 결정할 수 있는 위원회가 필요했다. 다행히도 국제천문연맹에는 이미 위원회가 있었다. 제나가 발견되면서 동시에 천문학자들은 (그리고 다른 모든 사람은) 얼마나 작은 크기의 천체까지 행성이라고 할지, 또 최대 얼마나 큰 크기까지 행성이라고 할지 정하기 위해 치열하게 논쟁했다. 태양계 안에서는 쉬운 문세였다. 태양계에는 목성보다 큰 행성이 없으니 목성이 가장 큰 행성의 크기라고 정하기만 하면 된다. 하지만 더 먼 다른 별 주변에서 목성보다 더 큰 천체가 궤도를 도는 모습이 빈번하게 발견되기 시작했다. 그중 어떤 것은 목성만큼 또는 그 이상으로 더 무거웠다. 그것들도 분명 행성이었다. 심지어 태양보다 살짝 무거운 것도 있었다. 이들은 행성이 아니라 분명 별이었다. 이 중간쯤 어딘가에 행성과 별의 경계가 있었다. 어떻게 해야 할까?

기자들은 제나에 대해 이야기를 듣고 싶어서 전화를 걸어왔다. 그들은 제나가 어디에 있는지, 우리가 그것을 어떻게 발견했는지 그리고 제나의 크기는 얼마나 되는지 물었다. 우리는 아직 정확하지는 않지만 제나는 대략 명왕성의 절반 크기라고 말했다. 그러면 기자들이 다시 물었다. 행성에 관한 국제천문연맹의 최종 결정은 언제쯤 나올까요?

"제 딸이 기어 다니기 시작하기 전에는 결정이 됐으면 좋겠습니다." 나는 릴라가 태어난 지 겨우 3주쯤 됐을 때 이런 농담을 하곤 했다.

이후 에스파냐 천문학자 팀의 데이터 염탐 행각이 까발려졌을 때도 한 무리의 기자가 내게 전화를 걸어와 그 에스파냐 팀에게 이제 무슨 일이 벌어질지, 어떻게 이 갈등이 해결될지 그리고 이번 사건으로 인해 천문학자가 자신들의 데이터를 보호하고 서로 소통하는 방식에 어떤 변화가 올지에 대해 물었다. 나는 이번 사건으로 전 세계의 많은 과학자가 충분히 이런 의도치 않은 염탐의 피해자가 될 수 있다는 것을 깨달았으며, 앞다투어 그 해결책을 찾기 위해 노력하고 있다고 설명했다. 그러자 기자들은 물었다. 행성에 관한 국제천문연맹의 최종 결정은 언제쯤 나올까요?

"제 딸이 일어서는 법을 배우기 전에는 결정됐으면 좋겠습니다." 릴라가 이미 바닥을 기어 다니고 있었기 때문에 나는 이런 농담을 던졌다.

제나가 태양계 가장자리에 혼자 떠도는 외로운 천체가 아니라 그 곁을 맴도는 작은 위성을 거느리고 있다는 것을 발견했을 때 기자들은 또다시 내게 전화를 걸어와 어떻게 위성의 존재를 알아냈는지, 위성은 어떤 모습인지 또 그 위성의 이름을 무엇이라고 붙일 계획인지 물었다(물론 TV 드라마 속 제나의 용감한 조수의 이름 가브리엘이었다!). 그리고 그들은 내게 물었다. 행성에 관한 국제천문연맹의 최종 결정은 언제쯤 나올까요?

"제 딸이 처음으로 말을 하기 시작하기 전에는 나오길 바랍니다." 그다음 해 겨울 릴라가 이미 일어서서 씩씩하게 방 주변을 걸어 다니기 시작했기 때문에 나는 이렇게 농담을 던졌다.

그해 겨울 우리가 마침내 제나의 실제 크기를 알아내기 위해 허블 우주망원경을 쓸 수 있게 됐을 때 기자들은 내게 또다시 전화를 걸어와 제나는 어떤 물질로 구성돼 있는지, 어떻게 이런 큰 크기를 가질 수 있는지 그리고 명왕성에 비해 얼마나 더 큰지(겨우 5퍼센트 정도 더 커 보였는데, 안타깝게도 특히 4퍼센트 정도의 측정 오차를 감안하면 이는 명왕성에 비해 그다지 큰 크기는 아니었다) 알고 싶어 했다. 그리고 그들은 다시 물었다. 행성에 관한 국제천문연맹의 최종 결정은 언제쯤 나올까요?

"제 딸이 대학에 들어가서 천문학 강의를 듣기 전까지는 나오기를 바랍니다." 확실히 앞으로 한동안은 그 결정이 바로 나오지 않을 것 같았기 때문에 나는 이런 농담을 던졌다.

사람들은 국제천문연맹이 언제 최종 결정을 내릴지 내가 알고 있을 것이라 생각하며 매번 그 질문을 던졌다. 하지만 나는 아무것도 알지 못했다. 그동안 위원회의 그 누구도 내게 공식적으로 연락을 해서 현재 일이 어떻게 돌아가고 있는지 이야기해 준 적은 없었다. 게다가 나는 위원회에 누가 있는지도 몰랐다. 아마도 어느 날 아침 〈로스앤젤레스 타임스〉를 펼쳐보다가 갑자기 행성에 대한 위원회의 최종 결정을 보게 될지도 모른다고 나는 생각했다. 그러니까 태양계에는 오직 여덟 개의 행성만 있는 것으로 결정될지, 아니면 내가 많은 개수의 행성을 발견한 것으로 결정될지, 그것도 아니면 내가 태양계에서 행성보다 크기는 더 크지만 행성이 아닌 유일한 천체를 발견한 게 될지 말이다.

이러한 불확실성에 직면하면서 나는 가능한 모든 선택지에 대비를 하는 것이 좋겠다는 판단을 내렸다. 그래서 (몇 달 전) 첫 언론 보도자료에서 제나를 행성으로 불러야 할지 말지에 대해 내게 결정하도록 강요했던 칼텍의 언론대외홍보부 직원에게 전화를 걸었다. 나는 그에게 이번에는 국제천문연맹의 최종 결정을 위한 또 다른 언론 보도자료가 필요하다고 이야기했다.

"좋아요!" 그가 말했다. "그들이 뭐라고 결정을 내렸나요?"

"음, 글쎄요. 사실 아직 그들은 결정을 내리기 전입니다."

"하지만 곧 결정이 내려질 거잖아요. 그렇죠?"

"음, 글쎄요. 사실 저도 위원회에서 무엇을 하고 있는지 아무것도 알지 못합니다. 그들은 당장 내일 결정을 내릴 수도 있고, 10년 뒤에 결정을 내릴 수도 있어요."

"그러면…." 그가 잠시 머뭇거렸다. "그러면 보도자료에는 대체 무슨 내용을 넣으실 건가요?"

나는 대중에게 하나의 완벽한 과학적 이야기를 들려줄 수 있기를 원했다. 과거 너무 지나치게 서두르는 바람에 우리의 발견을 곧바로 발표함으로써 나는 완벽한 이야기를 대중에게 들려줄 기회를 놓쳤다고 생각했다. 마침내 위원회의 최종 결정이 모두 내려진 이후 그것을 바탕으로 한 태양계의 아름다움과 미묘함 그리고 중요한 질서를 대중이 인식하기를 원했다. 나는 제대로 설명되어야 할 과학이 중요한 것이니, 국제천문연맹의 결정에 대해서는 (물론 어느 정도는) 덜 신경 쓰려고 했다.

"자, 이제 네 가지 버전으로 보도자료를 만들 거예요." 내가 설명했다. 과학적 의미보다 감정적 여운을 더 중요하게 생각한다면 새롭게 발견한 천체가 열 번째 행성으로 불리는 것은 타당하다. 그래서 우리는 첫 번째로 제나를 열 번째 행성으로 대서특필해 소개하는 보도자료를 작성했다. 열 번째 행성이라고 생각하면 뿌듯한 마음이 들지만, 약간은 사기를 치는 것 같은 기분이 든 것도 사실이다. 천왕성 발견은 아주 큰 사건이었고, 해왕성 발견 역시 놀라운 일이었다. 하지만 제나는? 작은 제나는? 열 번째 행성이라고? 글쎄, 나는 내 내면의 지질학자에게 빙의해보았다. 만약 감정적으로 그것이 중요하다면, 그것이 전부일 뿐이었다. 나는 준비가 됐다.

하지만 나는 두 번째로 작성한 '왜 행성은 여덟 개뿐이어야 하는지'를 설명하는 보도자료에 더 과학적으로 동의하는 마음이었다. 150년 전에 이미 태양계의 천체를 크기가 큰 행성과 작은 소행성으로 분류하기로 우리 선조들이 결정했다는 사실을 아는 과학역사가라면 행성은 여덟 개뿐이라는 주장이 타당하다고 생각할 것이다. 이런 분류 방식을 따르면 명왕성은 (그리고 물론 제나도) 작은 천체의 범주에 완벽하게 속한다. 나는 지금 사람들이 정말 완벽하게 태양계를 이해한다면 바로 이것이 행성이라는 단어의 의미라고 인식하기를 바랐다. 두 번째 보도자료를 읽으면 우리가 큰 반대에 부딪힐 것이 분명한 과학적 입장을 취하는 용감한 천문학자인 듯 보인다. 나는 과학적으로는 이 두 번째 보도자료 내용에 더 강하게 동의했지만 천문학자들이 (대중이 좋아하는) 이 작은 행성을 정말 쫓아낼 정도로 대담하진 못하다고 생각했다. 그래도 안전하게 미리 보도자료를 준비해놓는 것이 최선이라고 생각했다. 한때 잠깐 열 번째 행성의 발견자였던 사람이 직접 나서서 그건 행성이 되어서는 안 된다고 이야기하는 것은 아주 강한 주장이 될 수 있을 것이다. 그리고 나는 우리가 이런 보도자료를 빨리 완성했다는 것이 뿌듯했다.

세 번째 보도자료는 국제천문연맹이 태양계 행성은 단순히 아홉 개뿐이라고 결정하는 상황을 대비한 것이었다. 이 경우 명왕성은 행성의 지위를 유지하지만, 새로 발견된 천체는 명왕성보다 커도 행성이 아니게 된다. 이것은 말이 되지 않는다. 나는 몇몇 사람이 '이미 훌륭한 아홉 개의 행성이 완벽하게 갖추어져 있는데, 바꿀 필요가 있을까?' 하고 묻는 소리를 들은 적이 있다. 그래서 이 경우도 가능한 여러 선택지 중 하나가 될 수 있을지 모른다는 생각이 들었다. 어쨌든 아홉 개의 행성만 그대로 두는 결정은 꽤 멍청한 것이라는 내용을 세 번째 보도자료에 담았다.

마지막 보도자료는 더 희박한 가능성을 염두에 둔 것이었다. 국제천문연맹이 행성이라는 단어의 정의를 확장해서 순식간에 200개의 행성을 갖게 되는 상황에 대한 보도자료였다. 수는 적지만 강경한 일부 천문학자들은 행성이라는 단어의 의미를 완전히 바꿔서 차라리 행성을 200개로 하자고 주장했다. 이런 200행성 방식은 사람들이 행성이란 단어를 말할 때 무엇을 의미하고 말하는 건지 이해하고자 노력하는 10행성 방식, 또는 사람들이 모든 사실을 정확히 알고 있다면 행성이란 단어를 어떻게 정의할지 파악하고자 한 8행성 방식, 또는 행성이란 단어를 말할 때 기존의 문자 그대로의 의미를 그대로 고수하려고 하는 (아홉 개 행성 말고는 다른 건 없다!) 9행성 방식과 달리, 이전에는 전혀 생각해볼 수 없었던, 행성이란 단어의 의미를 완전히 새롭게 정의하는 시도였다. 그렇게 되면 이제 행성이라는 단어는 근본적으로 '태양 주변 궤도를 돌며 크기가 충분히 크고 둥근 모든 천체'를 의미하게 된다.

그런데 왜 둥글어야 할까? 이것은 단지 천문학자가 특정한 모양을 선호하기 때문이 아니다(그런데 정말, 왜 그러면 안 될까?). 행성이 둥글어야 하는 이유는 그 특정한 모양이 우리에게 무언가를 이야기해주기 때문이다. 우주 공간으로 바위를 던진다면 그것은 원래의 불규칙한 모양을 계속 유지할 것이다. 하지만 만약 우주 공간으로 수백 개의 바위를 한꺼번에 던진다면 그것들은 서로를 끌어당기는 작은 크기의 중력에 의해 모이며 여전히 당신이 상상할 수 있는 모든 가능한 모양으로 뭉치게 될 것이다. 하지만 그보다 더 충분히 많은 바위를 우주 공간으로 한꺼번에 던지면 아주 환상적인 일이 벌어질 것이다. 모든 바위에 의해 누적된 강한 중력이 작용할 것이다. 각 바위는 처음에 무슨 모양이었는지 추정할 수 없게 될 때까지 서로를 끌어당기고 부딪치고 충돌할 것이다. 그러고 나면 바위들은 아름답고 간단한 구형이 될 것이다. 우주에서 무언가 둥근 구 모양을 찾았다는 것은 중력이 강하게 작용하는 곳을 발견했다는 것을 의미한다. 나는 행성과 관련한 수천 년의 우리 역사 속에서 그 누구도 행성이라는 단어를 말하면서 그것이 '자신의 중력에 의해 둥근 모양이 된 물체'를 의미한다고 인식하지는 않았을 것이라고 확신한다. 이건 아주 간단명료한 새로운 정의였다. 그리고 이러한 정의에 따르면 카이퍼 벨트에 있는 200여 개의 천체도 새로운 행성이 될 수 있다.

나는 보도자료를 작성하는 홍보부 직원에게 이 모든 것을 설명해주었다.

"왜 귀찮게 이런 걸 쓰시나요? 이건 미친 소리 같아요. 아무도 이런 결정은 하지 않을 거예요. 그렇지 않나요?"

음, 글쎄. 나는 아니라고 생각했다. 나는 정말로 국제천문연맹이 (만약 최종 결정을 내린다면) 그런 결정을 할 수도 있다고 생각했다.

"하지만 왜 천문학자가 이런 미친 결정을 내리겠어요?" 그는 답을 알고 싶어 했다.

절박함이 내가 할 수 있는 답의 전부였다. 절박함.

행성에 관한 이 새로운 정의는 아주 급진적이었지만, 명왕성을 그대로 행성으로 유지하면서도 과학적 냄새가 나는 가장 유일한 타협안이었다. 나는 과학위원회가 강력한 과학적 근거가 없는 결정(9행성 방식과 10행성 방식)을 내리는 것은 굉장히 어려울 것이라 생각했다. 또 천문학위원회가 결국 명왕성을 퇴출시키기로 결정하면서 대중의 반발을 사는 선택도(8행성 방식) 꺼릴 것이라고 예상했다. 따라서 200행성 방식으로 결정하는 것은 너무 급진적이지만, 겉으로 보기에는 가장 보수적인 대안이기도 했다. 어쨌거나 나는 그저 흘러가는 대로 최종 결정이 나오는 모습을 지켜볼 수밖에 없었다.

나는 정의하는 것을 좋아하지 않지만, 정의와 함께 살고 있다. 내게 좋은 소식은 200행성 방식에 따른 새로운 행성에 관한 정의가 발표된다면 나는 인류 역사상 그 누구보다 가장 많은 수의 행성을 발견한 사람이 된다는 것이었다. 제나, 이스터 버니, 산타, 세드나 그리고 콰오아뿐 아니라, 그 밖에 수십 개는 더 됐다. 좋지 않은 소식은 내가 그 이름 대부분을 기억하지 못할 것이라는 점이었다.

* * *

제나를 처음 발견한 지 1주년을 맞았지만 여전히 국제천문연맹 위원회에서 논의 중인 일이 어떻게 굴러가는지에 대해서는 아무런 이야기도 듣지 못했다. 하지만 괜찮았다. 나는 바빴다. 채드와 데이비드 그리고 나는 이제 학생들과 칼텍 외부의 다른 동료들과 함께 제나의 크기, 가브리엘(제나의 위성)의 발견, 전혀 예상치 못했던 산타의 두 번째 위성 발견 그리고 이스터 버니의 표면을 덮고 있는 얇게 얼어붙은 메테인 층에 대한 과학 논문을 작성하고 있었다. 우리에겐 여전히 할 일이 아주 많이 쌓여 있었다. 더 발전시켜야 할 언론 보도자료가 있었고, 세계 각지를 돌며 강연을 했으며, TV와 라디오 인터뷰가 있었다. 하지만 이 시기를 다시 떠올려보면 그때 내가 무슨 일을 했는지 하나도 기억이 나지 않는다. 내가 기억하는 것은 릴라와 달뿐이다.

우리는 고학력자 초보 부모로서 릴라가 무슨 생각을 하는지, 릴라가 무엇을 하는지, 릴라는 어떤 것을 알고 있는지 이해하는 데 너무나 매료돼 있었다. 나는 릴라 또래 어린아이의 성장에 관련한 과학책을 읽었다. 하지만 그건 릴라를 더 빨리 교육하고 싶어서거나 릴라가 나이에 맞게 잘 성장하는지 확인하려고 본 것이 아니었다. 단지 그때 내가 릴라를 제대로 이해하기 위해서 할 수 있는 것이 과학책을 읽는 것이었을 뿐이다. 나는 어린아이가 자라면서 사람의 얼굴을 인지해나가는 과정과 운동 능력 조절에 관한 논문을 읽었지만, 가장 인상 깊었던 것은 언어 능력 발달에 관한 논문이었다. 내 품속 포대기 안에 들어 있는 이 작은 아기가 언젠가 자라서 내 옆 의자에 앉아 함께 대화를 나누게 될 것이라는 건 상상하기 어려웠다.

다이앤과 나는 종종 자기 자식만 예외적으로 특별하다고 생각하는 부모에 대한 농담을 주고받곤 했다. 지적으로 우리는 릴라가 다른 것들에 비해 유독 더 잘하는 무언가 있을 것이라고 생각했다. 예외적이라는 것은 굉장히 높은 기준이다. 하지만 유년기에 관한 책을 읽고 릴라의 성장을 지켜보면서, 나는 마침내 이해할 수 있었다. 릴라는 예외적이었다. 어린아이의 성장은 이 우주 전체에서 벌어지는 일 중에서 가장 예외적인 일이기 때문이었다. 별, 행성, 은하, 퀘이사 모두 우리가 수년에 걸쳐 밝혀낼 성질과 물리량을 갖고 있는 놀랍고 환상적인 것이지만, 그중 어느 것도 어린아이의 언어 능력 발달 과정만큼 놀라운 건 없었다. 어느 누가 자기 아이가 예외적이지 않다고 생각하겠는가. 모든 아이는 그 아이 주변의 나머지 고요한 우주 전체에 비하면 너무나 예외적이다.

항상 연구에 대한 내 집착에 동기 부여를 해주었던 박사 과정 학생 에밀리 샐러는 어느 날 내게 아기에게 원시적인 수화를 가르치는 방법에 대한 책을 주었다. 아이들이 소리 내서 말하는 발성 능력을 갖추기 전에 먼저 대화를 할 준비가 되어 있을 것이라는 생각에서 건넨 책이었다. 아기는 말은 하지 못하더라도 손과 팔과 손가락은 쓸 수 있기 때문에 자기 주변 세상에 대해 이야기할 수 있다고 한다.

릴라가 처음 수화로 해준 이야기는 놀랍지 않게도 고양이였다(고양이 수염을 표현하려는 듯 손가락 두 개를 교차해서 얼굴에 대고 긁었다). 우리와 함께 살던 고양이 두 마리는(원래는 다이앤이 기르다가 함께 살게 됐다) 갑자기 시끄럽게 울어대는 새로운 사람이 집 안에 등장하자 참지 못했다. 하지만 고양이들은 결국 릴라가 익숙해졌고, 그녀가 잘 때는 해를 끼치지 않는다는 걸 알게 됐다. 그리고 고양이들은 나와 다이앤이 자고 있는 아기를 안고 있어서 한쪽 팔은 쓰지 못하지만 다른 한쪽 팔로 자기들 귀를 긁어줄 수 있을 때면 우리 옆에 가까이 누웠다. 릴라는 몸을 뒤집는 방법을 배웠다. 그러면 고양이들은 흩어졌다가 다시 돌아와서 아직은 릴라가 거의 움직이지 못한다는 사실을 확인했다. 릴라가 고양이 뒤꽁무니를 쫓기 시작하면 고양이들은 손이 닿지 않는 먼 곳으로 도망가버렸다. 릴라에게 고양이들은 마치 무지개의 끝자락과 같았을 것이다. 눈에는 보이지만 그곳에 가면 손에 닿지 않았으니까. 릴라가 바깥세상과 대화를 나누기 위해 시도한 첫 번째 대상은 바로 고양이들이었다. 하지만 매몰찬 고양이들은 릴라의 노력에 대꾸해주지 않았다.

고양이 다음으로 릴라는 꽃을 배웠다. 꽃은 (코를 킁킁거리면서 냄새를 맡는다) 어디에나 있었고, 바깥에 나가면 가장 먼저 만날 수 있는 식물이지만, 릴라는 곧 자기 옷이나 신발 또 자기가 보는 책과 잡지의 사진 속에 있는 꽃도 모두 같은 것이라는 사실을 깨달았다. 나는 정말로 릴라가 어떻게 세상을 보고 이해하는지 릴라의 몸에 선을 연결해 실험을 해서라도 완벽하게 릴라의 마음을 이해해보고 싶었다.

"뭘 하고 싶다고?" 다이앤이 이렇게 말했다.

하지만 누군들 그런 생각을 하지 않았을까? 바로 우리 집에서 우주에서 가장 특별한 일이 벌어지고 있는데, 그 놀라운 순간순간에 대해 나는 아무런 실험도 하지 못한 채 바라보고 있을 뿐이었다.

"릴라한테 실험 같은 걸 하는 일은 없을 거야." 다이앤이 단호하게 말했다.

안다, 알아. 나는 정말로 실험을 할 생각은 아니었다. 나는 정말로 케이블을 연결할 생각은 없었다. 내가 하고 싶었던 것은 단지 릴라가 자기 주변 세상을 수화로 표현할 때면 릴라를 꼭 껴안고 이렇게 이야기해주고 싶은 것뿐이었다. 너는 이 우주에서 가장 특별해.

우리는 최근 새집을 마련했다. 우리는 결혼하고 처음 몇 년간 그리고 릴라가 태어난 첫 여섯 달 동안 내가 몇 년 더 일찍 샀던 패서디나의 교외 지역에 흔하게 밀집되어 있는 아주 작은 크기의 에스파냐 스타일 단층집에서 살았다. 나는 이 작은 단층집을 사랑했다. 그 집은 내가 처음으로 다이앤에게 저녁을 해준 집이었다. 다이앤이 이 단층집으로 이사를 왔을 때 나는 그녀에게 경고했다. 나는 이 집이 너무 좋아, 절대 이사하지 않을 거야.

하지만 이 집에서는 하늘을 거의 볼 수 없었다.

나는 밤이 되면 밝은 자동차 전조등 불빛으로 사방이 가득 채워진 눈부신 길거리를 자전거를 타고 지나 집으로 돌아왔다. 나는 달빛과 별빛에 의지해 집까지 걸어가야 했던 오두막 시절을 회상하곤 했다. 또 그보다 더 과거에 샌프란시스코만에 정박한 작은 요트에 살면서 밤마다 잠들기 전 마지막으로 밤하늘을 바라보며 선실 해치를 닫았던 시절을 회상하곤 했다. 내가 살던 단층집에서는 기껏해야 뒷마당에 욕조를 놓고 그 안에 들어가 앉아 작은 조각 하늘을 올려다볼 수 있을 뿐이었다. 가끔 북두칠성도 보고 카시오페이아자리도 보았다. 하지만 이 작은 밤하늘에서는 행성을 본 적이 없었다.

다이앤은 새 식구를 위해서라도 더 넓은 집으로 이사할 필요가 있다고 했고, 결국 나는 마지못해 동의했다. 정말로 이사를 할 때가 된 것 같았다. 나는 억지로 그녀와 함께 집을 보러 다녔다. 하지만 우리의 행복한 작은 단층집만큼 완벽한 집은 없었다. 그렇게 아무 기대도 하지 않던 어느 날, 우리는 10만 년 전 벌어진 산사태로 깎여 나간 언덕 꼭대기에 자리한 집을 우연히 마주하게 됐다. 누구도 그것이 산사태로 만들어진 지형임을 알지 못했지만, 이미 나는 1년도 더 전에 내 지질학 강의를 들었던 학생들에게 이 산사태에 관한 과제를 제출하도록 한 적이 있었다. 어떻게 이 집과 사랑에 빠지지 않을 수 있겠는가. 우리는 3일 뒤 그 집을 샀고, 그다음 달 이사를 했다.

산사태로 형성된 지형에서 사는 것은 장점이 있었다. 우리 집 바로 뒤쪽에 가파른 협곡이 있었다. 협곡은 허물어진 돌무더기 속에서 더 쉽게 형성된다. 또 우리는 상상할 수 있는 모든 크기와 성분으로 만들어진 조경용 돌을 주변에서 쉽게 구할 수 있었다. 조경용 돌이 필요하면 그냥 한 발자국만 걸어가 땅을 살짝 파서 산사태가 끌고 온 돌이 있는지 확인하기만 하면 됐다. 산사태는 야생의 작은 자연 통행로를 만들기도 하는데, 그래서 우리는 그곳 주변에서 많은 새와 스라소니, 심지어 흑곰도 한 마리 볼 수 있었다.

북쪽으로 솟은 산을 등지고 산사태로 인해 혓바닥처럼 둥글게 깎여 나간 지역의 혓바닥 끝에 해당하는 꼭대기 위에 산다는 것의 가장 좋은 점은 무엇보다도 남쪽 방향으로 아무런 시야의 방해 없이 탁 트인 장관을 볼 수 있다는 점이었다. 밤에 집 밖으로 나가 남쪽을 바라보면 환상적인 별자리로 가득한 하늘을 볼 수 있었다. 오리온자리와 황소자리 그리고 전갈자리도 보였다. 푸르게 빛나는 시리우스와 붉은 베텔게우스도 볼 수 있었다. 그리고 가장 좋은 건 행성을 볼 수 있다는 점이었다.

릴라와 나는 새집으로 이사한 이후 몇 년 동안 하늘을 가로질러 움직이는 목성과 토성의 움직임을 추적하고, 태평양의 수평선 아래로 저무는 금성을 바라보며, 우리의 창백한 푸른 행성에 비해 화성이 얼마나 더 붉은지를 관찰하면서 시간을 보냈다. 하지만 무엇보다 가장 많이 한 것은 바로 달을 보는 것이었다.

우리가 이 집으로 처음 이사 왔을 때 릴라는 여전히 새로운 수화를 배우고 있었다. 릴라가 가장 좋아하는 수화의 조합은 이렇게 해석할 수 있었다. 조명이 있다. 그것을 켠다(손을 머리 위에 올리고, 순간 공 모양으로 손을 움켜쥐고, 무슨 말을 하고 싶은지 표현하려는 듯 손가락을 모두 펼치며 불이 켜지는 시늉을 한다). 자기 말을 알아듣고 전등을 켜주면 릴라는 '고마워'(손가락으로 심장을 두드린다)라고 말했다.

어느 봄밤, 9개월이 된 릴라와 나는 거의 보름달에 가까운 달을 바라보기 위해 담요를 두르고 밖에 나가 앉아 있었다. 지난 며칠간 매서운 폭풍과 홍수로 인해 물속에 잠겨 있던 곳곳이 다시 드러나 있었다. 비가 멈추자 하늘의 절반을 덮고 있던 두껍고 어두운 구름 사이로 밝은 보름달과 빛나는 별이 보였다. 구름 사이에 뚫린 거대한 구멍으로 빛이 새어 들어오며 아직은 젖어 있는 땅을 비추었고, 우리는 반짝이는 밤하늘 풍경을 볼 수 있었다. 나는 릴라에게 밤과 달과 비에 대해 이야기해주었다.

그때 협곡 건너편에서 코요테의 울음소리가 들려왔고, 나는 코요테에 대해서도 이야기해주었다(그리고 오늘날의 고양이가 어떻게 집고양이가 됐는지도 말해주었다).

달이 두꺼운 구름 뒤로 숨자 순간 세상이 깜깜하게 변했다.

릴라는 주변을 둘러보고, 방금까지 달이 있었던 방향을 올려다봤고, 나를 바라봤다. 그러고는 주먹을 쥐고 하늘 높이 들어 손가락을 펼치고는 기대에 찬 눈빛으로 나를 쳐다봤다.

구름이 지나갔다. 달이 나타났고 주변은 다시 밝아졌다.

릴라가 내게 미소를 지어 보였고, 제 심장을 손가락으로 두드렸다.

* * *

나는 그해 여름 릴라의 첫 생일이 오기 바로 며칠 전, 릴라가 걷는 방법을 배웠던 순간을 너무나 생생하게 기억한다. 이전에 릴라는 넘어질락 말락 하면서 멈칫멈칫하다가 벽을 잡고 서성거리는 정도였지만, 어느 날 갑자기 어디로 튈지 예상하기 어려울 만큼 굉장히 빨리 걷기 시작했다. 금방 눈앞에서 사라질 정도였다(릴라가 내 시야에서 너무 멀리 벗어나 사라지지 않도록 이제 60초 정도는 계속 릴라를 주시해야 했다). 릴라의 생일 하루 전날, 나는 수영장에 친구를 빠뜨리려고 장난을 치다가 발목이 부러지는 바람에 깁스를 하고 목발을 짚고 있었다. 부엌 조리대에서 냉장고까지 가려면 몇 발자국을 더 걸어야 한다는 사실이 나를 슬프게 했다. 하지만 더 슬픈 일은 이제 릴라가 일어나서 내가 목발을 짚고 걷는 것만큼 빠르게 걷기 시작했다는 점이었다. 나는 릴라가 기어 다닐 때만 릴라를 따라잡을 수 있었다. 그날부터 릴라와 내 입장이 바뀌었다. 릴라는 걸어 다녔다. 그리고 나는 기어 다녔다. 나는 나와 릴라의 입장이 뒤바뀐 이 일이 정확히 무엇을 상징하는지 많은 생각을 하게 됐고, 모두 불길한 생각뿐이었다.

릴라는 목발을 짚고 걷는 나를 표현하는 수화를 만들었는데(릴라는 두 손을 앞으로 내밀고 검지를 위아래로 움직였다), 그건 릴라가 처음으로 아빠를 놀리는 행동이었다. 놀라운 일은 아니지만, 나는 릴라가 나를 놀리는 모습에 완전히 반해버렸다.

그로부터 엿새 후 여전히 목발 신세였던 나는 카이퍼 벨트를 주제로 하는 국제 학회에 참석하기 위해 이탈리아로 향했다. 우리는 학회에서 카이퍼 벨트의 형성, 그곳 천체의 표면과 대기 그리고 그곳의 천체는 무엇으로 구성돼 있는지 등의 발표를 진행했다. 하지만 누구도 우리 발표에 질문을 하지 않았다. 그런데 밤에는 달랐다. 그날 밤 프로세코 와인을 마시며 월드컵 축구 경기를 보기 위해서 주변의 작은 카페에 들어갔다(정확히 목발을 짚은 상태로 1032걸음 떨어진, 학회장에서 가장 가까운 카페였는데, 나는 이것이 마치 지구에서 세드나까지 떨어진 거리만큼 아주 멀게 느껴졌다). 카페에 있던 사람들은 명왕성과 제나 그리고 행성에 관해 더 듣고 싶어 했다. 나는 열 번째 행성과 대륙이라는 단어에 대한 내 의견을 피력했다. 그러자 함께 있던 다른 천문학자들이 멈칫했다. 그들은 행성이라는 단어의 정의에 아무런 과학적 고민이 없다는 것을 마음에 들어 하지 않았다.

"그러면 둥근 천체는 다 행성이 되어야 한다고 생각하시나요? 행성이 200개나 되어야 한다고 생각하세요?" 나는 당연히 아니라는 대답을 기대하면서 질문했다.

"당연히 아니죠!" 사람들은 대답했다. 그러면 행성은 딱 여덟 개만 있어야 한다는 게 명백하지 않은가?

나는 다른 천문학자들이 순진하다고 생각했다. 과학자끼리 모여서 그 울타리 안에서 발언하는 것은 쉽지만, 과학자는 자신의 결정이 바깥 세상에 얼마나 큰 영향을 주는지에 대해서는 잊고 있었다. 그 누구도 명왕성을 죽이게 내버려두지 않을 것이다. 그렇겠지? 하지만 여전히 그 생각은 흥미로웠다. 생계를 유지하기 위해서 카이퍼 벨트를 연구하는 직업 천문학자(자기 경력의 평생을 바쳐서 태양계 외부에 있는 수많은 천체를 연구하는 사람들)들과 나누는 대화는 별로 가치가 없었다. 물론 제나는 행성이 아니다. 그리고 명왕성도 마찬가지여야 한다고 생각했다. 소행성이 행성이 아닌 소행성으로 강등됐던 150년 전에 이미 우리는 똑같은 질문을 하지 않았던가.

순진하다, 나는 그렇게 생각했다. 나는 나 역시 다른 천문학자처럼 똑같이 생각했던 시절을 떠올렸다. 과학이 대중문화에 미치는 파급 효과는 신경 쓰지 않고 그냥 과학에만 신경 쓰면 좋지 않을까? 대중의 반응은 신경 쓰지 않고 그냥 이치에 맞는 말을 하는 게 가장 좋은 것 아닌가?

집에 돌아오고 나서 일주일 후 전화벨이 울렸다. 그리고 처음 듣는 국제천문연맹 위원회(세 번째 행성위원회였나, 아니면 다섯 번째 행성위원회였나? 잘 기억도 안 난다)의 한 회원에게서 제나를 행성으로 분류하기로 결정을 내렸다는 청천벽력 같은 소식을 들었다.

그는 행성이라는 단어를 어떻게 정의하기로 결정했는지에 대한 자세한 설명은 들려주지 않았지만, 그는 내가 곧 들이닥칠 매스컴의 맹공격에 대비하기를 바랐다. 내가 행성을 발견한 살아 있는 유일한 사람이기 때문에 그는 내가 겸손한 자세를 유지하는 것이 최선이라고 생각했다.

겸손이라고? 난 그 말을 듣고 낄낄 웃었다. 내 한 살배기 딸은 최근 수화로 나를 놀리는 방법을 스스로 터득했다.

그는 내게 세부 사항까지 말해줄 생각은 아니었지만, 이미 많은 것을 이야기해주었다. '행성을 발견한 살아 있는 유일한 사람'이라는 말이 의미하는 것은 한 가지뿐이었다. 국제천문연맹이 200개의 행성을 포함하는 결정을 했다면 세상에는 살아 있는 행성을 발견한 사람이 수십 명은 있게 된다. 하지만 그런 사람이 단 한 명뿐이라는 말은 나 스스로 타협을 본 10행성 방식의 결의안으로 국제천문연맹이 결정했다는 것이 분명했다. 행성 목록은 제나로 끝나게 됐다.

"다른 천문학자들도 이번 결정에 수긍할 것이라고 생각하시나요?" 내가 물었다.

나는 다른 천문학자들도 이에 따를 것이라고 빠르게 확신했다. “지난 며칠간 저희는 이와 관련해 아주 많은 논의를 거쳤습니다. 다음 투표 절차를 통해서 순조롭게 통과될 겁니다.”

* * *

그날 밤 나는 집으로 와서 다이앤에게 이야기해주었다. 우리는 샴페인 한 병을 따고 내가 행성을 발견한 살아 있는 유일한 사람이라는 이 놀라운 소식을 기념해 함께 술을 마셨다. 행성이다. 내가 행성을 발견했다! 남은 이 시간이 지나고 나면, 이제 제나는 행성이 될 것이다. 그리고 나는 공식적으로 이 세상에서 행성을 발견한 아직 살아 있는 유일한 사람이 되는 것이다.

그때 릴라가 놀고 있던 방구석에서 걸어와 내가 짚고 있던 목발을 바라봤고, 곧바로 팔을 앞으로 내밀고는 검지를 위아래로 움직였다.

좋다. 나는 아직 빨리 걷지 못했고, 한 살배기 딸만큼 빠르게 움직이기 위해서는 여전히 기어 다녀야 했다. 하지만 나는 행성을 발견했다. 아무도 내게서 이것을 빼앗아갈 수는 없었다.

12 아주 많이 사악한 사람

로스앤젤레스 외곽에 살면서 우리는 남쪽의 맑은 하늘 위로 LAX 공항을 오가는 비행기들이 궤적을 그리는 아름다운 장관을 볼 수 있었다. 낮에 움직이던 이 비행기들이 밤이 되면 밤하늘의 별보다 더 밝은 불빛을 내며 움직이는 모습을 릴라는 가장 좋아했다. 릴라는 비행기를 의미하는 수화를 많이 사용했다(땅에 나란하게 손과 팔을 쭉 뻗었다). 처음에는 하늘에서 움직이는 작은 점들을 의미했는데, 이후에는 책에 있는 사진 속 비행기를 의미했다. 그리고 릴라가 13개월이 되는 아주 즐거웠던 날, 릴라는 자기가 곧 직접 타고 하늘을 날게 될 비행기를 이야기했다. 나는 아침 시간을 통으로 릴라의 수화를 번역하기 위해서 썼다.

"봐봐! 하늘에 비행기가 있어!" LAX 공항에 가까워지면서 나는 말했다.

"봐봐! 비행기가 땅 위에서 돌아다니고 있어!" 우리는 공항을 가로질러 이동했다.

"봐봐! 저기 보이는 건 사람들이 비행기로 들어가기 위해 걸어가는 터널이야!" 우리는 공항 게이트에 있었다.

"봐봐! 이제 우리는 비행기 안에 있어!" 우리는 좌석에 앉았다.

나는 비행기를 처음 타보는 릴라가 낯선 모습에 당황해하지 않을까 걱정했지만, 다행히 릴라는 아무렇지 않다는 듯 차분하게 앉아 있었다. 우리는 지금 비행기 안에 있고 하늘을 날고 있어, 아빠. 뭐 별일이 있겠어?

우리 가족은 시애틀 북서쪽의 샌환 제도에서 가장 거대한 오르카스섬에서 2주일간 휴가를 보냈다. 다이앤은 고등학교 시절까지 오르카스섬에서 지냈고, 장모님은 아직도 이 섬에 살고 있었다. 또 그곳은 다이앤과 내가 공식적으로 함께 휴가를 간 첫 번째 장소였다(하와이에도 함께 가지 않았느냐고? 그건 일로 간 것이었다). 그리고 이제 우리는 딸과 함께 방문했다. 8월 토요일 아침이면 평소에는 지루한 농산물 시장이었던 곳에서 매년 도서관 바자회가 열리는데, 다이앤은 중고 서적을 판매하는 이 행사를 아주 좋아했다. 나는 이 섬 출신이 아니라 이 도서관 바자회 행사가 암묵적인 귀향 날짜라는 것을 완벽하게 이해할 수 없었다. 이 섬에 살던 사람들은 토요일 아침마다 갑자기 나타나서 행사장을 서성이며 중고 서적을 훑어보고 구운 굴 요리를 간식으로 먹었다.

나도 그 도서관 바자회 행사를 사랑했다(완전히 들떠서). 매번 다른 때라면 절대 거들떠보지도 않았을 중고 서적을 구매하곤 했다. 그런 후 10시가 넘은 시간에 장모님의 집 현관 앞에 앉아서 한여름 날 저녁 해가 저무는 모습을 바라보며 책을 읽었다.

하지만 처음으로 릴라를 데리고 가족 휴가를 온 이번 여행에서는 혼자서 현관 앞에 앉아 책을 읽으며 휴식을 취할 겨를이 없었다. 당시 내 휴가는 3년에 한 번씩 열리는 국제천문연맹 학회와 일정이 겹쳤다. 이번 학회는 프라하에서 열렸다. 그리고 이번 학회에서 역사상 처음으로 마침내 행성이라는 단어의 정의에 대한 투표가 진행될 예정이었다.

나는 왜 거기에 가지 않았느냐고? 어째서 천문학적으로 역사적인 일이 벌어지는 순간에 왜 나는 그 지구 반대편에서 휴가나 보내고 있었느냐고?

좋은 질문이다.

그 질문에 나는 네 가지 답을 줄 수 있다. 우선, 나는 그 도서관 바자회 행사가 너무 좋았다. 두 번째, 그건 우리 가족의 첫 번째 가족 휴가였다. 세 번째, 그 누구도 (본인들이 프라하에 있다는 사실을 알게 된 천문학자들조차) 내게 행성에 관한 투표가 임박했다고 알려주지 않았다. 만약 이 투표가 진행될 것을 미리 알았다면 나는 분명 태평양 북서쪽의 작은 섬에 몸을 숨기는 대신 그 투표 현장에 참여해야 한다는 의무감을 느꼈을 것이라고 생각한다. 운 좋게도 나는 투표가 있다는 사실을 알지 못했다. 네 번째, 아마 가장 중요하게도 나는 사실 국제천문연맹 회원이 아니었다. 나는 그 투표에 참여할 자격이 없는 사람이었다. 말하기 민망하지만, 나는 국제천문연맹 회원이 되기 위한 서류 양식을 스스로 작성할 수 없었다. 왜냐하면 서류 양식의 12번 질문 때문이었다. 내가 답할 수 있는 학문적 자질과 수상 실적을 묻는 질문 여러 개를 넘어가면, 내가 다른 사람에 비해 얼마나 특출한지에 대해 이것저것 물어보는 질문이 이어졌다. 나는 여기서 멈칫했다. 글쎄, 내 생각에 나는 윌리엄 허셜(명백한 행성인 천왕성을 발견한 사람)이 아니었다. 나는 존 애덤스도, 위르뱅 르베리에도, 요한 갈레도 아니었다(애덤스와 르베리에는 해왕성의 존재를 예견했고, 갈레는 그것을 발견했다). 나는 정말로 궁금했다. 나한테 나만의 특출한 점이 있나? 회원 등록 신청서에서 이 질문을 볼 때마다 나는 작성을 멈추고 펜을 내려놔야 했다. 가입도 하지 않았는데 귀찮게 굳이 프라하에서 열리는 국제천문연맹에 가야 할 이유는 없었다.

* * *

지구 반대편에서 무슨 일이 벌어지고 있는지, 정확하게는 국제천문연맹에서 곧 투표를 진행할 것이라는 내용의 이메일이 도착했을 때 나는 장모님 집에 앉아서 창문 밖 웨스트사운드를 향해 가는 요트를 바라보고 있었다. 나는 흥분한 상태로 다이앤에게 이메일을 읽어주었다.

"다이앤, 다이앤, 여기서 말하길 당연하게도 덩치 큰 여덟 개의 천체는 물론이고, 명왕성과 2003 UB313(이건 제나다)도, 그리고 몇 개의 작은 천체도 모두 행성에 포함될 거래."

나는 혼란스러웠다. 이메일에 따르면 명왕성과 제나는 아홉 번째 그리고 열 번째 행성으로 이름을 올리고 있었다. 하지만 그 외에도 1801년 발견된 소행성으로 1850년 결국 왜소행성으로 최종 분류된 세레스도 행성으로 포함되어 있었다. 그리고 뜻밖에도 내가 미처 생각지 못했던 명왕성의 절반 정도 크기인 명왕성의 위성 카론도 열두 번째 행성이 되어야 했다. 열두 개의 행성이라니. 내가 원래 예상했던 여덟 개도, 아홉 개도, 또 열 개도, 심지어 200개도 아니었다. 카론까지? 이메일 속 내용은 납득할 수 없었다. 명왕성의 위성까지 행성으로 불러야 하는지에 대해 논의했던 적은 내 기억 속에 전혀 없었다. 대체 위원회는 무슨 생각을 한 것일까? 제대로 정신이 박힌 사람이라면 어떻게 카론을 행성이라고 부르자는 생각을 할 수 있을까?

나는 이메일을 다시 차근차근 읽어봤다. 비밀스럽게 소집된 위원회는 사람들이 잘 선호하지 않는 방식이라 하더라도 그것이 과학적으로 합리적이고 일관된 정의라면 나도 받아들일 수 있다고 생각했던 '모든 둥근 천체는 행성이다'라는 관점을 고수하고 있었다. 그 자리에 모여 있던 천문학자들이 이것이 행성이라는 단어를 정의하는 올바른 방법이라고 결정했다면, 개인적으로는 마음에 들지 않더라도 나는 그 결정을 받아들여야 했다. 어쨌든 그렇게 결정이 된다면 나는 새로운 행성을 몇 개 발견한 사람이 될 수 있을 테니 말이다.

그 비밀 위원회에는 자신들의 결정에 대한 그들 나름의 이유가 있었다. 첫 번째, 행성이라는 단어는 과학적 기반을 바탕으로 정의해야 한다. 누가 여기에 반대하겠는가. 나도 마찬가지로 문화적·관습적 정의 말고 과학적 정의를 원했다. 만약 그들이 정말 과학적 정의만을 고집했다면 나는 그것이 잘못됐다고 말하기는 어려웠을 것이다. 두 번째, 어떤 천체가 행성인지 아닌지의 여부는 그 천체를 보는 것만으로도 결정할 수 있어야 한다. 그러니까 그 천체가 어디에 놓여 있는지, 어떻게 움직이는지 그리고 그 주변에 무엇이 있는지, 이런 다른 것을 모르더라도 행성인지 아닌지를 결정할 수 있어야 한다는 말이다. 위원회는 태양계에서 오직 소수의 주요한 지배적 천체들만 행성으로 불려야 한다는 생각에 동의하지 않았다.

그러고 나서 위원회는 새롭게 제시된 열두 번째 행성 카론에 대해서 논의했다.

카론은 명왕성의 세 위성 중 가장 큰 위성이다. 카론은 1978년 미국 해군성 천문대에서 일하던 천문학자 제임스 크리스티가 오래된 명왕성의 사진을 분석하다가 우연히 작은 얼룩 하나가 한쪽으로 다가왔다가 다시 다른 쪽으로 멀어지는 모습을 발견하면서 그 존재가 알려지게 됐다. 카론은 지구의 달, 목성의 위성(네 개), 토성의 위성(한 개) 그리고 해왕성의 위성(한 개)보다 크기가 작지만, 태양계에서 여덟 번째로 큰 위성이며, 중심 행성인 명왕성에 비해서도 꽤 크다. 이렇듯 카론이 워낙 크기 때문에 위원회는 태양계의 위성 가운데 유일하게 카론만 마땅히 위성이 아닌 행성이라고 불러야 한다고 주장한 것이다.

뭐라고?

위원회에서 작성한 결의안에 따르면, 그들은 크게 두 가지 이유로 카론을 행성으로 고려해야 한다고 주장했다. 우선, 카론은 둥근 모양을 가질 수 있을 정도로 충분히 크다. 이 자체만으로도 충분히 행성의 조건이 될 수 있는 좋은 이유가 된다. 하지만 태양계에는 행성으로 간주할 수 없는 아주 많은 둥근 천체들이 있다. 예를 들어 '내 원수'인 달이 그렇다. 사실 위원회의 결의안에서는 특히 행성이라고 불러야 하는 천체에서 달을 제외했다. 하지만 위원회는 다음의 한 가지 이유를 들어 (달에 비해서도 60퍼센트나 더 작은) 카론을 특별한 예외로 두었다. 바로 명왕성과 카론은 명왕성의 살짝 바깥에 있는 둘 사이의 질량중심점을 중심으로 맴돌고 있기 때문이라는 이유였다.

여기서 잠깐 짧은 물리학적 설명을 해야 할 것 같다(그리고 행성이라는 단어를 어떻게 정의해야 할지 설명하기 위해서 별도의 물리학적 설명이 필요하다는 것부터가 이 정의 방식이 좋지 못하다는 징후라는 걸 말하고 싶다). 어떤 천체가 다른 천체 곁을 맴돌면(예를 들어 지구 주변을 도는 달이나 태양 주변을 도는 지구) 작은 천체가 그 주변을 둥글게 도는 동안 그 중심의 큰 천체가 완벽하게 고정되어 있지는 않다. 그 대신 두 물체 모두 질량중심점이라고 하는 점을 중심으로 원을 그린다. 예를 들어 거대한 시소 양끝에 지구와 달을 올려놓고 균형을 맞춰본다면 지구와 달의 질량중심점이 어디에 있는지를 알아낼 수 있다. 지구와 달의 경우 지구 내부로 지구 반경의 4분의 1 정도 되는 지점에 시소의 받침점을 두면 된다. 시소가 균형을 맞춘다면 바로 거기가 질량중심점이다. 달이 29일을 주기로 지구 주변을 크게 궤도를 그리며 도는 동안 태양 주변을 공전하는 지구 역시 이 질량중심점을 중심으로 지구 자신보다 훨씬 작은 원을 그리며 돈다. 단순히 달이 지구 주변을 돈다기보다는 실제로는 두 천체가 모두 지구 속에 있는 질량중심점을 중심으로 도는 것이다.

질량중심점의 위치에는 특별한 게 없다. 만약 지구와 달의 질량중심점에 해당하는 위치에 정확하게 서 있다면 발견할 수 있는 유일한 이상한 점은 단지 머리 위에 엄청난 크기의 바위가 있다는 것뿐이다.

명왕성은 카론에 비해 겨우 두 배 더 크다. 따라서 만약 명왕성과 카론을 거대한 우주 시소 양끝에 올려놓고 균형을 이룰 수 있는 받침점의 위치를 찾는다면 그 질량중심점은 명왕성의 내부가 아니라 바깥에 놓이게 된다. 여전히 이 질량중심점이 놓이게 되는 위치에는 특별할 것이 아무것도 없다. 만약 정확하게 이 명왕성과 카론의 질량중심점에 서 있게 된다면 느낄 수 있는 유일한 이상한 점은 더 이상 숨을 쉴 수 없을 정도로 아주 춥다는 것뿐일 것이다.

하지만 국제천문연맹의 결의안에 따르면 명왕성-카론의 질량중심점이 명왕성 내부가 아니라 명왕성 살짝 바깥에 놓인다는 시답잖은 사실 하나가 모든 것을 다르게 만들어버린 듯했다. 그 사실만으로 카론은 갑자기 모든 자격 요건을 충분히 만족한 행성이 됐고, 명왕성-카론은 태양계에서 유일한 이중행성二重行星이 되고 말았다. 곳곳에 있는 명왕성의 열렬한 지지자들은 소름이 돋았을 것이다. 위태로웠던 명왕성의 지위는 이제 몹시 독특한 것으로 변했다. 갑자기 이곳은 태양계에서 유일하게 행성 하나 가격으로 한 번에 두 개의 행성을 방문할 수 있는 곳이 되어버렸다.

물론 그 결의안에 담긴 정의는 정말 미친 것이었다. 위원회 회원들은 우선 그 주변에 아무것도 없는 천체들에 대해서만 그것이 행성인지 아닌지를 따져봐야 한다고 이야기했다. 그러고는 마음을 바꿔서 위성에 관해 논의했다. 그들은 위성이 둥근 모양이기는 하지만 태양 주변을 도는 게 아니라 자기보다 더 큰 다른 둥근 천체 주변을 맴돌고 있기 때문에 행성이 아니라고 이야기했다. 그러고는 또다시 마음을 바꾸어 카론에 대해 이야기했다. 그들은 카론이 태양계의 다른 위성에 비해 작기는 하지만, 명왕성-카론의 질량중심점이 명왕성 내부가 아니라 바깥에 있기 때문에, 즉 엄밀히 말해서 카론은 명왕성 주변을 도는 게 아니라 우주 속 허공의 한 지점을 중심으로 돌고 있기 때문에 행성이 되어야 한다고 주장했다. 어쨌든 카론은 행성의 주변을 도는 건 아니니까. 이런 논리로 카론은 위성이 아니라는 소리였다.

결론적으로 위원회의 의견에 따르면, 태양 주변에 있는 무언가가 행성인지 아닌지를 정하는 방법은 다음과 같다.

일단 그것이 둥근 모양인지, 아닌지 살펴본다. 둥글다면 그건 행성일 수 있다. 다음으로 그 궤도가 태양이 아닌 다른 천체 주변을 돌고 있는지 확인한다. 만약 그렇다면 그건 행성이 아니라 그냥 위성일 것이다. 하지만 이를 확정하기 전에 먼저 (평소에는 알 수 없는 이 천체들의 질량을 다 알고 있는 경우에만) 질량중심점의 위치를 계산하고 그 위치가 더 큰 천체의 내부에 놓이는지 외부에 놓이는지 확인해야 한다. 그러고 나서야 알 수 있다. 꽤 간단한 과정이다.

카론을 행성에 포함해야 한다는 것만 해도 위원회의 제안에서 충분히 거슬리는 내용이었지만, 그 외에 내가 이해할 수 없는 또 다른 이상한 점이 있었다. 위원회는 모든 둥근 천체를 다 행성이라고 말했다(위성은 예외로 행성이라고 하지 않았다. 하지만 그 중에서 또 카론은 예외로 행성이라고 했다). 나는 태양계에서 이 기준에 부합하는 천체가 약 200개는 된다고 추정했지만, 국제천문연맹은 자기들만의 셈법에 따라 겨우 열두 개뿐이라고 이야기했다.

대체 왜 카론과 소행성 세레스는 행성으로 추가됐지만, 다른 수많은 세레스보다 더 크기까지 한 카이퍼 벨트의 천체는 행성이 아니라는 걸까? 또 크기는 작지만 분명히 둥근 모양인 수많은 천체들은 또 어떤가? 이는 마치 국제수목연맹에서 줄기와 껍질, 잎을 가진 모든 것을 나무로 부르도록 하자고 이야기하면서 오직 오크나무, 단풍나무, 느릅나무 세 가지만 나무라고 이야기하는 것만큼 이상한 주장이었다. 이에 대해 우리는 올바른 질문을 해야 한다. 나무의 정의를 어떻게 해야 아주 정확하게 만들 수 있는지 그리고 실제로는 나무지만 이 정의에는 정확하게 잘 들어맞지 않는 것들은 어떡해야 하는지.

왜 국제천문연맹은 이런 이상한 짓을 했을까? 나는 그들이 왜 그랬는지에 대해서 강력하게 사실일 것이라 생각했지만 위원회의 결정 과정에 대해 좀 더 자세하게 알고 있는 (내가 만나본) 다른 사람들은 동의하지 않는 내 나름의 가설이 있었다. 나는 국제천문연맹이 명왕성을 계속 행성으로 유지하고 세 개의 새로운 행성(제나, 카론, 세레스)을 추가하기로 결정한 것이 별로 중요한 변화라고 생각하지 않았기 때문이라고 추정했다. 이제 태양계는 열두 개의 행성을 갖게 됐다. 그리고 이번에 새롭게 만들어진 행성이라는 단어의 정의가 최초의 과학적 정의라는 것이 언론에 보도된다면 분명 명왕성을 지지하는 사람들은 충분히 만족할 것이고, 그 누구도 충격을 받는 사람은 없을 것이다.

새로운 행성 세 개? 그래, 100년마다 이런 일은 일어났다. 딱히 놀랄 일은 아니었다. 누가 항의를 하겠는가? 이 정도만으로는 신문의 헤드라인으로 '태양계가 행성을 200개나 갖게 됐다!' 같은 보도가 나왔을 때와 버금가는 사람들의 반응을 이끌어내지 않을 것이다. 국제천문연맹은 사람들의 항의를 유발할 수 있는 '과학적 엄격함'과 현실을 고려해 눈 가리고 아웅 하는 '과학적 감추기' 중에서 후자를 선택한 것이다. 행성이라는 단어에 대한 최초의 과학적 정의는 지레 겁을 먹은 겁쟁이들이 만든 정의가 되어버리고 말았다.

오르카스섬에서 휴가를 보내던 나는 점점 스트레스가 차올랐다. 그 와중에 나는 위원회의 결의안을 발표하기 위해 프라하에 머무르던 그 위원회 회원 중 한 사람과 연락이 닿았다. 나는 그에게 위원회의 결정은 완전 엉망이라고 이야기했다. 어떻게 카론이 행성이 될 수 있다는 것인가? 어떻게 딱 행성이 열두 개뿐이라고 할 수 있는 것인가? 나는 이해할 수 없었다.

그는 침착하게 위원회가 그렇게 결정한 이유를 설명했고, 보도자료와 기자회견 때 더 많은 천체도 행성으로 포함되어야 한다고 확실하게 이야기할 것이라고 답했다. 그리고 그는 다시 한번 이미 프라하에 있는 많은 천문학자와 이야기를 나눴으며, 현장에서는 새로운 정의에 관한 거의 전폭적인 지지가 있다고 이야기했다.

내가 할 수 있는 건 아무것도 없었다. 나는 프라하에서 멀리 떨어진 다른 대륙의 외딴 섬에 혼자 있었다. 그곳에서 내가 프라하에서 벌어지고 있는 일에 영향력을 끼치는 것은 불가능했다. 그리고 프라하 시간으로 당장 내일, 위원회는 내가 인류 역사상 태양계에서 새로운 행성을 발견한 일곱 명 중 하나라고 선포할 예정이었다. 내가 누구에게 불평할 수 있었겠는가.

그날 밤 릴라가 잠들고 다이앤이 침대로 들어가고 한참이 지난 뒤에 나는 돌이 깔린 해안을 따라 (아직 다리에 깁스를 한 채 아주 느리게) 걸어 내려갔다. 나는 북쪽을 가로질러 캐나다 연안의 섬들을 바라봤다. 저물어가는 태양의 붉은 빛줄기가 삼각형 모양 화산 꼭대기 위에서 내륙 쪽으로 깊게 새어 들어오고 있었다. 나는 섬 뒤쪽을 돌아보고 또 남쪽을 돌아봤다. 남쪽은 바다 근처에서 자라는 마드론나무에 의해 시야가 가로막혔다. 해변에서 멀리 떨어진 곳 아래에 바위 몇 개가 해협 쪽으로 튀어나와 있었다. 주변 경치를 바라보던 나는 절뚝거리며 바위를 타고 내려가 천천히 끝까지 걸었다. 그러자 시야가 막히지 않고 탁 트인 남쪽 하늘을 볼 수 있었다. 하늘 낮게 그 주변에서 가장 밝은, 의심의 여지 없이 분명한 행성 목성이 보였다.

나는 바위에 앉아 하늘을 보며 목성을 바라봤다. 목성이 움직인다는 사실을 처음 안 사람은 누구였을까? 이 자리에 밤새도록 앉아서 바라본다고 목성이 움직인다는 걸 알아챌 수는 없다. 그다음 날 밤 다시 돌아와서 아주아주 세밀하게 바라봐도 뭐가 변했는지 알아챌 수는 없을 것이다. 하지만 목성은 움직인다. 목성은 떠돌이별, 행성이기 때문이다.

나는 오늘날 사람들은 행성이라는 단어를 말할 때 그것이 갖고 있던, 밤마다 하늘을 떠돌며 위치가 바뀌는 천체라는 의미에서 완전히 벗어나 전혀 다른 의미로 그 단어를 사용한다는 사실을 깨달았다. 오늘날 대부분의 사람에게 행성은 탐사선이 보내오는 사진이나, 도시락 통에 그려진 그림 또는 박물관에 전시된 모형 속에나 있는 것이었다. 이처럼 그 의미는 변화할 수 있다. 오늘밤이 지나고 나면 행성이라는 단어의 의미는 다시 변할 것이고, 나 말고는 거의 누구도 직접 본 적 없는 하늘 위를 움직이는 아주 작은 점이 새롭게 행성의 명예의 전당에 이름을 올리게 될지도 몰랐다. 그건 내게 충분히 중요한 문제였다. 낮이건 밤이건, 겨울이건 여름이건 아무 때나 예고 없이 내게 찾아와 "빨리요! 제나는 어디에 있나요?"라고 누군가 묻는다면 나는 우주 공간 어딘가를 손가락으로 가리키며 손바닥 두께 정도의 오차 범위 안에서 제나의 위치를 알려줄 수 있었다. 다시 내게 "제나는 얼마나 큰가요?"라고 묻는다면 나는 달을 가리키면서 "저 달보다 절반 정도로 작은 몹시 추운 세상을 상상해보세요"라고 답했을 것이다. 또 내게 "제나의 표면 위를 걷는 것은 어떤 기분일까요?"라고 묻는다면 나는 어두운 날 초승달이 뜰 무렵 얼어붙은 호수 위를 걷는 것을 떠올려보라고 말했을 것이다. 그것이 바로 제나였다. 작고, 얼어붙은, 거의 보이지 않는 사랑스러운 행성이었다. 나는 지금 막 칸스티튜션산 위로 떠오르고 있는 제나가 있을 동쪽 방향으로 눈길을 돌렸다. 그리고 생각했다. 그래, 좋다. 나는 다음 주를 맞이할 준비가 됐어.

나는 다시 목성을 바라보며 쌍안경을 가져왔더라면 얼음 위성들이 둥글게 돌고 있는 태양계의 축소판인 목성의 모습을 눈에 담을 수 있었을 것이라는 생각이 들었다. 나는 목성이 하늘을 가로질러 움직인다는 것을 말할 수 있는 척하려고 했다. 지구는 자전했다. 별들은 서쪽으로 움직이고 있었다.

나는 납득할 수 없었다.

태양계는 열두 개의 행성과 다른 천체들로 구성되는 세상이 아니다. 그건 명백하게 근본적으로 태양계에 대한 완전히 잘못된 묘사였다. 다음 날이 되면 프라하에서는 천문학자들이 태양계에 대한 완전히 잘못된 생각을 앞장서서 세상에 알리게 될 것이다. 단순히 과학자뿐 아니라 지나친 비약이나 공상과학 이야기에 의지하지 않고 올바르게 우주를 설명하고 우주의 놀라움을 보여주는 교육자가 되기 위해 인생의 많은 시간을 쏟았던 사람으로서 천문학자가 앞장서서 사람들에게 태양계를 바라보는 잘못된 관점을 가지게 만드는 것은 범죄나 다름없다고 생각했다. 이 범죄나 다름없는 행동으로 인해 내가 하룻밤 사이 세상에서 가장 유명한 천문학자 중 한 명이 되는 것은 나도 그 범행에 가담한 소극적 공범이 되는 것이나 마찬가지였다. 나는 이 일을 어떡하든 멈춰야 했다.

나는 절뚝거리면서 바위로 가득한 해변을 걸어 다시 집으로 돌아왔다. 나는 다이앤을 깨웠고 그녀에게 내일 기자들에게서 전화가 오면 나는 왜 행성이라는 단어에 대한 새로운 정의가 좋지 못한지, 그리고 결국 왜 그냥 행성을 여덟 개만 두는 것이 가장 바람직한 것인지 이야기해야겠다고 말했다. 나는 그녀에게 내가 명왕성을 어떻게 죽일 것인지 이야기했고, 제나 역시 필요에 따라 강등되어야 하며, 그에 따른 중요한 부수적 피해는 어떤 것이 있을지 이야기했다.

내 이야기를 듣는 내내 다이앤은 나보다 훨씬 더 현실적이었다. "그냥 명왕성을 행성으로 두지 그래." 그녀가 말했다. "이 일에 대해 너무 심각하게 생각하지 마." 다이앤은 항상 이렇게 말했다. "진정해." 그녀가 주는 흔한 조언이었다.

하지만 이번에 나는 다이앤에게 제나가 행성이 되는 것을 지지할 수 없다고 말했다. 다이앤은 간결하게 말했다. "물론 그러면 안 되지, 여보. 당신은 항상 옳은 일을 해야만 하잖아." 그리고 나서 그녀는 내게 흔하게 주던 조언을 다시 건넸다. "진정해."

나는 그날 밤 잠자리에 들지 못했다.

그다음 날 아침, 갓 내린 따끈한 커피와 신문을 구할 수 있는 이스트사운드 마을로 갔다. 신문 1면에는 커다란 헤드라인이 박혀 있었다. "태양계에 새로운 행성 세 개가 추가되다". 아주 아름답게 그려진 (국제천문연맹에서 제공한) 그림이 총 열두 개의 행성을 포함하는 태양계의 모습을 보여주었다. 그 기사는 과거 새로운 행성 제나에 대해 인터뷰했던 내 발언을 대문짝만 하게 인용했다.

나는 배가 아프기 시작했다.

결국 벌어지고 말았다. 천문학자는 아름답고 미묘한 태양계의 모습을 삽화로 표현했다. 그 삽화 내용은 잘못된 것이었다.

나는 집으로 돌아와 칼텍의 언론대외홍보부 사람에게 전화를 걸어 내가 필요할 때면 언제든 불러달라고 말했다. 전화를 끊고 나서 2분도 지나지 않아 전화벨이 울렸다.

나는 태양계와 행성 그리고 국제천문연맹의 결의안에 담긴 행성에 관한 정의가 왜 치명적 결함을 갖고 있는지 또 왜 명왕성(그리고 제나)이 행성으로 분류되면 안 되는 것인지 기자들에게 전화로 설명하느라 그날 열두 시간 내내, 심지어 그다음 주까지도 많은 시간을 보내야 했다.

처음에 기자들은 충격을 받았다. 그들은 가장 최근에 새로운 행성을 발견한 사람의 입을 통해 이번 국제천문연맹의 결정이 얼마나 멋진 것인지를 듣고 싶어서 내게 전화를 걸었을 것이다. 그러나 나는 전날 국제천문연맹에서 발표한 내용은 전부 이해할 수 없는 것투성이라고 말했다. 갑자기 논란이 일었다. 내 전화는 계속 울렸다.

릴라는 '아빠' 또는 간단하게 '전화기'를 의미하는 새로운 수화를 만들었다. 릴라가 만든 그 수화가 둘 중 무엇을 의미한 것인지는 여전히 모르겠다. 릴라는 적당한 크기의 물건을 볼 때면 그것을 집어서 곧바로 자기 귀에 가져다대면서 나를 가리켰다.

전 세계의 천문학자들은 단순히 질량중심점의 위치를 근거로 카론을 행성으로 만드는 바보 같은 결정을 내렸다. 나는 전화 인터뷰 도중에 갑자기 목성과 태양의 질량중심점이 태양 바깥에 놓여 있다는 것이 떠올랐다. 따라서 국제천문연맹의 논리대로라면 목성도 실제로는 태양을 중심에 두고 궤도를 도는 행성이라고 볼 수 없지 않은가. 또 다른 천문학자들은 이메일을 보내 만약 어떤 행성 수변에 질량이 무거운 위성이 크게 기울어진 궤도를 돌고 있다면 그 행성과 위성의 질량중심점은 위성이 궤도를 도는 동안 행성 안에 있다가 또 바깥으로 이동할 수 있다는 것을 보여주며 국제천문연맹 측의 주장대로라면 그 위성은 궤도를 도는 동안 행성이었다가 행성이 아니었다가를 왔다갔다 하는 것이냐는 주장을 하기도 했다. 그리고 며칠 후에는 캘리포니아 산타크루즈대학의 그레그 로플린이 신문에 아주 기가 막힌 보도자료를 보냈는데, 그는 달이 아주 천천히 지구에서 멀어지는 방향으로, 즉 바깥으로 이동하고 있기 때문에 10억년이 지나고 달이 아주 멀어지게 되면 결국 지구-달의 질량중심점도 지구 바깥에 놓인다는 것을 설명했다. 순식간에 펑! 달도 이제 공식적인 행성이 되는 것이다. 분명 그날은 기념할 만한 날일 것이다.

나는 당시 프라하에 없었기 때문에 다른 사람들이 실제로 그 자리에서 무슨 일이 벌어지고 있는지 내게 이야기해주었다. 내가 아는 것은 그 엉망진창인 결의안에 소심하게 동의한다고 했던 현장의 일부 천문학자들이 위원회의 결정에 맞서 들고일어났다는 것뿐이었다.

이의를 제기하는 천문학자의 비중은 이제 늘어났고, 이들은 비밀 위원회에서 정한 결의안에 동의하지 않는다는 사실을 분명하게 밝혔다. 그들이 지지할 수 있는 결의안은 오직 명왕성을 (감정에 따르지 않고) 논리에 따른 적합한 자리로 돌려놓는 것뿐이었다. 명왕성, 카론, 세레스, 내가 발견한 제나도 모두 그래야 했다. 언론 그리고 프라하 현장에 있던 천문학자들조차 명왕성, 카론, 세레스, 제나를 강등해야 한다고 강력하게 주장하는 사람 중 한 명이 바로 제나가 행성이 되어야 개인적으로 이득을 볼 수 있는 사람이라는 사실을 아주 재미있어했다. 바로 나 말이다.

기자들의 연락으로 내 전화벨은 계속 울렸고, 앞으로 2주일간의 대부분을 더 프라하에서 보내야 할 천문학자들이 내게 모의를 제안하는 이메일을 보내왔다. 처음에는 오르카스섬에 있을 때, 그다음에는 패서디나에서, 그리고 나중에는 휴가를 마치고 집으로 돌아온 후에도 계속 연락을 받았다. 이제 모든 것은 국제천문연맹 학회의 마지막 날, 마지막 오후에 달려 있었다. 이때 행성이라는 단어의 정의를 어떻게 내릴지 결정하는 마지막 투표가 치러질 예정이었다.

투표는 방송을 통해 전 세계로 생중계될 예정이었고, 나는 사람들로 가득한 언론 행사의 호스트로서 그 장면을 지켜보게 됐다. 그 시간은 프라하에서는 오후지만 패서디나에서는 새벽 녘이었다. 오전 5시, 뉴스 기자들과 나는 보통 캘리포니아에 지진이 벌어졌을 때 기자회견장으로 사용되는 방을 준비했다. 태양계를 바라보는 관점을 송두리째 바꿔버릴 수 있는 그 최종 안건에 대한 투표는 이제 한 시간을 남겨두고 있었다. 그날 아침에도 프라하의 천문학자들은 투표를 통해 최종 결정될 안건의 마지막 토씨 하나까지 모두 확인하기 위해 계속 깨어 있었다. 바로 이 문구, 토씨가 문제였다. 프라하 현장에서는 분명하게 명왕성을 지지하는 비밀 위원회 사람들이 분명하게 명왕성은 행성이 되어서는 안 된다고 생각하는 다수의 사람들 몰래 투표 결과와 상관없이 명왕성을 그대로 행성으로 유지하도록 하는 문구를 넣을 것이라는 우주적 불신이 치솟고 있었다.

여전히 기자들로 바글거리는 패서디나의 지진 브리핑룸 책상에 앉아 있던 나는 학회 웹사이트에서 찾아낸 최종 안건의 각 문장을 그대로 복사해서 커다란 화면에 띄웠다. 뉴스 기자들 그리고 조금씩 이 소식에 흥미를 듣고 몰려온 칼텍의 구경꾼들 앞에서 나는 첫 문장을 읽기 시작했다.

결의안 1: 세차 이론과 황도에 관한 정의

나는 그제야 그날 아침에 논의되는 안건 중에는 명왕성과 관련된 것 말고도 다른 것이 더 있다는 사실을 깨달았고, 그래서 내가 처음에 생각했던 것보다 시간이 더 길어질 것을 알 수 있었다. 나는 세차 이론이 무엇인지 또 황도의 정의가 무엇인지 이미 잘 알고 있었지만, 결의안에 나온 내용만큼 그렇게 정확한 정의까지는 관심도 없었다. 나뿐 아니라 프라하에 있던 모든 천문학자도 그랬을 것이다.

결의안 2: 국제천문연맹 2000의 부록
기준 좌표계에 대한 결의안

하품이 나온다.

결의안 3: 무게중심 좌표계 기준시에 대한 재정의

나는 원래 정의가 뭔지도 몰랐다.

결의안 4: 천문학 대중화를 위한 워싱턴 헌장에 대한 지지 선언

나는 이제야 천문학자들이 왜 아무도 평소 학회 마지막 날 투표에 가지 않았던 것인지 이해가 가기 시작했다.

결의안 5A: '행성'에 관한 정의

드디어! 나는 빠르게 그 정의에 대한 내용을 읽어갔다. 헷갈리는 단어들과 바보 같은 구절들을 지나 결국 그 정의에 관한 내용은 납득할 수 있는 것으로 마무리됐다(놀랍지도 않게 그 마지막 단어들은 전날 밤 급하게 집어넣은 것 같았다). 심지어 분명하게 언급된 각주도 포함되어 있었다. "여덟 개의 행성은 수성, 금성, 지구, 화성, 목성, 토성, 천왕성, 해왕성이다." 그리고 명왕성과 제나, 세레스는 내가 이전까지 한 번도 들어본 적 없는 표현인 '왜소행성'으로 불렀다. 그 결의안은 분명 왜소행성은 행성이 아니라고 밝혔지만, 나는 굉장히 이상한 표현이라고 생각했다.

한 기자가 첫 질문을 던졌다. "왜소행성도 행성인 거죠? 그렇죠?"

그렇지 않다고 나는 설명했다. 그 결의안의 내용은 꽤 명료했다. 이제 태양계에는 여덟 개의 행성 그리고 분명하게 행성이 아닌 수백 개의 왜소행성이 있게 됐다.

그러나 대체 어떻게 왜소행성이라는 천체가 행성이 아닌 것인가? 사람들은 그 기준을 알고 싶어 했다. 푸른 행성도 행성이다, 그렇지 않은가? 거대한 행성도 당연히 행성이다. 왜소한 나무도 계속 나무다. 그런데 왜소행성은 행성이 아니라고?

나는 바로 이것이 과학적 정의가 갖고 있는 아름다움이자 실망스러운 점이라고 생각했다. 하지만 나는 이 결의안이 어쩔 수 없는 선택이며 느닷없이 지어낸 이상한 단어처럼 보인다는 데 동의했다. 뭔가 미심쩍어 보였다. 그래도 여전히 그 결의안의 내용은 명료했다. 이제 행성은 여덟 개뿐이다. 만약 천문학자들이 결의안 5A에 동의한다고 투표한다면 명왕성은 이제 확실히 죽는 것이다.

"그런데 결의안 5B는 어떤가요?" 누군가 물었다.

아직 거기까지는 읽지 못했다. 나는 다시 화면으로 눈을 돌렸다.

결의안 5B: 고전적 행성에 대한 정의

허? '고전적' 행성이라고? 그건 명왕성을 위한 면책조항이었다! 결의안 5B는 방금 전까지 있던 행성이라는 단어를 고전적 행성이라는 말로 간단하게 바꿔버렸다. 태양계에는 이제 고전적 행성 여덟 개와 왜소행성 네 개가 있게 됐다. 앞에 잽싸게 가져다 붙인 '고전적'이라는 단어 하나로 이제 고전적 행성과 왜소행성 둘 다 동등한 의미를 갖는 행성의 하위분류가 돼버렸다. 갑자기 이제 왜소행성은 행성이 된 것이다. 바로 앞 결의안에서 만들어 넣은 왜소행성이라는 이상한 표현은 명왕성을 다시 저승에서 되살릴 수 있는 가능성을 허락하고 있었다.

앞선 결의안의 내용과 마찬가지로 이번 정의 역시 혼란스러웠다. 왜 '고전적' 행성이란 말인가? 고전적 행성이라면 고전 시대에 잘 알려진 의미를 지칭해야 하는 것 아닌가? 그리스·로마 시대에 행성은 단 일곱 개뿐이었다. 수성, 금성, 화성, 목성, 토성 그리고 태양과 달이 있었다. 우주의 중심이라고 생각된 지구는 행성으로 여겨지지 않았다. 그로부터 수천 년이 지난 고전 이후 시대에 천왕성과 해왕성이 발견됐다. 천왕성은 1781년, 해왕성은 1846년에 발견됐다. 따라서 지구를 포함한 이 여덟 개의 행성을 '고전적' 행성이라고 부르는 건 말이 되지 않았다.

나는 기자들에게 이제 투표 결과에 따라서 굉장히 복잡해질 가능성이 있으며, 상황에 따라 명왕성의 운명이 어떻게 달라질지 설명해주었다. 마침내 질문이 하나 들어왔다. "당신은 명왕성이 행성이 되어야 한다고 생각하십니까?"

나는 한숨을 쉬었다. 행성을 발견한 사람으로 여겨진다는 건 분명 소름 돋을 만큼 좋은 일일 것이다. "아뇨." 나는 대답했다. "명왕성은 행성이 되어서는 안 됩니다. 제나도 마찬가지죠. 1930년 명왕성이 처음 발견됐을 때는 그것을 부를 만한 다른 좋은 방법이 없었지만, 이제 우리는 명왕성이 해왕성 너머 궤도를 돌고 있는 수천 개의 천체 중 하나에 불과하다는 걸 알고 있습니다. 오늘의 투표는 1930년에 있었던, 사정을 봐줄 수 있는 실수를 다시 바로잡는 투표가 되어야 합니다. 아홉 개의 행성에서 여덟 개의 행성으로 바뀌는 것이 과학이 나아가야 할 길입니다."

프라하 시각으로 오후 3시(캘리포니아는 오전 6시)가 되자 이제 현장의 사람들은 회의를 시작하려는 듯 움직였다. 우리는 조마조마한 마음으로 저해상도의 웹캠을 통해 송출되는 화면을 바라보며 투표 과정을 지켜봤다. 나는 웹캠 방송의 링크를 찾아서 그것을 클릭한 뒤 모두가 함께 볼 수 있도록 큰 화면으로 그 장면을 띄웠다. 방송 장면은 1피트(30.5cm) 정도 되는 사각형 벽을 가득 채웠다. 화면을 잘 살펴보면 1인치 정도 크기의 천문학자들이 방 안으로 들어오는 모습이 보였다.

그 후 몇 시간 동안은 기억이 가물가물하다. 중간에 호주인 남성 사중창단의 공연이 있었고, 그다음 약 900명의 사람들이 회의장에 들어와 첫 네 가지 결의안에 대해 투표했다. 그 투표는 아침 내내 이어졌다. 나는 소리를 끄고 내 앞에 한가득 모여 있는 기자들의 질문을 받기로 했다. 그때 받은 질문 하나하나가 모두 기억나지는 않는다. 작은 화면으로 나오는 영상을 통해 우리는 사람들이 발언하고 무게중심 좌표계 기준시에 대한 투표를 하기 위해 노란색 카드를 드는 모습을 지켜봤다. 누군가 내게 커피를 한 잔 사주었다. 처음 네 결의안에 관한 투표는 별다른 토론도 없었고 단 한 표의 반대도 없었다. 네 결의안은 아주 빠르게 후닥닥 통과됐다.

드디어 결의안 5A에 관한 내용이 화면에 나타났다. 우리는 빠르게 스트리밍 방송 영상의 소리를 다시 켜고 듣기 시작했다. 한동안 베일에 감춰져 있던 위원회는 이제 다른 천문학자들에게 비난을 받으며 결의안의 내용을 읽고 설명하고 있었다. 그리고 그들은 청중의 질문을 받기 시작했다. 프라하 현장에 있던 천문학자 중 한 명이 손을 들었고, 그에게 마이크가 전달됐다. 여기 그 잘나신 천문학자들이 나눈 과학적 논쟁을 발췌한 내용을 소개한다.

결의안 5A의 2항은 '왜소행성'이라는 말로 시작합니다. 이 왜소행성이라는 단어 양옆에 따옴표, 인용부호를 칠 수 있을까요? 이건 정의잖아요. 그러니까 인용부호를 쳐야 합니다.

그 자리에 모여 있던 기자들과 나는 어이없다는 듯이 껄껄 웃었다.

결의안 5A의 시작 부분에서 우리는 행성과 다른 천체들에 대해 이야기하고 있습니다. 여기에는 위성도 포함될 수 있습니다. 결의안의 내용이 위성을 포함한다는 뜻은 아니지만, 위성을 의미하는 것처럼 읽힐 수 있다는 뜻입니다.

거기 모여 있던 기자들은 내게 이것이 중요한지 확인하기 위해 나를 바라봤다. 나는 별일 아니라며 어깨를 으쓱했다.

저는 결의안 5A의 3항에 있는 '모든 천체'라는 말에 '위성을 제외한'이라는 문구를 추가해야 한다고 제안하고 싶습니다. 또 이 부분을 지적해준 다른 분들께도 감사를 드립니다. 아주 훌륭한 수정 제안이라고 생각합니다.

모두들 껄껄 웃었다.

여기 우리가 인쇄해 준비한 결의안의 작성 순서는 다른 나라들이 결의안을 만들 때 처리하는 순서와 다릅니다. 보통

> 다른 나라들에서는 먼저 조항을 수정하고 그다음에 실질적인 결의안을 위한 투표를 진행합니다.

모두가 웃음을 터뜨렸다.

"잠깐만요!" 나는 빠르게 소리 볼륨을 내리면서 외쳤다. "이 의견은 굉장히 중요합니다. 이 부분은 음모입니다. 이건 의도적입니다. 결의안 5A의 수정안인 5B에 대한 투표는 5A 다음에 진행됩니다. 5A의 내용은 일반적으로 더 많은 지지를 받고 있는, 명왕성이 행성이 아니라는 이야기를 하고 있지만, 5B의 내용이 5A가 의도했던 바를 슬쩍 뒤엎어버릴 겁니다. 그런데 아무도 이에 대해 신경 쓰지 않는 것 같네요."

나 말고 아무도 곧 닥칠 이 음모의 거대함을 파악하고 있지 못하는 것 같았다. 분명 나는 이런 음모론에 흠뻑 빠져 있었고, 에이브러햄 링컨, 프란츠 페르디난트 대공, 율리우스 카이사르의 암살 배후에는 비밀 위원회가 있다는 음모를 믿는 경향이 있었다. 그러나 내가 망상적인 사람이라고 해서 그것이 내가 잘못됐다는 것을 이야기하는 건 아니었다.

나는 다시 영상의 소리 볼륨을 올렸고 우리는 다시 따옴표 이야기로 돌아갔다.

> 따옴표를 찍으면 보기는 좋겠지만, 실제로 그걸 말하진 않습니다. 사전에 없는, 그래서 누구에게도 불편하지 않은 아예 새로운 말을 만들 생각을 해보시는 건 어떨까요? 그래서 '왜

소행성'이라고 부르는 대신에 아예 새로운 말을 만드는 거죠…. 우리에게 필요한 건 이미 있는 단어들을 조합해서 말을 만드는 게 아니라, 이전에 없는 새로운 말을 찾는 겁니다. 행성이면 행성이죠. 학교 교사의 관점으로 보면 왜소행성도 결국 행성입니다.

나는 아주 통쾌한 기분이 들었고, 다시 중간에 끼어들어서 이에 대한 내 생각을 이야기했다. "맞아요, 그는 정확합니다." 나는 투덜거리며 이야기했다. "왜소행성은 정말 멍청한 단어입니다. 수년간 우리는 명왕성과 제나를 (행성 비슷한) '미행성'이라고 불렀습니다. 이건 과거에는 확실히 좋은 단어였습니다. 하지만 지금 위원회는 비열한 짓을 하려 하고 있어요. '왜소행성'은 멍청한 생각입니다. 하지만 저들은 명왕성이 결의안 5B에서 행성으로 살아남을 수 있도록 하기 위해서 이 말이 필요할 겁니다."

이쯤에서 기자들은 나도 아마 프라하에서 따옴표 따위로 논쟁하고 있는 다른 천문학자들만큼 미친 사람이라고 생각하기 시작했다.

천문학자들 사이에서 질문이 하나 나왔다. "카론은 그 조건에 해당하나요?"

그렇습니다. 지금 방금 카론에 대한 혼란이 있었습니다. 만약 우리가 결의안 5A를 통과시킨다면 카론은 행성이 아니게 됩니다. 바로 지금 여기서 혼란이 야기된다고 생각합니다.

다른 누군가 다시 끼어들었다. "그건 위성이죠! 카론은 위성으로 남아야 합니다. 카론은 이번 결의안에 따르면 행성이 아니잖아요."

또 다른 의견이 올라왔다. "제 생각에 이걸 명확하게 해야 할 것 같네요. 왜소행성은 행성으로 간주됩니까?"

"그건 결의안 5B의 내용입니다."

"결의안 5A에서 왜소행성은 행성이 아닌 거죠?"

"맞습니다."

아마도 그날 아침 일찍 내가 지켜봤던 대화 중 가장 마음에 들었던 것은 바로 이 대화였다.

질문: "이제 우리에겐 다른 별 주변을 도는 행성을 '행성'이라고 부를 자격이 더 이상 없다는 것, 이것이 제가 정확하게 이해한 것 맞나요?"

답변: "당신은 떠돌이별을 이야기하시는 건가요, 아니면 태양계 바깥의 외계 행성을 이야기하시는 건가요?"

떠돌이별? 이 말을 듣고 머릿속에 떠오른 건 가끔 눈앞에서 떠돌아다니는 작은 점들뿐이었다. 나는 이 질문에 대한 답을 들을 수 없었다. 그때 나는 이 논쟁이 얼마나 더 길어질까 궁금해하며 머리를 가로젓고 있었기 때문이다.

한 명의 현자가 물었다. "지난 금요일, 당신은 각주 내용에 대해서는 투표하지 않는다고 이야기하셨는데, 지금 각주 내용을 가지고 토론하고 있습니다. 그러면 각주 내용에 대해서도 투표하는 건가요, 안 하는 건가요?"

나는 이렇게 답변했다. "우리는 한때 각주의 내용은 결의안에 포함되지 않는 별개의 내용이라고 간주했죠. 하지만 이제 그 입장은 철회해야 할 것 같습니다. 그건 멍청한 생각이었어요. 따라서 지금부턴 각주의 내용도 결의안의 일부로 포함된다고 생각해야겠습니다."

어디선가 갑자기 누가 튀어나와 말했다. "결의안을 납득할 수 있는 내용으로 바꾸려면 아직도 너무 많은 것이 남아 있습니다. 저는 그냥 통째로 결의안을 다 갖다버리고 그냥 첫 번째 각주 하나만 남겨야 한다고 봅니다."

그건 그날 아침 튀어나온 최고의 의견이었다. 그 천문학자는 옳았다. 결의안에 담긴 행성이라는 단어의 정의는 너무 빈약했고 애매모호해서 차라리 첫 번째 각주 내용(행성은 수성, 금성, 지구, 화성, 목성, 토성, 천왕성, 해왕성이다)이 더 명확할 정도였다. 그 외의 다른 내용은 단지 그 이유를 설명하려고 시도하는 것뿐이었지만, 그 시도도 형편없었다.

이 논쟁은 누군가 친절하게도 투표를 하자고 요구하기 전까지 한 시간 내내 계속됐다. 여덟 개의 행성과 수많은 왜소행성을 두는 결의안 5A에 동의하는 사람들은 노란색 투표 카드를 들어 올려야 했다. 투표장 안은 태양빛으로 가득 찼다. 굳이 표를 셀 필요도 없었다. 결의안 5A는 압도적 지지를 받으며 통과됐다. 명왕성은 이제 확실히 더 이상 행성으로 분류되지 않게 됐다. 나는 내가 살아생전에 이런 순간을 보게 될 것이라고 생각해본 적이 없었다.

패서디나에 있던 기자들은 아연실색했다. 충격을 받고 또 흥분한 그들은 이미 작성한 기사의 '전송' 버튼을 누르려 하고 있었다.

"아뇨, 아뇨, 잠깐 기다려주세요!" 내가 기자들에게 말했다. 아직 결의안 5B 투표가 남았다! 바로 여기에 음모가 숨어 있다! 바로 여기가 이 비밀 위원회가 천문학계를 전복하려는 음모를 꾸미고 있는 부분이다. "기다리고 함께 지켜봅시다!" 내가 말했다.

우리는 상황을 지켜봤다. 잠시 후 가장 흥미로운 일이 벌어졌다. 너무 이른 시간이라 안개 낀 패서디나의 아침에 커피가 부족한 기자들과 함께 지구 반대편에 모여 있는 천문학자들을 바라보며 나는 죽음의 신을 지켜내기 위해 명왕성의 열렬한 지지자들이 결집하도록 하는 은밀한 비밀 신호를 기다렸다. 하지만 나는 그날 의장이 자리에서 일어나 간단한 몇 마디를 남기고 모든 것을 정확하게 올바른 자리에 두는 모습을 보게 됐다. 음모는 다 어디로 사라진 거지? 단검은 어디로 갔지? 아마도 나는 잠이 필요한 것 같았다.

의장이 한 말은 다음과 같았다.

> 결의안 5B는 단어 하나의 삽입을 포함합니다. 분명 심각한 문제는 아닙니다. 하지만 여기 천문학자가 아닌 참석자들

을 위해서 (그런데 정말로 그녀는 지금 이 발언을 천문학자들한테 하고 있는 것 아닌가?) 저는 작은 변화가 얼마나 큰 효과를 발휘할 수 있는지 약간의 설명을 하고 싶습니다. 책상 밑으로 잠깐 기어 나갈게요. 양해 부탁합니다(그녀는 행성을 의미하는 아주 커다란 비치볼을 갖고 나왔다. 그리고 음, 명왕성을 표현하기 위한 플루토 강아지 인형도 가지고 나왔다).

바로 지금 결의안 5A가 통과되고 있는 이 순간에 우리는 이름을 갖고 있는 여덟 개의 행성과 (손가락으로 비치볼을 가리킨다) 왜소행성과 (손가락으로 플루토 인형을 가리킨다) 그리고 둥글지 않은 다른 작은 천체들을 갖게 됐습니다. 만약 우리가 오늘 오후에 그 외의 다른 모든 것을 반대한다면 이 결과는 계속 그대로 유지될 것입니다. 하지만 만약 우리가 이 무리(비치볼)를 지칭하기 위해서 '고전적'이라는 말을 덧붙이게 된다면 우리는 이제 앞에 형용하는 말이 붙은 행성(비치볼)과 또 다른 형용하는 말이 붙은 행성(플루토 인형)을 갖게 됩니다. 그리고 이는 우리가 고전적 행성과 왜소행성이라는 그 하위의 세부 분류 항목을 두고 있는 행성이라는 이름의 우산 카테고리를 만들고 있는 것이란 걸 이야기하는 셈입니다. 만약 우리가 이러한 결정을 하게 된다면 (우산을 펼치고, 그 아래 비치볼과 플루토 인형을 둔다. 청중은 박수를 보냈다) 그건 바로 이것을 의미하죠.

"저 사람은 누구입니까?" 기자 중 한 명이 내게 물었다.

발표를 하는 사람은 조슬린 벨Jocelyn Bell이었다. 그녀는 1974년 펄서를 발견한 공로로 노벨물리학상 후보로 거론된 인물로 더 잘 알려져 있었다. 굳이 내가 말할 필요는 없었다. 나는 그저 미소를 지었다. 그녀가 지켜보는 앞에서는 그 어떤 음모도 일어나지 않을 것이다. 나는 투표 결과가 어떻게 나올지 확신할 수 없었지만, 이제 천문학자들은 자신들의 투표 결과가 정확하게 어떤 영향을 주게 될지 아는 상태에서 최종 결정을 하게 됐다.

이제 단 두 개의 의견만 더 받기로 했다. 처음 발언자는 예전에 내게 전화를 걸어서 지금은 폐기됐지만 위원회가 원래 처음에 결정했넌 행성의 정의에 대해 설명해주었던 초창기 비밀 위원회의 회원이었다. 그는 명왕성을 행성으로 두자는 의견의 열렬한 지지자로, 이 결의안이 통과될 것이라고 확신했다. 행성 그림이 그려진 타이를 매고 강당 앞에 서 있던 그는 긴장한 듯, 화가 난 듯, 또 약간 슬픈 듯 보였다. 그는 이렇게 주장했다.

> '고전적 행성'이라는 단어를 사용하는 것은 우주에서 한 종류 이상의 행성을 수용하기 위한 절충안입니다. 하지만 (8행성) 모델을 옹호하는 분들은 이 용어의 사용을 거부합니다. 그들이 거부하는 이유를 설명해줄 겁니다. 그리고 잘 주의깊게 들어보세요. 그들은 행성이라는 단어를 아주 좁게 제한된 관점에 가두어버립니다. 이러한 그들의 꽉 막힌 관점은 왜소행성은 행성이 아니라고 이야기합니다. 이는 왜성은 별

> 이 아니라는 말과 같이 들립니다. 우리는 이걸 바로잡을 수 있습니다. 우리가 너무 많은 행성을 갖게 될 거라고요? 대중을 혼란스럽게 만든다고요? 그렇지 않습니다. 둘의 차이는 저 우산만큼 간단합니다. 명왕성은 행성이지만, 왜소행성 카테고리에 들어갑니다. 그러니 제발 결의안 5B를 통과시켜주시기 바랍니다. 행성이라는 단어는 명왕성에도 적용되어야 합니다.

나는 항복하고 싶은 마음이 들 정도로 기분이 좋지 않았다. 나는 그가 주야장천 이야기했던 왜소행성을 행성으로 간주해야 한다는 것을 반대하는 것이 아니었다. 나는 왜소행성 말고 다른 행성이 '고전적 행성'이라고 불려야 한다는 점을 반대하는 것이었다.

그러자 반대파에 있는 한 영국인 천문학자가 일어나 발언을 시작했다.

> 여기서 가장 중요한 건 행성이라는 개념에 관한 정의입니다. 이건 국제천문연맹에서 결정해야 할 아주 중요한 사안입니다. 결의안 5A는 화요일 회의에서 합의된 내용에 아주 근접한 정의를 담고 있습니다. 즉, 행성, 왜소행성 그리고 태양계의 다른 작은 천체로 분명하게 구분되는 세 가지 카테고리입니다. 그런데 개정안(5B)에서는 행성이라는 단어 앞에 '고전적'이라는 말을 덧붙입니다. 이러한 수정은 결의안 5A의

첫 문단의 내용과 부합하지 않습니다. 그리고 이는 세 가지 카테고리로 천체를 구분했던 것을, 행성과 그 외의 천체 두 가지 카테고리로만 분류하는 것으로 바꿔버립니다. 이는 너무나 명백합니다. '태양계에는 행성이 얼마나 많이 있습니까?'라는 질문에 결의안 5A는 분명 여덟 개라고 이야기합니다. 그런데 결의안 5B는 최소 열한 개에서 곧 수십 개까지도 행성이 있을 수 있다고 말합니다. 명왕성과 세레스 둘 다 행성이 된다면 아마도 다른 많은 소행성대 천체와 카이퍼 벨트 천체도 그래야 합니다. 결의안 5B는 행성에 대한 근본적·역학적 차이를 지워버릴 뿐 아니라, 굉장히 혼란스럽고 자체 모순을 일으키기도 합니다. 제가 봤을 때 이 결의안은 기각되어야 합니다.

슬프게도 (나도 그 결의안의 내용이 기각되어야 한다는 데 동의했지만) 나는 그의 주장에 설득력이 없다는 것을 알 수 있었다. 대체 누가 화요일에 있었던 합의에 신경을 쓰겠는가. 최종 투표는 오늘이지 않은가. 그리고 정말로 만약 행성이라는 개념이 중대한 사안이라면, 결의안에 들어간 토씨를 정확하게 어떻게 할지 걱정하는 것보다는 그 안에 담긴 내용을 올바르게 바꾸는 게 더 중요한 것 아닌가? 게다가 11개 혹은 그 이상의 행성이 있다고 해서 그게 문제가 되나? 중요한 건 개수가 아니라, 개념 자체를 올바르게 잡는 것이었다. 나는 '고전적 행성'과 '왜소행성'으로 분류하는 대신 차라리 '주요 행성'과 '왜소행성'으로 분류하는 건 납득할 수 있었다. 나는 내 까다로움이 다른 사람들만큼 나쁜지가 궁금했다.

투표가 진행됐다. 만약 이 결의안이 통과된다면 명왕성은 다시 행성이 될 것이고 제나도 이제 공식적으로 행성의 일원이 될 것이다. 채드, 데이비드와 나는 이제 태양계의 행성을 발견한 아직 살아 있는 사람이 되는 것이다. 최소한 지금까지는 그랬다. 그리고 나는 그런 일이 벌어지지 않기를 바랐다.

"결의안에 찬성하는 분은 손을 들어주세요."

결의안 5B에 찬성하는 천문학자들(명왕성을 다시 복권하자는 데 동의하는 사람들)이 노란 카드를 쥐고 들었다. 그들의 수는 많았다. 수를 세는 데 몇 분이 걸렸다.

"의장님, 찬성 91표입니다."

결의안이 통과되기에 충분해 보이는 수는 아니었지만, 나는 작은 웹캠 화면으로 현장을 지켜보는 탓에 그 강당에 실제로 얼마나 많은 천문학자가 모여 있는지 알기가 어려웠다.

"결의안에 반대하시는 분?"

결의안 5B에 반대하는, 태양계의 여덟 개 행성을 그대로 고수해야 한다고 단호하게 주장하고 싶은 사람들이 카드를 들었다. 강당은 노란 카드의 물결로 가득 채워졌고, 곧바로 청중 사이에서 박수갈채가 쏟아지기 시작했다.

"의장님, 제 생각엔 더 이상 수를 셀 필요가 없을 것 같습니다."

"결의안 5B는 확실히 통과되지 못했습니다."

드디어 모든 것이 끝났다. 바로 그때 나는 기자들에게 말했다. “명왕성은 죽었습니다.”

카메라가 윙윙 돌아가고 취재진은 마이크에 대고 말을 이어갔다. 다른 쪽 벽에 걸린 지역 방송 화면에서도 내가 앞서 뱉었던 말이 메아리처럼 반복되어 나왔다. “명왕성은 죽었습니다.”

그날 남은 시간의 대부분은 확실히 기억나지는 않지만 인터뷰를 하고, 명왕성을 애도하고, 축하를 하며 보냈다. 그날 오후에는 로스앤젤레스 전역에서 방송되는 청취자 참여 프로그램에 출연하기 위해 한 라디오 방송국 스튜디오로 향했다. 스튜디오에 도착하자 제작진은 내게 또 다른 천문학자가 전화로 연결될 것이라고 알려주었다.

좋아요, 나는 생각했다. 또 다른 게스트는 내가 이야기의 주제에 집중하고 일관성 있게 말할 수 있도록 도와줄 것이라고 생각했다.

방송을 시작하고, 나는 전화로 연결된 게스트가 바로 프라하에 있는 비밀 위원회 소속 천문학자라는 사실을 알게 됐다. 그에게 그날은 내가 느꼈던 것보다 더 긴 하루처럼 느껴졌을 것이다.

그는 굉장히 피곤한 듯 느껴졌다. 그리고 분명히 행복한 것 같지 않았다. 그는 이번 투표가 천문학에 폐를 끼쳤다고 이야기했다. 나는 천문학이 세상에 아주 큰 이바지를 했다고 생각한다고 이야기했다.

그는 이제 새롭게 정해진 지금의 행성의 정의에 따르면 누구도 태양계에서 새로운 행성을 발견하는 사람이 될 수 없다는 점이 슬프다고 말했다.

"당신도 아시다시피" 나는 지구 반대편에 있는 그를 향해 발언을 이어갔다. "당신이 제게 이제는 누구도 새로운 행성을 발견할 수 없을 것이라고 말씀하실 때, 저는 그것을 도전이라고 받아들입니다."

라디오 쇼가 진행되는 동안 우리는 청취자의 질문에 답변을 했다. 명왕성이 더 이상 행성이 아니라는 이야기는 이제 잘 팔리지 않는 소재라는 생각은 점점 확실해지고 있었다.

방송 내내 진행자는 청취자로부터 새롭게 정해진 행성을 외우는 새로운 암기 방법에 대한 아이디어를 받았다. 몇몇은 전에 쓰던 암기 방법을 약간 바꾼 아이디어를 제안했다. '나의 최고로 좋은 엄마가 우리에게 피자 아홉 판을 만들어주신다(My Very Excellent Mother Just Served Us Nine Pizzas)'에서 '피자 아홉 판Nine Pizzas'을 더 재미있는 '나초Nachos'나 '아무것도Nothing'로 바꾸는 식이었다. 하지만 내가 익명의 청취자로부터 들은 최고의 암기법, 지금도 다른 사람들에게 이야기하고 있고, 또 그 후 며칠 몇 주 몇 달 동안 세계의 많은 사람들이 느꼈을 감정을 너무나 잘 요약하고 있는 암기법은 바로 이것이다.

'아주 많이 사악한 사람이 그냥 세상을 축소했다(Mean Very Evil Men Just Shortened Up Nature).'

13 갈등과 불화

명왕성을 계속 죽은 상태로 두기 위해서는 많은 일을 해야 했다.

학회에서 최종 결정이 내려진 후 며칠, 몇 달, 몇 년 동안 나는 내게 불만을 토로하는 사람들을 길거리나 비행기 구석에서 마주칠 때가 있었다. 또 내게서 답을 원하는 많은 사람들이 이메일을 보내서 따지기도 했다. 대체 왜 불쌍한 명왕성의 모가지를 날려버리신 건가요? 대체 명왕성이 당신에게 무슨 짓을 했기에 그러셨나요?

나는 이런 질문을 받을 때마다 논란이 시작되던 초반에 내가 명왕성을 그대로 행성으로 두고 제나를 행성으로 포함하기 위해 제안했던 과학적 정의와 거리가 멀었던 조언을 천문학자들이 무시해서 참 다행이라고 생각했다. 나는 천문학자들이 원래 내가 제안했던 조언을 받아들이는 대신 대부분의 사람들이 행성이라는 단어를 말할 때 그들이 의미하는 바를 뜻하는 과학적 정의를 올바르게 선택했다는 점에서 희열을 느꼈다. 사람들은 행성이라는 단어를 말할 때 '명왕성과 크기가 비슷하거나 더 큰 모든 천체'를 의미하지 않았다. 또 단순히 '둥근 모든 천체'를 의미하지도 않았다. 그냥 내가 생각하는 것처럼 '우리 태양계에서 크기가 큰 소수의 중요한 천체 중 하나'를 의미했다.

내 임무는 그저 태양계가 정확히 무엇인지를 설명하는 것이었다. 내 설명을 듣고 나면 사람들은 스스로 명왕성이 우리 태양계에서 크기가 큰 소수의 중요한 천체 중 하나에 속하지 않는다는 사실을 깨달을 것이라고 생각했다.

다음은 내가 사람들에게 해준 이야기다.

> 명왕성의 강등 전후로 벌어진 끝없는 논쟁에 지칠 대로 지친 많은 천문학자들은 결국 당신에게 이런 논쟁은 하나도 중요하지 않다고 이야기할 겁니다. 명왕성이 행성인지 아닌지의 여부는 그저 의미론에 대한 질문일 뿐이라고 말이죠. 즉, 행성에 대한 정의는 하나도 중요하지 않다는 말이죠. 하지만 저는 그 반대라고 이야기하고 싶군요. 명왕성이 행성이냐 아니냐는 태양계를 이해하기 위한 아주 핵심 질문입니다. 단순히 의미론 문제가 아닙니다. 가장 기본적인 구분에 대한 질문입니다.
>
> 구분, 분류라는 것은 무언가를 과학적으로 이해하기 위해 해야 하는 첫 번째 단계입니다. 과학자는 새로운 현상을 눈앞에 마주할 때면 필연적으로, 심지어 무의식적으로 반드시 그 현상을 분류하기 시작합니다. 더 많은 것이 발견될수록 과학

자는 그때까지 관측된 것과 그들이 이해하려고 노력한 것이 모두 잘 들어맞을 수 있도록 그 분류 기준을 고치거나 수정하거나 심지어 폐기하기도 합니다. 분류란 셀 수 없이 많은 자연 세계의 다양성을 궁극적으로 우리가 이해할 수 있는 수준의 더 작은 덩어리로 나누고 그것을 다룰 수 있도록 하는 방법입니다.

자, 그렇다면 우리는 태양계를 어떻게 분류해야 할까요? 우리는 태양계 한복판에 앉아 있고, 또 우리는 평생 행성이 무엇인지 이미 알고 있었기 때문에 이 질문에 답을 하는 건 어려운 문제입니다. 하지만 행성을 한 번도 본 적 없는 사람의 관점으로 생각해봅시다. 당신이 태양에서 아주 멀리 떨어진 별에서 우주선을 타고 평생 동안 여행하는 외계인이라고 상상해보세요. 당신은 행성이라는 것이 존재한다는 건 모릅니다. 당신의 언어에는 행성이라는 단어도 존재하지 않습니다. 당신이 알고 있는 것이라고는 당신 주변에 있는 별 그리고 당신이 타고 있는 우주선뿐입니다. 당신의 종착지가 가까워질수록 이제 태양(처음에 봤을 때는 별이라고밖에 보이지 않는)이 점점 밝아집니다.

태양을 계속 바라보며 자세히 들여다보면, 당신은 (잠깐!) 태양이 혼자가 아니라는 사실을 발견하게 됩니다! 태양 곁에 뭔가 작은 것들이 보이기 시작합니다. 당신은 외계인의 말로도 표현할 수 없을 정도로 깜짝 놀랍니다. 우주선이 가까이 다가갈수록 태양을 더 자세히 들여다보게 되어 당신은 태양

바로 옆에 두 개의 작은 무언가가 있다는 것을 발견합니다. 아니, 세 개가, 아니 네 개가 그 곁에 존재합니다!
당신은 방금 우리가 목성, 토성, 천왕성, 해왕성이라고 부르는 거대한 가스 행성들을 발견한 것입니다. 당신의 관점에서 봤을 때 이 천체들은 (여전히 태양에서 멀리 떨어져 있지만) 구별할 수 없을 정도로 너무 작고 또 태양에 바짝 붙어 있습니다. 당신의 언어에는 이 천체들을 묘사할 만한 좋은 단어가 없습니다. 그래서 당신은 새로운 외계어 단어를 하나 만들었습니다. 잇산.
당신은 논리적으로 봤을 때 그보다 더 많은 잇산이 숨어 있을 것이라는 생각이 들어 다섯 번째 잇산이 있는지 더 바깥쪽을 찾아봅니다. 하지만 우주선이 태양과 태양계로 계속 접근해도 아무것도 보이지 않습니다. 하지만 저를 믿으세요. 저도 당신이 실망할 수 있다고 충분히 이해합니다.
드디어 당신은 태양에 더 가까이 다가갔고, 네 개의 잇산은 더 밝게 보이고 태양과 잇산들을 분별할 수 있게 됩니다. 그리고 당신은 지금까지 잘못된 곳에서 또 다른 잇산을 찾고 있었다는 사실을 깨닫습니다. 태양 곁에는 또 다른 잇산이 있었습니다. 하지만 그것들은 더 바깥이 아니라 첫 번째 잇산보다 더 안쪽에 있었습니다. 태양 가까운 곳 안쪽에는 새로운 잇산이 네 개 더 있습니다. 하지만 이들은 앞서 먼저 발견했던 다른 네 개의 잇산보다는 훨씬 크기가 작습니다. 그래서 당신은 이 새로운 잇산들을 부르기 위한 새로운 단어를 떠올립니다. 당신은 이 천체들을 이렇게 부르기로 합니다. 이트레틀레스. 당신은 알지 못했지만, 방금 당신은 수성, 금성, 지구, 화성을 발견한 것입니다.

그 후 오랫동안 태양에 더 가까이 접근해보지만 더 새로운 것은 보이지 않습니다. 드디어 태양계 중심에 거의 다다랐을 때 당신은 크기가 작은 이트레틀레스와 크기가 큰 잇산 사이에 태양 주변을 둥글게 맴돌고 있는 수많은 아주 작은 천체들이 있음을 발견합니다. 그리고 좀 더 자세히 들여다보면 크기가 큰 잇산의 더 바깥쪽에도 이와 비슷한 작은 천체들이 무리를 지어 있는 또 다른 띠가 있다는 것을 알 수 있습니다. 당신은 그것들을 제가 발음할 수 없는 또 다른 새로운 외계어 단어로 부르기로 합니다. 하지만 저는 소행성대 그리고 카이퍼 벨트라고 부릅니다.

외계인인 당신의 머리로는 아무리 생각해도 카이퍼 벨트나 소행성대에 있는 천체 한두 개 또는 수백 개가 훨씬 크기가 큰 잇산이나 이트레틀레스와 같은 카테고리의 천체라고 분류하는 것은 있을 수 없는 일이라고 생각할 것입니다. 그 대신 당신은 태양계 천체들이 네 가지 주요 카테고리로 분류된다는 아주 이성적 판단을 내릴 것입니다. 제가 생각하기에 당신의 이러한 판단은 옳습니다.

당신의 판단이 오늘날 우리가 태양계를 여덟 개의 행성과 소행성 무리 그리고 카이퍼 벨트 천체로 분류하는 방식과 유일하게 다른 점은 우리가 지구형 행성(수성, 금성, 지구, 화성)

과 거대 행성(목성, 토성, 천왕성, 해왕성)을 따로 구분하지 않는다는 점입니다. 저는 칼텍에서 행성계의 형성에 관한 강의를 하는데, 학생들에게 정말로 수성, 금성, 지구, 화성은 행성으로 세지 말아야 하며, 태양계에는 오직 행성이 네 개뿐이라고 설득하기도 합니다. 하지만 성적을 신경 써야 하는 학생들조차 저만큼 멀리 나가지는 못합니다. 그래서 외계인들은 이 천체들을 잇산과 이트레틀레스라고 구분해서 부르지만, 우리는 그냥 하나로 묶어서 차펠른이라고 합니다.

당신은 모든 것을 아주 다양한 방식으로 분류할 수 있습니다. 만약 당신이 새를 공부하는 사람이라면 당신은 육지 새와 바닷새로 구분할 수도 있고, 육식을 하는 새와 곡물을 먹는 새, 붉은 새, 노란 새, 검은 새, 갈색 새로 분류할 수도 있습니다. 새에 대해 어떤 것을 연구하는지에 따라서 이 모든 분류는 당신에게 중요할 것입니다. 만약 새의 짝짓기 습성에 관해 연구한다면 당신은 일부일처제와 일부다처제 카테고리로 새를 분류할 수도 있습니다. 만약 계절에 따른 새의 이주를 연구한다면 당신은 새가 겨울에 계속 남아 있는지 아니면 남쪽으로 날아가는지에 따라서 새를 분류할 수 있을 것입니다.

마찬가지로 태양계의 천체도 많은 방법으로 분류할 수 있습니다. 대기가 있는 천체, 위성이 있는 천체, 생명이 있는 천체, 액체가 있는 천체, 크기가 큰 천체, 크기가 작은 천체, 하늘에서 볼 수 있을 만큼 충분히 밝은 천체, 너무 멀리 떨어져 있어서 가장 큰 망원경으로만 볼 수 있는 천체 등등. 모두 너무나 전적으로 타당한 분류 방식입니다. 당신이 태양계에서 아주 특정한 한 종류의 천체를 연구한다면 이러한 분류는 너무나 중요할 것입니다. 당신이 어떤 방식의 태양계 천체 분류를 좋아하는지는 당신의 주 관심사에 따라 달라집니다.

하지만 사람들은 대부분 태양계에 대해 특별히 많은 관심을 갖고 있지 않습니다. 이런 사람들이 알고 있는 태양계를 분류하는 유일한 단어는 행성뿐일 것입니다. 그들은 행성이 무엇이고, 얼마나 있는지, 그리고 각 행성의 이름 정도는 알고 있습니다. 태양계란 무엇인지, 이 우주의 극히 좁은 이 지역은 어떻게 구성되는지에 관해 사람들이 머릿속에서 그리는 모습은 바로 이 간단한 하나의 단어를 어떻게 이해하는지에 따라 달려 있게 됩니다. 따라서 행성이라는 단어의 정의는 가능한 한 하나의 단어로 태양계의 가장 심오한 묘사를 담아낼 수 있어야 더 좋은 정의가 될 수 있습니다.

만약 당신이 태양계가 여덟 개의 행성과 (더 정확하게는 네 개의 지구형 행성과 네 개의 거대한 행성) 소행성 무리 그리고 카이퍼 벨트 천체로 이루어진 곳이라고 생각한다면, 당신은 우리 주변의 국지적 우주에 대한 아주 놀라운 묘사를 하게 된 셈입니다. 이러한 태양계가 어떻게 형성됐는지를 이해하는 것은 아주 다양한 현대의 천문학자가 해결해야 할 중요한 과제 중 하나입니다. 하지만 만약 반대로 당신이 태양계를 크고 둥근 천체와 작고 둥글지 않은 천체로 이루어진 곳이라 고 생각한다면, 당신은 우리 주변의 우주에 대해 상대적으로 하찮은 묘사를 한 셈입니다. 이런 관점에서는 우리가 수백 년 전부터 알고 있던 우주의 덩치 큰 천체들은 사방에서 둥글게 중력으로 물질을 잡아당기고 있다는 것 말고는 더 연구해야 할 중요한 것이 아무것도 없습니다.

* * *

사실 이런 장황한 논쟁을 거칠 필요도 없다. 명왕성이 행성이라는 생각이 머릿속에 스며들기 전에 훨씬 일찍 어떤 사람을 만났다면 당신은 그에게 처음부터 아주 정확하게 가르쳐줄 수 있었을 것이다. 릴라를 예로 들어보자. 국제천문연맹의 결정이 있은 후 몇 달간 내가 어디를 가든지, 그곳 사람들은 내가 명왕성이 공정한 판결을 받았다고 생각하는지 알고 싶어 했다. 내가 명왕성이 행성이라고 생각했느냐고? 그로부터 몇 주 후 나는 릴라에게 내 대답을 알려주었다.

"릴라, 명왕성은 행성이야?" 질문과 함께 우리의 농담 따먹기가 시작됐다.

릴라는 얼굴을 찡그리고 고개를 저었다.

"아니, 아니, 아니, 아니, 아니."

릴라가 나이가 들면서 농담 따먹기도 계속됐다. "그러면 명왕성은 뭐야, 릴라?"

"플루토는 진짜 강아지가 아니야. 플루토는 왜소한 강아지(dwarf dog)야."

내 친구들은 이 이야기를 들으면 항상 웃었고, 변함없이 릴라에게 플루토 인형을 사주곤 했다. 당연히 릴라는 강아지 인형을 갖고 있었지만, 아홉 개의 행성이 담겨 있는 기념품도 갖고 있었다. 릴라는 일찍이 자기가 갖고 있던 그림 속 아홉 개의 작은 동그라미 중에서 하나가 명왕성이라는 사실을 깨닫자마자 이렇게 이야기했다. "명왕성은 왜소한 강아지(dwarf dog)야." 그 문장을 들을 때마다 터지는 멈출 수 없는 웃음은 내가 릴라에게 해줄 수 있는 가장 강력한 칭찬이었다.

내 다른 친구 한 명은 만약 릴라가 나이를 먹고 나서 자기 아빠가 명왕성을 죽인 장본인이라는 사실을 알게 되면 어떨지 걱정을 하기도 했다. "릴라가 뭐라고 생각할까?" 그 친구가 말했다. "릴라가 명왕성이 이제 행성이 아니라는 사실과 바로 그게 네 탓이란 걸 알게 된다면 말이야."

"나도 무슨 일이 벌어질지 알고 있어." 내가 대답했다. "2학년이나 3학년에 올라가서 릴라가 행성에 대해서 배우고 나면 집에 돌아와서 '아빠, 오늘 여덟 개의 행성에 대해서 배웠어요'라고 이야기하겠지. 그러면 나는 '릴라, 네가 태어나던 당시에는 사람들이 행성이 아홉 개 심지어 열 개, 열한 개까지도 있다고 생각한 적이 있다는 걸 알고 있니?'라고 말할 거야. 그러면 릴라는 나를 바라보며 고개를 저으면서 이렇게 말하겠지. '저도 알아요. 어른들은 참 멍청해요.'"

* * *

공식적으로 왜소행성으로 불리게 된 제나도 지금은 드디어 진짜 이름을 갖게 됐다. 제나의 이름을 무엇이라고 지을지 다양한 가능성이 있었지만, 채드와 데이비드 그리고 나는 (적어도 우리 마음속에서는) 제나가 1년 내내 열 번째 행성으로 자리 잡고 있었기 때문에 다른 행성과 마찬가지로 그리스나 로마 신화 속 이름을 붙여주기로 결정했다. 하지만 문제는 행성에 이름을 붙일 수 있는 남아 있는 신의 이름이 몇 개 없었다는 것이었다. 소행성이 처음 발견되기 시작했던 1800년대로 돌아가면, 물론 이 소행성도 행성이라고 불렸다. 사람들은 소행성에도 다른 행성과 마찬가지로 그리스나 로마 신화 속 이름을 붙여주길 원했다. 그래서 사람들은 신화 속의 주요 남신과 여신 그리고 덜 중요한 신까지 대부분의 이름을 다 써버렸다. 우리는 제나를 위해서 어떤 이름이 좋을지 찾는 내내 소행성의 이름 데이터베이스를 보면서 그 이름이 이미 쓰였는지를 확인해야 했다. 대부분 이미 사용된 이름이었다. 결국 데이비드는 모든 그리스와 로마 신의 이름이 붙은 소행성의 이름과 우리가 생각한 이름을 비교해서 그것이 사용됐는지 아닌지 확인할 수 있는 간단한 컴퓨터 프로그램까지 만들었다.

남아 있는 이름은 별로 없었다. 그나마 남은 이름은 알아보기 쉽지 않아 보였다. 오랫동안 사람들의 기억 속에서 잊혔던 별로 잘 알려지지 않은 반인반신의 이름이나 오래전에 사라진 직업의 별로 중요하지 않은 수호신의 이름 같은 것뿐이었다. 그러던 중 한 이름이 내 눈길을 끌었다. 나는 고등학교 시절 신화 이야기에서 그 이름을 봤던 기억이 떠올랐고, 아직도 그 이름이 사용된 적 없다는 사실을 믿을 수 없었다. 분명 아주 흥미로운 배경 이야기를 갖고 있는 주요 여신의 이름이었지만, 지난 2세기 동안 태양계에서는 간과되어왔다. 나는 빠르게 소행성의 이름 데이터베이스를 확인해봤다. 내가 기억하는 신화가 정확한지도 다시 찾아봤다. 그러고 나서 자리에 앉아 생각했다. 내 누나의 임신을 정확하게 예견했던 때 이후 처음으로 별과 행성 그리고 심지어 왜소행성까지 모두 관장하는 어떤 우주적 힘이 정말 존재하는 것은 아닌지 궁금해졌다. 어쩌면 그 이름이 세상에 공개되기 딱 좋은 이 절묘한 날이 오기까지 쓰이지 않도록 오래도록 지켜준 어떤 운명 같은 것이 있었는지도 모르겠다. 누군가 일부러 이렇게 한 것은 아니었을 텐데. 물론 이런 생각은 미친 생각이지만, 그때나 지금이나 이런 말도 안 되는 생각을 지우기는 어렵다.

나는 재빨리 채드와 데이비드에게 이메일을 보냈고, 우리는 모두 이 새 이름에 동의했다. 한동안 제나라는 별명으로 불렸던 가장 거대한 왜소행성은 금세기 천문학계에서 가장 거대했던 결전을 일으켰고, 명왕성을 죽였다. 그리고 이제 그리스 신화 속 갈등과 불화를 상징하는 여신 에리스의 이름으로 불리게 됐다.

나는 신화 속 에리스의 이야기를 아주 좋아한다. 갈등과 불화를 일으키는 장본인으로서 에리스는 세상 모두가 가장 좋아하지 않는 신 중 하나였다. 그래서 인간 펠레우스와 바다 요정 테티스가 결혼을 하기로 결정했을 때 그들은 에리스를 자신들의 결혼식에 초대하지 않았다. 나는 이들이 얼마나 난감했을지 이해할 수 있다. 나 역시 결혼식을 할 때 초대 명단을 작성하는 아주 민감한 문제에 맞닥뜨렸다. A명단과 B명단 두 가지를 들고 이런 고민을 해야 했다. "음, 만약 이쪽 카테고리에서 한 사람을 초대한다면, 이 카테고리에 있는 모든 사람을 초대해야 해." 그러면 피로연 술값은 감당이 안 될 것이다. 만약 당신이 결혼식에 이 갈등과 불화의 여신을 초대해야 할지 말지를 결정해야 하는 상황이라면, 내가 줄 수 있는 유일한 조언은 그녀를 초대하지 말되, 펠레우스와 테티스처럼 실수하지 말고 결혼식에 초대되지 않은 여신이 에리스가 유일하지 않다는 것을 꼭 확실히 하라는 것뿐이다.

이 갈등과 불화의 여신은 모욕을 절대 가볍게 여기지 않는다. 에리스는 어떻게 해서든 결혼식을 망치고 갈등과 불화를 일으키기 위해 '가장 아름다운 사람에게'라는 뜻의 글자 '칼리스티kallisti'가 새겨진 황금 사과를 하객들 사이로 굴렸다. 에리스의 계획대로 결혼식장에 있던 모든 여신은 누가 가장 아름다운지 그리고 누가 가장 사과를 먹을 자격이 있는지를 두고 싸움을 벌였다. 결국 여신들은 제우스에게 결정하라고 했다. 하지만 바보가 아닌 제우스는 좀 멍청한 트로이의 왕자 파리스에게 자신을 대신해 결정하라고 했다. 여신들도 바보가 아니었기에 뇌물에 기대는 것이 최선의 방법이라는 것을 알았다. 헤라는 파리스에게 사람에 대한 통치권을 제안했다. 아테나는 전쟁에서의 승리를 제안했다. 아프로디테는 세상에서 가장 아름다운 여성의 사랑을 제안했다. 파리스는 두 번 생각할 필요도 없이 곧바로 아프로디테의 손에 그 황금 사과를 쥐어주었다. 하지만 아프로디테는 파리스를 속였다. 이제 분명 세상에서 가장 아름다운 여자 헬레네는 파리스를 사랑하게 됐지만, 그녀는 이미 결혼한 스파르타의 왕비였다. 그래서 파리스는 그녀를 납치해야만 했다. 하지만 그리스인은 이를 용납할 수 없었다. 이렇게 해서 수십 년에 걸친 트로이전쟁이 시작됐다.

하지만 나는 여전히 에리스의 위성 이름을 찾지 못하고 있었다. 제나의 곁에는 분명한 그 파트너 가브리엘이 있었지만, 에리스에는 어떤 이름이 어울릴까? 나는 오래전부터 에리스에 대한 언급이 있는 거의 모든 과거 문헌을 읽어봤다. 마치 지질학자처럼 정말 샅샅이 과거를 파헤쳤다. 에리스의 가족관계도 살펴봤다. 나는 뭔가 아주 특정한 것을 찾고 있었다. 사실 내겐 누구에게도 말하지 않은 계획이 하나 있었다. 또 한번 운명이 찾아왔다. 나는 정확하게 내가 찾던 바로 그것을 발견했다. 나는 국제천문연맹에 그 위성의 이름을 제안하는 이메일을 보냈고, 아무에게도 그게 뭔지 말해주지 않았다.

그날 밤 집에 돌아온 나는 다이앤에게 에리스에 대한 모든 이야기를 들려줬다. 다이앤은 정말 기가 막힌 좋은 이름이라고 생각했다. "에리스의 위성 이름은 뭐라고 지었어?" 그녀가 물었다.

“그건 깜짝 선물이야.” 내가 말했다. “당신을 위한 깜짝 선물.”

그로부터 몇 주 후 언론에 에리스라는 이름이 발표됐을 때 눈치가 빠른 많은 사람들은 그 위성의 이름에서 내가 의도했던 농담을 알아볼 수 있었을 것이다. 나는 그 위성에 다이스노미아라는 이름을 붙였다. 다이스노미아는 에리스의 자식 중 하나로, 무법(롤리스니스lawlessness)을 상징하는 반인반신의 영혼이었다. 재미있게도 TV 드라마에서 제나를 연기한 배우의 이름이 루시 롤리스였다. 아마 사람들은 이 다이스노미아라는 이름 속에 내가 원래 붙이고 싶었던 제나라는 이름의 아쉬움이 반영되었을 것이라 생각했을 것이다.

나는 내가 이 말장난의 주인이라는 것에 기분이 좋았지만 사실은 누군가 아주 우연히 내게 이 이름을 알려주기 전까지는 이 이름을 떠올리지 못했다. 나는 이번에도 다시 한번 우주적 운명에 빚을 진 셈이다.

이 위성의 이름이 발표되던 날 나는 빨리 다이앤에게 이야기해주기 위해 집에 가고 싶었다.

“당신을 위해서 위성의 이름을 지었어.” 내가 그녀에게 말했다.

“위성의 이름을 다이앤이라고 지었어?” 그녀가 물었다.

나는 다이앤이라는 이름이 이미 오래전에 다른 잘 알려지지 않은 소행성에 붙여졌기 때문에 교묘한 방법을 사용했다고 설명했다. 제임스 크리스티가 명왕성의 위성을 처음 발견했을 때 그는 자신의 아내 이름 샬린의 첫 음절과 비슷한 발음의 이름을 신화 속에서 찾았고, 그래서 카론을 찾아냈다. 에리스의 위성에 가장 적합한 이름을 찾던 나도 바로 다이앤의 이름 첫 음절과 비슷한 발음의 이름을 찾았다. 솔직히 말해서 다이스노미아는 샬린에 비해서는 별로 비슷하게 들리지는 않지만, 그래도 우리 가족이 다이앤을 부를 때 쓰는 애칭 '다이'의 첫 음절과는 비슷했다.

"다이스노미아는 바로 당신을 위한 이름이야." 내가 말했다. "이건 당신을 위한 영원한 선물이야."

"음, 고맙게 생각할게." 다이앤이 말했다.

잠깐 고민한 뒤 그녀가 덧붙였다. "당신도 알겠지만, 이걸로 크리스마스 선물을 퉁칠 생각은 하지 마."

1년 전 제나의 존재가 세상에 발표됐을 때 나는 열 번째 행성이 될지도 모르는 그 천체에 릴라의 이름을 활용해서 붙이려고 고민했다. 그때 다이앤이 나를 말렸다.

"만약 우리에게 둘째가 생겼는데, 당신이 새로운 행성을 또 발견하지 못하면 그때는 어떡해?" 그녀가 말했다.

그건 꽤 설득력이 있는 주장이었다.

그래서 나는 다이앤에게 우리 아이들의 이름은 위성의 이름을 붙일 때 쓰면 좋겠다고 이야기했다.

우리가 둘째를 갖게 되는 건 충분히 가능한 일이었지만, 내 아내는 한 명뿐일 테니까!

"음, 고맙게 생각할게." 다이앤이 다시 한번 말했다.

* * *

2005년 에리스가 발견되기 바로 4일 전 새해 첫날에도 펼쳐졌던, 매년 새해를 맞이해 패서디나 곳곳을 돌아다니는 로즈 퍼레이드는 많은 사람들이 아주 잘 아는 행사다. 하지만 이에 비해 조금 덜 알려진 행사도 있는데, 로즈 퍼레이드와 동일한 경로를 따라 진행되는 두 다 퍼레이드다. 로즈 퍼레이드의 또 다른 버전인 두 다 퍼레이드 때는 변기, 두 다 여왕(보통 여장을 한다), 날아다니는 토르티야, 바비큐를 들고 행진하는 전기 그릴 등으로 사람들이 분장을 하고 행진에 참여한다. 2006년에는 일부 유머감각이 뛰어난 이 지역 천문학자들이 모여서 명왕성을 위한 뉴올리언스 재즈 장례식을 치르는 모습을 보여주기도 했다. 이들은 각각 여덟 개의 행성을 나타내는 옷을 입고 목에는 행성의 이름이 크게 쓰인 골판지 이름표를 걸고 있었다. 그리고 관 안에 명왕성을 담고 뉴올리언스 재즈를 틀었다. 이들은 이 행사에 나를 초대했고, 그들은 내게 이렇게 쓰인 이름표를 걸어주었다. '마이크 브라운: 명왕성 킬러'. 나는 한 가지 조건을 걸고 이 퍼레이드에 참석하겠다고 동의했다. 바로 에리스도 여기에 끼워달라는 것이었다. 에리스 역할은 릴라가 맡았고, 릴라는 유모차에 탄 채 아빠와 함께 퍼레이드에 참여했다.

두 다 퍼레이드에 참여한 다른 많은 사람들과 마찬가지로 우리의 모습을 본 사람들은 깜짝 놀라기도 하고, 박수를 쳐주기도 하고, 야유를 보내거나 우리를 향해 토르티야를 던지기도 했다.

나는 행사 내내 릴라가 그 날아온 토르티야를 주워 먹지 않도록 확인하느라 대부분의 시간을 보냈다. 어쨌든 명왕성의 장례식에 함께할 수 있던 아주 좋은 시간이었다.

* * *

하지만 모두가 명왕성을 묻을 준비가 되어 있던 것은 아니다.

명왕성과 에리스의 갈등이 결정되는 투표가 있던 바로 그 첫 번째 날, 일부 천문학자들은 국제천문연맹의 최종 결정에 대한 세부 사항에 반발해 서명을 받기 시작했다. 그들의 주장은 아주 간단했다.

> 우리 행성과학자와 천문학자는 국제천문연맹이 결정한 행성의 정의에 동의하지 않으며, 그것을 따르지 않을 것이다. 더 나은 정의가 필요하다.

이 간단한 주장을 부정하는 것은 어렵다. 감정에 호소하는 것을 거부할 만큼 배짱이 있고 태양계를 다시 올바르고 정확하게 재구성할 용기가 있는 천문학자들은 스스로를 자랑스러워하지만, 그들이 만든 정의는 실제로는 꽤 엉성했다. 사실 나도 그 정의를 그대로 쓰고 싶지 않았다.

최근 세라로런스 대학에서 있었던 질의응답 시간에 몹시 긴장한 듯한 한 젊은 여성이 손을 들고 미리 메모해온 질문을 읽었다. "국제천문연맹에서 정한 '행성'이라는 단어의 정의에서는 행성이 되기 위해서 세 가지가 필요하다고 이야기했습니다…."

"잠깐, 잠깐, 잠깐만요." 내가 말했다. "이야기를 시작하시기 전에 우선 왜 우리가 국제천문연맹에서 정한 '행성의 정의'에 얽매일 필요가 없는지 얘기해보겠습니다."

천문학 분야에서 행성이라는 단어를 제외하고 마치 법률 조항처럼 명확한 기준이 분명하게 정의되어 있는 다른 단어는 아무것도 없다. 왜 행성만 이런 정의를 갖고 있고, 별이나 은하 그리고 거대 분자구름과 같은 다른 단어는 정의가 없는 것일까? 그 이유는 천문학을 비롯해 대부분의 과학, 과학자가 정의가 아닌 개념을 바탕으로 일하기 때문이다. 별이 무엇인지에 대한 개념은 아주 확실하다. 별은 가스가 모여 핵융합반응을 통해 그 안에서 에너지를 만들어내는 것이다. 은하는 더 거대하게 그런 별이 모여 있는 곳이다. 거대 분자구름은 분자로 이루어진 거대한 구름이다. 행성(태양계의 여덟 개 행성)의 개념도 이처럼 아주 간단하다. 행성은 행성계를 구성하는 소수의 주요 천체 중 하나를 의미한다. 하지만 이건 정의가 아니라 개념이다. 그렇다면 이 개념을 대체 어떻게 해야 정확한 정의로 써놓을 수 있을까?

나라면 하지 않을 것이다. 법률 조항만큼 깐깐하게 그 정의를 써놓는 순간, 이제 우리는 어떤 천체가 행성인지 아닌지를 결정할 수 있는 변호사가 생기게 되는 셈이다. 하지만 천문학자는 개념을 바탕으로 연구한다. 우리가 재판을 위한 변호사를 부르는 경우는 거의 없다.

질문을 하던 그 여성은 이 답변이 만족스럽지 않았다.

"당신은 정의를 무시할 수 없습니다. 바로 그 정의가 명왕성이 더 이상 행성이 아니게 된 이유잖아요."

나는 그녀에게 명왕성이 행성이 아닌 이유는 단순히 정의 때문이 아니라, 그 개념 자체가 다르기 때문이라고 설명하려 노력했다. 정의는 그저 이 개념을 애써 글자로 옮겨 적어놓기 위한 허접한 시도의 결과물일 뿐이었다.

그녀의 질문은 여기까지 이어졌다. "하지만 그 새로운 정의의 세 번째 항목에 따르면 목성조차 행성이 아니잖아요!"

그 젊은 여성은 아마도 그녀가 아주 엄격하게 읽은 조항을 근거로 그럴듯한 주장을 하려는 것 같았다. 하지만 이 건이 대법원에 상고되어 올라간다면 (분명 그렇게 될 것이다) 아마도 재판관들은 이 단어를 정의했던 사람의 원래 의도가 무엇이었는지를 들여다볼 것이다. 나는 목성을 행성에서 퇴출시키는 것은 누구도 의도한 것이 아니라고 확신한다. 이 정의는 원래 단순히 여덟 개의 행성을 갖고 있는 태양계를 묘사하려는 것일 뿐이었다. 정의를 아주 엄격하게 읽어야 한다는 주장은 결국 버려지고 말 것이다. 재판관들이 현명하다면 그들은 그 정의들도 모두 함께 날려버릴 것이다. 명왕성은 국제천문연맹에 의해 만들어진 머리가 셋 달린 조건에 부합하는 데 실패했기 때문에 행성이 되지 못한 것이 아니다. 명왕성이 행성이 되지 못하게 된 것은 그 조항의 기준이 왜 명왕성이 행성이 아닌지에 대한 개념을 설명하기 위해 쓰인 글이었기 때문이다.

* * *

하지만 국제천문연맹에서 결정한 행성의 정의를 결코 사용하지 않겠다면서 청원자를 모으기 시작했던 천문학자들은 애초에 왜 행성만 정의를 가져야 하는지에 대해서는 전혀 불만을 표시하지 않았다. 그들은 여덟 개의 행성을 갖게 된 태양계를 뒤집고 싶어 했다. 그리고 명왕성을 다시 부활시키고 싶어 했다. 그러나 세계 대부분의 천문학자들은 국제천문연맹의 이번 결정의 온당함을 인정했고, 그것을 받아들이기 시작했다. 그럼에도 일부 천문학자들은 계속 명왕성을 복귀시키기 위한 시도를 이어갔다.

그로부터 몇 개월, 몇 년이 지나면서 이 명왕성의 복귀를 희망하는 사람들은 더 호응을 얻기 위해 입장을 다시 바꿨다. 그들은 '학교에서는 논쟁을 가르쳐야 한다!'고 이야기했다. 다만 자신들의 주장이 이 똑같은 구호를 들고 학교에서 창조론과 진화론을 대립해서 함께 가르쳐야 한다고 하는 터무니없는 사람들의 주장과는 엄연히 다르다고 분명히 선을 그었다. 또 이들은 국제천문연맹의 투표가 진행되던 당시 다수의 구성원이 그날 투표 현장에 있지 않았으므로 그 결정은 비민주적이라고 주장했다. 이 이의 제기는 사실이었지만, 사람들이 더 많았다면 투표 결과가 달라졌을 것이라는 주장은 지나친 과장이었다. 가끔 또 이들은 오직 행성과학 전문 천문학자에게만 투표할 자격이 있다고 주장했고(이번에도), 그랬다면 투표 결과는 달라졌을 것이라고 말했다. 하지만 나와 같은 층에서 근무하며 우연히 알게 된 행성과학 분야의 교수 일곱 명을 대상으로 직접 실시한 짧은 비과학적 여론조사에 따르면, 그들은 모두 여덟 개의 행성만 두는 것이 가장 이치에 맞는다고 이야기했다.

그중에서도 왜소행성이라는 단어에 대한 불만이 나는 가장 흥미로웠다. 간단한 문법 규칙에 따라 그들은 왜소행성도 결국 행성이라고 주장했다. 국제천문연맹에서 왜소행성은 행성이 아니라고 이야기한 것이 바로 그 전체 결정 자체가 통째로 잘못됐다는 것을 보여주는 증거라고 이야기했다. 하지만 이런 주장을 하는 사람 그 누구도 자신들이 처음에는 다른 행성에 '고전적 행성'이라는 새로운 이름이 붙게 됐을 때 왜소행성이라는 단어로 명왕성을 구해낼 수 있을 것이라 생각하며 왜소행성이라는 말을 좋아했다는 사실을 (사실은 기억나면서) 기억하지 못하는 것 같았다. 국제천문연맹에 따르면 결의안 5B에 대한 투표가 있기 전까지 분명 왜소행성은 행성이 아니었다. 마치 성냥갑 자동차는 자동차가 아니고, 박제 동물은 동물이 아니고, 초콜릿 토끼는 토끼가 아니라고 하는 것처럼 말이다. 나도 딱히 왜소행성이라는 표현을 좋아하지는 않았지만, 이 말은 쓸모가 있었다.

또 나는 이 정의가 나머지 다른 천문학 분야와 부합하지 않기 때문에 사용할 수 없는 정의라는 소리도 들었다. 누군가 천문학 그 어느 분야에서도 천체를 분류할 때는 오직 그 천체 자체의 물리량을 바탕으로 하지, 이웃한 천체들과의 관계를 바탕으로 하지는 않는다고 주장했다. 따라서 그 천체가 어디서 발견됐는지에 상관없이 모든 둥근 천체는 다 행성이라고 하는 것이 이치에 맞는 유일한 정의라는 것이다. 글쎄, 둥근 천체라고 해서 다 행성인 것은 아니다. 별 주변을 도는 둥근 천체가 행성이다. 만약 중심 별이 아니라 다른 둥근 천체 주변 궤도를 도는 둥근 천체라면 어떻게 해야 할까? 음, 이건 당연히 위성이다. 하지만, 하지만, 하지만 이건 다른 천체와의 관계를 바탕으로 정의해서는 안 된다는 규칙을 위반한 것이 아닌가? 음, 그렇다. 하지만 그들은 이건 그냥 상식이라고 말할 것이다. 좋다, 알겠다.

* * *

제나가 에리스로 이름이 바뀌고 난 뒤 몇 주 후 나는 친구로부터 쪽지를 하나 받았다.

에스파냐 사람들이 다시 산타를 훔치려는 시도를 하고 있어.

에스파냐 사람들? 나는 지난 18개월 동안 이들에 대해 생각해본 적도 없었고, 그 소식을 들어본 적도 없었다. 이때까지만 해도 나는 그때 벌어졌던 모든 일에 대해 웃을 수 있었다.

그런데 그들은 정말로 돌아왔다.

국제천문연맹이 둥근 천체를 왜소행성이라고 부르기로 결정하고, 이스터 버니와 산타가 새로운 진짜 이름을 가질 수 있는 자격을 얻게 됐을 때 에스파냐 사람들은 재빨리 산타의 이름을 제안했다. 물론 천체의 이름은 그것을 발견한 사람만이 붙일 수 있다.

국제천문연맹은 일처리를 아주 신속하게 한다는 소문이 있었다. 그래서 채드, 데이비드 그리고 나는 상의한 끝에 서둘러 우리가 새로 지은 또 다른 이름 하우메아를 제출했다. 하우메아라는 이름은 출산을 상징하는 하와이 신화 속 여신의 이름이다. 에리스와 마찬가지로 하우메아라는 이름 역시 이 천체를 위해 만든 듯한 너무나 잘 어울리는 이름이었다. 여신 하우메아는 자신의 몸 일부를 떼어내서 자식들을 낳았다. 왜소행성 산타도 자신의 몸이 부서지면서 만들어진 자식들이 태양계 곳곳에 퍼져 있었다. 너무나 잘 들어맞았다. 그리고 그 이름이 무엇이 되든지 간에 에스파냐 천문학자들이 제안한 이름이 선정되는 일은 반드시 벌어져서는 안 된다고 생각했다!

또 나는 국제천문연맹의 여러 위원에게 하우메아의 이름과 함께 두 위성의 이름을 모두 하우메아의 자녀인 빅아일랜드의 수호신 히아카와 물의 정령 나마카로 붙여야 한다고 제안하는 간절한 편지를 써서 보냈다. 이 편지에서 나는 또 한번 그간 있었던 일을 쭉 열거했다. 그리고 나서 국제천문연맹이 어떤 이름을 쓸지 현명하게 선택하는 것이 왜 중요한지를 설명했다. 18개월 전 누군가 내게 아주 꼴사나운 짓을 했다는 것은 의심의 여지가 없었다. 만약 그 에스파냐 천문학자들이 실제로 발견한 것도 아닌 천체를 자신들이 발견한 것이라고 거짓 주장을 한다면 국제천문연맹은 응당 그런 행태를 비난하는 것이 적절한 대응일 것이다. 그러나 반대로 그들의 발견이 정당한 것이었다면 그들의 억울함을 풀어주고 내가 그들에게 엄청난 피해를 준 그릇된 비난을 가했다는 것에 대해 비판을 받아야 했다. 산타의 새 이름을 결정하는 일을 통해 국제천문연맹은 공식적으로 나와 그 에스파냐 천문학자들 중 한쪽의 편에 서게 될 것이었다. 나는 국제천문연맹 회원들은 어느 한쪽 편에도 서고 싶지 않아서 그 대신 자기들끼리 새로운 이름을 붙일지도 모른다고 생각했다. 나는 그들에게 물러나지 말기를 부탁했다. 국제천문연맹 말고는 누구도 이 문제에 대해 의미 있는 판결을 내릴 만한 권한이 없었다.

나는 편지를 보내고 나서 무슨 일이 벌어질지 기다렸다.

나는 기다렸다.

릴라의 두 번째 생일이 찾아왔다.

그리고 나는 기다렸다.

릴라의 세 번째 생일이 찾아왔다.

나는 국제천문연맹이 이 일을 심각하게 받아들이고 지난 몇 년간 정확히 무슨 일이 있었는지 면밀하게 조사하고 있기를 바랐다. 하지만 그러지 않는 것 같았다. 나는 그동안 아무런 일도 일어나지 않았을지 모른다는 생각이 들었다. 마침내 나는 산타의 이름을 정하는 것이 너무나 어려운 문제이며, 이 일을 새롭게 시작하는 한 가지 방법으로 이스터 버니의 이름을 지어야 할지 모른다는 제보를 받았다.

아, 이스터 버니. 나는 이미 몇 년 전부터 이스터 버니를 위해서 생각해둔 이름이 있었다. 세드나와 오르쿠스(또 다른 새롭게 발견한 거대한 카이퍼 벨트 천체)의 이름은 그 천체의 궤도가 보이는 특징과 너무나 잘 어울렸고, 에리스와 하우메아의 이름은 정말 하늘에서 툭하고 떨어진 것 같은 절묘한 이름이었다. 우리가 느끼기에 콰오아라는 이름조차 지역의 신화를 아주 잘 담고 있는 좋은 이름이라고 생각했다.

하지만 이스터 버니는 어떤가? 우리가 이름을 붙일 수 있는 흥미로운 특징이 있는 산타와 달리 이스터 버니는 확실하게 눈길을 확 사로잡는 특징이 없었다. 이스터 버니의 표면은 그냥 아주 많은 양의 순수한 메테인 얼음으로 덮여 있고, 명왕성보다 아주 살짝 크기가 작으며, 많은 양의 질소 대기를 붙잡고 있기에는 중력이 부족하다는 등의 과학적으로는 매력적이지만 (정말로 그렇다) 그에 딱 걸맞은 지구의 신화를 떠올리기에는 어려운 그저 그런 특징뿐이었다. 잠깐 동안 나는 델포이의 신탁과 관련된 이름을 찾아보려고 했다. 어떤 사람들은 그곳의 땅에서 새어나오는 천연가스(메테인)가 신화 속 신탁의 최면에 빠진 것과 같은 상태와 연관된다고 이해했다. 몇 번의 고민 끝에 나는 이 아이디어가 멍청한 생각이라는 결론을 내렸다. 결국 이 아이디어는 날려 보냈다.

나는 이스터 버니를 발견했던 시점과 연관된, 부활절이나 춘분날 신화를 고민하면서 시간을 보냈다. 이스터라는 이름의 기원이 된 이교도의 에오스트레(에아스트레, 오스타라 등 다양하게 표기된다)를 알게 됐을 때는 꽤 흥미로웠다. 하지만 이 신화 자체가 별 근거가 없으며, 더 중요한 건 이미 수백 년 전에 이 여신의 이름이 다른 소행성의 이름에 붙여졌다는 사실이었다. 그래서 이것도 날려 보냈다.

마지막으로 나는 자포자기의 심정으로 신화에 많이 등장하는 토끼신을 찾아봤다. 미국 원주민의 전설에는 토끼가 가득한데, 이들의 신화 속 토끼는 보통 산토끼거나 큰 토끼와 같은 이름으로 등장했다. 나는 앨곤퀸족의 사기꾼 토끼신의 이름인 마나보조를 고민해봤지만, 솔직히 쌍스러워 보이는 '보조' 때문에 마음을 접어야 했다는 점은 인정한다. 그 외에 많은 다른 토끼신의 이름이 있었지만, 그 이름들은 내게 말을 걸지 않았다. 그래서 세 번째도 날려 보냈다.

하지만 이런 초창기의 노력은 모두 한참 전에 있었던 일이고, 나는 거의 포기한 채 산타에 대한 국제천문연맹의 최종 결정만을 기다리고 있었다. 이제는 국제천문연맹의 판단을 기다리면서도 다시 일로 돌아가야 했다.

그런데 불현듯 새로운 생각이 떠올랐다. 남태평양에는 내가 이전까지 알지 못했던 굉장히 흥미로운 아주 작은 섬이 하나 있다. 나는 섬과 관련된 신화에는 익숙하지 않다. 그래서 그것들을 샅샅이 뒤져봤고, 인류의 창조자이자 풍요와 출산의 여신이며 최고신인 마케마케(하와이인은 '마-케이 마-케이'라고 발음한다)를 알게 됐다. 나는 다이앤이 릴라를 임신했을 때 이스터 버니를 발견했다. 이스터 버니는 우리가 가장 마지막에 발견한 천체였다. 나는 그 시기에 우주 전역에서 쏟아졌던 비옥한 풍요로움의 기분을 느꼈던 선명한 기억을 갖고 있다. 이스터 버니는 바로 그중의 일부였다. 이스터 버니는 라파누이섬의 풍요와 출산의 여신인 마케마케가 되어야 했다.

라파누이섬은 이제는 마케마케라고 알려진 카이퍼 벨트 천체가 발견되기 정확하게 283년 전인 1722년 부활절(일요일)에 처음으로 유럽인을 맞았다. 이 유럽인들의 첫 방문으로 인해 섬의 이름은 '이슬라데파스쿠아'라는 에스파냐어 이름으로 알려지게 됐지만(이 섬은 칠레의 영토다), 현재는 영어 이름인 이스터섬으로 더 잘 알려져 있다.

* * *

마케마케라는 이름은 국제천문연맹의 가장 소박한 팡파르와 함께 곧바로 채택됐다. 그리고 예상했던 대로 첫 제안서를 제출한 지 2년이 지난 뒤에 산타의 이름도 최종적으로 결정되어 발표됐다. 이번에는 팡파르도 없었고 기자회견도 없었으며 공식 발표도 없었다. 어느 날 갑자기 국제천문연맹의 공식 천체 목록에 하우메아라는 이름이 올라와 있었다. 에스파냐 천문학자들이 우리의 발견을 부정한 방법으로 혹은 부정하지 않은 방법으로 훔쳐간 사건이 발생한 지 3년이 지난 후 드디어 우리는 국제천문연맹으로부터 공식적으로 우리의 정당성을 입증받았다. 결국 국제천문연맹은 우리가 제안한 이름으로 천체의 이름을 결정했고, 이는 우리가 그 천체의 발견에 공로가 있음을 인정받을 만하다는 뜻이었다.

뭐, 그런 셈이었다.

국제천문연맹의 목록에는 새롭게 이름을 올린 하우메아 옆에 그 발견자의 이름을 넣기 위해서 비워놓은 큰 자리가 있다. 독특하게도 하우메아는 태양계의 모든 천체 중 유일하게 발견자의 이름이 없다. 하우메아는 그냥 존재한다.

이상하게도, 발견한 사람이 없는 이 천체는 천문학자들이 새로 발견한 천체를 정리해놓은 목록에 이름이 올라가 있다. 이 목록에 올라가 있는 하와이어로 된 천체 이름 '하우메아'를 제안한 건 바로 칼텍의 천문학자들이다. 그런데 하우메아는 공식적으로 에스파냐에 있는 한 작은 망원경으로 발견된 것으로도 써 있다. 그러나 하우메아를 발견한 사람의 이름은 빈 칸으로 남아 있다.

이건 공식적으로 무엇을 의미하는 것일까? 나는 국제천문연맹이 이에 대해 정확히 입장을 밝히려고 시도하는 건 어려울 것이라고 생각한다. 어쨌든 아마도 위원회 사람들 대부분은 내가 제안한 버전의 이야기가 이 천체의 이름을 붙이는 데 더 잘 부합한다고 생각했던 것 같다. 하지만 이 천체를 발견한 사람을 함께 목록에 담지 않는 것으로 에스파냐 천문학자들의 주장을 우회적으로 인정해야 한다는 부드러운 주장을 펼치는 반대론자도 있었다.

나는 국제천문연맹이 적어도 내가 말할 수 있는 만큼이라도 정확하게 무슨 일이 있었던 것인지 밝히기 위해서 실제로는 전혀 노력을 하지 않았다는 점이 실망스러웠다. 그 누구도 내게 무슨 일이 있었는지 더 물어보거나 추가로 정보를 요구한 적이 없다. 나는 에스파냐 사람들 쪽도 마찬가지일 것이라고 생각한다. 결국 이것이 최선일 것이다. 결국 에스파냐 천문학자들이 자신들의 발견을 발표하기 이틀 전 실제로 무슨 일이 벌어졌던 것인지는 앞으로도 결코 확인할 수 없을 것이다.

* * *

아직까지도 나는 축하 기념 샴페인을 마시지 못했다. 나와 함께 팔로마산 천문대에서 5년 안에 행성이 발견될지를 두고 내기를 걸었던 그 친구는 나중에는 나를 위해서 너그럽게 5일의 내기 기한을 연장해주었다. 그리고 에리스는 그녀와 내가 행성이라면 분명 갖춰야 한다고 생각했던 모든 특징을 가지고 있었다. 그녀는 다시 시내에 나갔을 때 기쁜 마음으로 샴페인을 가지고 왔다. 하지만 결국 에리스는 열 번째 행성이 되지 못했다. 그 대신 나는 아홉 번째 행성을 죽인 킬러가 됐다. 샴페인은 장례식에서 마시기에는 적합하지 않은 술이다.

그때 그녀가 가져온 샴페인은 아직도 내 책장에 보관되어 있다. 나는 가끔 그 샴페인을 보면서 과연 언젠가 저 코르크 마개를 따는 날이 올까 궁금해지곤 한다. 나는 여전히 새로운 행성을 찾고 있지만, 지금은 그 기준이 더 높아졌다. 이제 우리 태양계에서 행성으로 불릴 수 있는 천체를 찾으려면 그것은 큰 존재감을 갖고 있어야 한다. 나는 그런 주요 천체가 아직까지 숨어 있을 것이라고 확신할 수 없다. 하지만 나는 계속 탐색을 이어갈 것이다. 언젠가, 바라건대 연구실에 앉아 전날 밤 찍은 하늘 사진을 보던 중 내가 이전에 봤던 것보다 훨씬 더 멀리 있는 무언가, 아마 화성이나 지구 정도쯤 되는 꽤 큰 무언가가 내 화면 속에 등장하기를 바란다. 나는 알 수 있을 것이다. 그리고 이전에도 그랬던 것처럼 나는 곧바로 다이앤에게 전화를 걸 것이다. "무슨 일인지 맞혀볼래?" 나는 이렇게 말할 것이다. "내가 바로 아홉 번째 행성을 발견했어." 그리고 (또 한번) 태양계는 이전과 전혀 다른 세계가 될 것이다.

에필로그 목성은 움직인다

아이는, 부모가 자기 곁에 보이지 않더라도 사라진 게 아니라, 다른 곳에 존재하고 있다는 걸 깨닫기까지 시간이 걸린다. 릴라는 세 살이 되면서 며칠간 내가 보이지 않을 때면 내가 어디로 사라졌는지 무척 궁금해하기 시작했다. 먼 곳으로 며칠간 출장을 다녀와 릴라에게 출장지의 이야기를 들려주고 나면, 릴라는 항상 그 장소의 이름에 자기 멋대로 지어낸 이야기를 만들어서 그 장소를 무대로 봉제 인형을 갖고 놀곤 했다. 릴라가 세 살이었던 해, 나는 일주일간 타이완에 머무른 적이 있었다. 이후 이제 릴라는 아무 지구본을 가져다줘도 정확하게 타이완이 어디에 있는지 콕 집어낸다. 그리고 이 장소는 내 딸이 가장 좋아하는 장소 중 하나로 남아 있다. 릴라가 세 살이 되던 그해 여름, 릴라는 집 수영장 구석구석에 내가 출장 갔던 지역의 이름을 갖다 붙여 부르기 시작했다. 그리고 수영장 안에서 내 등 위에 올라탄 채 각 장소의 이름을 부르며 나를 움직였다.

"아빠, 나 시카고로 가고 싶어."

첨벙, 첨벙, 첨벙.

"아빠, 아빠, 베를린!"

어푸, 어푸, 어푸.

"보스턴."

스르륵, 스르륵, 스르륵.

"아빠, 아빠, 나 이번에는 타이완까지 쭉 가고 싶어!"

타이완. 릴라는 이곳이 섬임을 알고 있었다. 그래서 릴라를 업고 타이완까지 가려면 잠깐 물속에 들어갔다가 나와서 태평양을 건너는 시늉을 해야 했다.

"이제 다시 캘리포니아 패서디나로 돌아가자!" 이 말은 '어서 수영장 밖으로 나가서 엄마가 가져다주는 간식 먹으러 가자!'라는 뜻의 코드였다.

머지않아 결국 릴라는 왜 자꾸 아빠가 잠깐씩 집에서 사라지는지 그 이유를 알기 시작했다.

"아빠, 이번에도 행성 이야기 하러 가는 거야?"

딸의 질문에 내 답은 항상 변함없이 '그렇지'였다.

릴라는 행성을 사랑한다. 나는 릴라에게 꼬마 강아지 농담을 할 때 말고는 행성 이야기를 강제로 들려준 적이 없었다. 그래, 물론 딸과 함께 밤에 밖으로 나갈 때마다 밤하늘을 손가락으로 가리키며 행성이 어디에 있는지 보여주기는 했지만, 그건 내가 다른 사람들에게도 똑같이 하는 일 아닌가. 릴라에게라고 특별히 행성 이야기를 더 많이 한 적은 없었다. 릴라가 세 번째 생일을 맞이하던 해 여름이 시작되면서 릴라는 특히 목성에 푹 빠지기 시작했다. 그해 몇 달 동안 매일 밤 목성은 저녁 하늘 아주 높이 떠 있었다. 밤이 시작되고 어둑한 땅거미가 진 하늘에서 가장 먼저 밝게 빛나며 그 모습을 드러냈다. 그해 여름 내내 릴라는 잠자리에 들어야 할 시간이 되면 자꾸 하늘을 보러 밖으로 나가자고 졸랐다. 충분히 어두워진 하늘에서 밝게 빛나는 목성을 확인하고 나서야 릴라는 잠자리에 들곤 했다. 그해 여름이 지나고 가을을 지나 겨울이 되면서 해가 짧아지자 집으로 차를 몰고 돌아가는 귀갓길이 깜깜해지기 시작했다. 릴라와 함께 차를 몰고 가던 그 드라이브에서 최고의 순간은 아마 같이 집 근처 작은 언덕에 올라가 왼쪽으로 고개를 돌려 서쪽 밤하늘의 장관을 눈에 담는 순간이었을 것이다. 어느 순간 릴라가 앉아 있던 쪽 차창에 모습을 드러내기 시작한 목성은 어느새인가 릴라의 카시트에서도 편하게 올려다볼 수 있을 정도로 하늘 높은 곳까지 자리를 옮겼다.

하지만 가을이 끝나갈 무렵 목성보다 더 멋진 행성이 저녁 하늘에 등장했다. 저녁노을 사이로 새롭게 등장한 금성은 홀로 밤을 비추던 목성 곁으로 슬금슬금 다가오며 목성의 독무대를 빼앗기 시작했다. 릴라의 눈으로 봤을 때 새로운 라이벌 금성은 적어도 목성과 함께 무대를 공유하려는 듯 보였다. 매일 밤 행성을 단 하나만 볼 수 있었던 릴라는 이제 행성을 한꺼번에 두 개씩 볼 수 있었다.

릴라는 어디에서든 행성을 바라봤다. 이렇게나 행성을 보는 데 열정적인 세 살배기 딸아이 덕분에 나는 우리 일상 속에서 행성의 이미지를 무척이나 쉽게 볼 수 있었다는 사실을 깨달을 수 있었다(내 친구 중 하나가 딸에게 선물해준). 릴라의 도시락 상자에도 행성 그림이 그려져 있었다. 또 릴라는 각종 잡지와 카탈로그에서도 행성 그림을 찾을 수 있었고, 가게에 걸린 모빌과 퍼즐에서도 행성 그림과 이미지를 찾아냈다. 나는 매번 그것들을 무시하고 가던 길을 재촉하려 했지만, 릴라는 행성 그림을 발견할 때마다 걸음을 멈추고 그쪽으로 달려가 내게 외쳤다. "아빠, 아빠, 이것 봐!" 릴라는 당연히 행성 그림 중 가장 크게 그려진 목성을 제일 먼저 알아봤다. 그다음에는 고리가 함께 그려진 토성도 쉽게 알아봤다. 청록색으로 그려진 지구 그림도 바로 알아봤다. 내 생각에 릴라는 또래의 다른 세 살짜리 아이들과 달리 금성도 쉽게 알아보는 것 같았다.

며칠간 하늘에 구름이 많이 끼어서 행성을 보지 못한 날이 있었다. 그리고 어느 날 밤 며칠 만에 다시 하늘이 맑아지고 오랜만에 릴라와 함께 고개를 들어 하늘을 응시했다. "아빠, 아빠, 저것 봐! 목성이 움직였어!" 릴라의 말은 사실이었다. 그 며칠간 날이 흐려서 하늘을 매일 보지 못했던 몇 주 사이에 목성과 금성은 자리를 이동해 둘 사이의 간격은 더 가까워져 있었다. 물론 목성과 금성의 움직임은 굉장히 느리기 때문에 매일 아주 세심하게 행성의 움직임을 추적하지 않으면 알아채기 어렵다. 하지만 그때 당시 두 행성은 세 살짜리 아이가 봐도 바로 알아볼 수 있을 정도로 확연하게 가까이 접근해 있었다.

릴라는 내게 목성이 어떻게 움직였는지를 손가락으로 가리키며 설명해주었다. 많은 아이와 어른이 행성의 이름을 대거나 그림 속에서 행성을 알아보기는 하지만, 이렇게 진짜 하늘에 있는 실제 행성을 알아보는 이는 드물다. 심지어 아직 어두워지지도 않은, 붉은 노을이 깔린 저녁 하늘에서 행성을 찾는 이는 더더욱 드물다. 행성은 단순히 탐사 로봇이 방문해서 그곳에서 찍어 보내온 사진으로만 만날 수 있는 곳이 아니다. 행성은 도시락 상자에 그려진 그림 속에서나 만날 수 있는 추상적인 곳도 아니다. 행성은 실제 하늘에 존재한다. 매일 밤마다 하늘에서 행성이 무엇을 하고 있는지를 보라. 행성은 계속 움직이고 하늘을 떠돌고 있다.

그로부터 며칠 밤이 지난 후 금성과 목성의 협연은 더 멋지게 진행됐다. 은빛의 작은 달이 저녁 하늘에 낮게 떠오르기 시작했고, 목성과 금성이 함께 있는 곳을 향해 접근하기 시작했다. 릴라와 나는 매일 달도 챙겨 보던 사람들이었다. 그리고 우리 둘 모두 해가 진 후 등장한 은빛의 작은 달이 시간이 흐르며 더 크게 차오르면서 매일 밤 동쪽 하늘로 서서히 이동한다는 것도 잘 알고 있었다. 저녁 하늘에서 달이 목성과 금성으로부터 떨어져 있는 거리를 보니, 곧 두 밤만 더 자면 달이 목성과 금성 바로 옆에 바짝 붙을 것이 확실해 보였다. 해가 지자마자 남서쪽 저녁 하늘에서 맨눈으로도 쉽게 볼 수 있는 가장 밝은 세 천체가 하늘에서 한자리에 모인다면 정말 멋진 장면이 될 것이라고 생각했다.

이 세 천체가 하늘에서 한자리에 모이는 날, 나는 대륙을 가로지르는 긴 비행 일정이 잡혀 있었다. 그날 아침, 나는 여행 짐을 챙기고 있었다. 그때 릴라가 슬픈 목소리로 물었다. "아빠, 또 행성 이야기 하러 가는 거야?"

그랬다. 하지만 그날만큼은 학회로 떠나 행성 이야기를 하고 싶지 않았다. 그날만큼은 딸과 함께 달과 두 행성, 이 세 천체의 조우 장면을 꼭 보고 싶었다. 나는 짐을 싸며 딸과 함께할 수 없다는 아쉬움을 최대한 잊으려 노력했다. 내가 탄 비행기가 플로리다에 착륙하고 나면 이미 목성과 금성 그리고 달은 모두 저문 뒤일 것이다. 하지만 나는 남쪽을 향하는 비행기 안에서 창가 쪽 좌석에 앉아 조심스럽게 창문 바깥을 바라보면 그 창문 바깥으로 하늘을 날면서 세 행성의 조우 장면을 볼 수 있겠다고 생각했다. 그리고 비행기 날개 뒤에서 밝게 빛나는 달과 목성과 금성이 선명한 삼각형을 그리는 장면이 얼마나 환상적일지, 나도 릴라도 상상할 수 있었다. 플로리다에서는 밤이 됐을 때, 같은 시간 늦은 저녁 박명이 깔려 있는 캘리포니아에서도 이 세 행성의 만남은 정말 멋진 장관일 것이라 생각했다. 출장지인 플로리다에 도착하자마자 나는 서둘러 집에 전화를 걸어 딸에게 3만 피트(9144m) 상공에서 바라본 광경이 어땠는지를 이야기해주었고, 지금 당장 집 바깥으로 나와서 하늘을 보라고 이야기했다. 저것 봐! 그렇게 릴라는 우리가 가장 좋아했던 행성들을 놓치지 않고 볼 수 있었다.

그날 이른 저녁 하늘에 낮게 떠서 한데 모여 있던 세 천체의 모습은 너무나 인상적이었다. 평소 하늘을 자주 보지 않았던 사람들도 쉽게 알아볼 수 있을 정도로 말이다. 아마도 그 당시 대부분의 사람들은 다음 날 밤에도 전날 밤처럼 한데 모여 있는 세 천체를 확인하기 위해 하늘을 바라봤을 것이다. 하지만 하늘을 본 순간, 전날 밤과 달리 이미 하루 사이에 달이 동쪽 멀리 이동하고 크기도 더 크게 차올랐다는 사실을 알 수 있었을 것이다. 하루 사이의 차이를 확인한 사람들 중 한두 명은 아마 그 사실에 놀랐을 것이다. 그리고 그 차이에 흥미를 느낀 일부 사람들은 다음 주에도 이어서 달의 움직임을 추적하며 달이 다시 보름달이 될 때까지 계속 차오르는 모습을 쭉 지켜볼 수 있었을 것이다. 또 매일 밤 목성이 조금씩 점점 낮게 뜨기 시작하고, 결국 하늘에 금성만 혼자 남긴 채 목성이 지평선 아래로 사라지는 광경도 볼 수 있었을 것이다. 그 광경은 며칠 동안 쉬지 않고 하늘을 바라보기에 충분히 멋진 공연이었을 것이다. 나는 내가 릴라와 함께 그 공연을 놓치지 않고 지켜볼 것이란 사실을 알고 있었다. 비록 우리가 대륙을 가로질러 멀리 떨어져 있지만, 우리 둘은 같은 하늘을 가로질러 움직이는 저 존재들을 바라보며 함께하고 있을 것이라고 말이다.

감사의 말

이 책은 여기 소개된 다양한 연구자들의 모든 노력과 도움이 없었다면 절대 나올 수 없었을 것입니다. 특히 제가 포기하지 않고 태양계 외곽에서 크기가 큰 천체를 계속 탐색할 수 있도록 용기를 주었던 장 률러와 케빈 리코스키에게 그리고 몇 년간 그런 천체가 어디에 있을지 어떤 모습일지를 고민하며 정말 찾을 수 있도록 열심히 일한 채드 트루히요와 데이비드 래비노위츠에게 감사의 말을 전합니다. 또 태양계를 두고 벌어진 정치적 문제 속에서 항상 친절하게 지혜로운 조언을 들려준 브라이언 마스든에게도 감사의 말을 전합니다. 이 기간 동안 내게서 공부했던 학생들, 이제는 모두 박사가 된 앤터닌 부셰, 애덤 버게서, 린지 맬컴, 크리스 바컴, 에밀리 섈러, 다린 라고진, 메그 슈왐브에게도 이 책에 소개된 모든 과학적 발견이 나올 수 있도록 매번 때 묻지 않은 시야와 아이디어를 제공해주어서 고맙다는 말을 전하고 싶습니다.

물론 연구와 과학적 발견은 중요하지만, 이 책은 히터 슈뢰

더의 응원과 제 에이전트 캐럴린 그리븐과 마크 제럴드가 아니었다면 완성할 수 없었을 것입니다. 초고를 손봐준 신디 스피겔은 작은 변화로도 원고를 효과적으로 발전시켜주었습니다. 스피겔을 만났을 때 나는 진짜 작가를 만나서 긴장된다고 이야기했고, 그 말에 껄껄 웃어주었습니다. 브래드 애버니시는 편집자로서 정말 멋진 조언을 해주었고, 초반에 완성한 부족한 원고에도 계속 응원을 해주었습니다. 그리고 그는, 각 단어들은 우리가 그 단어를 말할 때 머릿속에 생각하는 뜻을 의미하고 있다고 이야기해주었습니다. 앞에서 언급한 박사 학위 소지자인 에밀리 샐러는 이 책의 모든 버전, 모든 장의 원고를 꼼꼼히 읽어주고, 매번 적절한 조언과 비판 그리고 용기를 주어 정말 감사하다고 이야기하고 싶습니다.

유감스럽게도 제 아버지 톰 브라운은 이 책을 작업하는 대부분의 시간 동안 함께하지 못했습니다. 하지만 아버지는 제가 우주, 과학 그리고 보트 위에서 살아가는 데 애정을 가질 수 있도록 아주 중요한 영향을 주었습니다. 제 어머니 바버라 스택스는 언제나 제 가장 큰 팬이었습니다. 제 형제 앤디 브라운과 누나 캐미 손턴은 항상 이런 어머니의 사랑을 제게 양보해주었고 가족 사이의 균형을 유지할 수 있게 해주었습니다. 그에 대해 저는 정말 고맙다는 말을 전하고 싶습니다.

그리고 마지막으로 아내 다이앤과 딸 릴라에게 고마움을 전하고 싶습니다. 우리 가족은 제가 이 책을 쓰게 된 이유이자 책이 완성될 수 있었던 이유이기도 합니다. 제가 이 책에 우리 가족의 이야기를 담을 수 있도록 매일 밤, 주말마다 가족은 제게 방해되지 않는 혼자만의 시간을 허락해주었습니다. 그리고 계속해서 우리 이야기를 글로 남길 수 있도록 허락해주어 고마운 마음을 전합니다.

"새로운 별* 같은 걸 찾으시나요?" 내가 천문학을 하고 있다고 소개할 때면 받는 질문 중 하나다. 그리고 굉장히 당황스러운 질문이기도 하다. 새로운 별을 찾냐고? 세상에 요즘 시대에 어떤 천문학자가 그런 일을 하고 있을까?

아쉽게도 여전히 많은 사람들이 생각하는 천문학자의 이미지는 19세기에 머물러 있는 느낌이다. 이제 갓 망원경이란 도구로 밤하늘을 올려다보기 시작했던 당시만 하더라도 밤하늘은 이전까지 누구도 탐험해본 적 없는 무궁무진한 미개척지였다. 다른 사람보다 서둘러서 망원경을 만들고 아직 아무도 보지 않은 방향의 하늘을 샅샅이 뒤져서 먼저 새로운 별을 발견하고 이름을 붙이는 것이 천문학자로서 이름을 남길 수 있는 가장 확실한 방법이기도 했다. 그래서 너도나도 할 것 없이 앞다투어 새

* 여기서 '별'은 태양 같은 가스 덩어리 항성이 아니라 그냥 우주에 있는 모든 천체를 아우르는 의미다.

로운 천체를 찾는 일들이 마치 스포츠처럼 진행되었다.

하지만 이제 그런 시대는 다 지나갔다. 요즘에는 망원경으로 직접 하늘을 바라보며 찬찬히 하늘 구석구석에 숨어 있는 새로운 별을 찾는 천문학자들은 거의 없다. 그 대신, 자동화된 최첨단 컴퓨터와 거대 망원경이 빠른 속도로 하늘 전체를 촬영하며 방대한 지도를 이미 완성해놓았다. 그 안에는 거의 모든 별의 정확한 좌표와 밝기 등 다양한 물리량들이 상세하게 기록되어 있다. 그리고 그 수많은 별들은 이제 발견한 사람의 이름이나 왕의 이름 따위가 아닌 그저 기다란 숫자로 이어진 일련번호로 불릴 뿐이다.

물론 가끔 새로운 소행성이나 혜성 같은 천체를 발견하는 사람들이 있긴 하다. 하지만 그런 발견 대부분은 이제 프로페셔널 천문학자가 아니라, 취미 삼아 밤하늘 사진을 찍는 아마추어 천문학자들(다른 말로 덕후)에 의해 이루어지는 경우가 더 많다. 오늘날 전문 직업 천문학자들은 이런 '새로운 별'을 찾는 사소하고 귀찮은 일은 아마추어 천문학자들에게 넘겨주고, 보다 더 천문학적으로 의미 있는 일에 집중하고 있다.

그런 점에서 마이크 브라운은 참 독특한 천문학자다. 여전히 많은 사람들이 천문학자라고 하면 가장 먼저 떠올리는 바로 그 일을 하고 있는 거의 유일한 21세기 천문학자이니 말이다.

몇 년 전 미국에서 열린 한 국제 천문학회에서 마이크 브라운을 만난 적이 있다. 내 연구를 발표하던 외부은하 세션 바로 옆에 태양계 행성 세션이 열리고 있었던 덕분에 우연히 근처를 지나가면서 그의 모습을 볼 수 있었다. 당시에도 그는 대스타 천문학자였다. 이미 몇 년 전에 그는 태양계 최외곽에서 명왕성과 크기가 비슷한 소천체들을 연이어 발견했었다. 그가 발견한 소천체들은 명왕성의 뒤를 잇는 태양계 열 번째, 열한 번째 행성이 될 것이라 기대했지만, 전혀 다른 결말이 나고 말았다. 마이크 브라운의 발견 덕분에 2006년 국제 천문학계에서는 명왕성의 자격을 두고 희대의 논란이 벌어졌고, 결국 명왕성은 행성이 아닌 왜소행성으로 좌천되어버렸다. 그래서 그는 학계뿐 아니라 대중들에게도(특히 미국 사람들에게) "명왕성 킬러"라는 재미있는 별명으로 유명한 인물이었다.

마이크 브라운은 21세기가 되어서도 여전히 '새로운 별'을 찾고 있는 사냥꾼이다. 수 세기 전 천문학자들이 그랬듯이, 아직 발견하지 못한 새로운 별과 행성을 발굴하고 그 천체에 새 이름을 붙여주는 일을 지금까지도 하고 있는 거의 유일한 후계자다. 하지만 현대 천문학에서는 별로 중요하게 여기지 않는 일이기도 하다. 1930년 천문학자 클라이드 톰보가 명왕성을 발견한 이후 거의 70년 넘게 새로운 태양계 행성이 발견되지 않는 걸 보면, 20세기 이후로 천문학자들이 새로운 행성 같은 걸 찾는 일에 얼마나 관심이 없었는지를 알 수 있다. 이미 태양계 안에서 행성 같은 중요한 천체는 다 발견했고, 더 이상 새로 발견할 천체는 남아 있는 게 없을 것이라고 생각하는 것이다.

모두가 실패할 것이라 생각했지만, 2002년 마이크 브라운은 놀랍게도 새로운 천체를 발견하기 시작했다. 그리고 2003년부터, 명왕성과 비슷한 크기의 소천체들이 태양계 최외곽에 많이 존재한다는 사실을 입증해내기 시작했다. 그렇게 마이크 브라운이 쏘아 올린 작은 공은 결국 명왕성을 향해 굴러갔고, 명왕성이 행성이라고 불릴 만한 천체인지에 대한 천문학적인 논쟁에 불을 붙이게 되었다. 결국 그의 연이은 발견으로 인해서 오랫동안 태양계 아홉 번째 막내 행성으로 사랑받던 명왕성은 퇴출되어버렸다. 그렇게 다시 태양계는 행성을 여덟 개만 거느린 상태로 돌아갔다.

하지만 마이크 브라운의 새로운 행성을 찾는 사냥은 아직 끝나지 않았다. 지금도 계속해서 아직 탐험하지 않은 암흑 속에서 새로운 행성이 걸리기만을 기다리며 그물을 펼쳐놓고 있다. 마이크 브라운이 지금까지 발견한 태양계 최외곽 소천체들은 아주 크게 찌그러진 타원 궤도를 돌면서 해왕성 궤도 근처까지 접근한다. 이런 천체들을 해왕성 근접 천체(TNO, Trans-Neptunian Objects)라고 한다. 이 TNO들은 태양에서 지구보다 무려 100배, 200배 나 더 멀리까지 뻗어 있는 거대한 타원 궤도를 그린다.

그런데 지금까지 발견된 TNO의 궤도 분포에서 마이크 브라운은 이상한 점을 발견했다. 놀랍게도 태양계 최외곽 소천체들이 그리는 궤도가 모두 한 방향으로만 몰려 있던 것이다. 타원 궤도를 그리는 천체가 태양에 가장 가까이 접근하는 지점을 근일점이라고 한다. 다시 말하자면 태양계 가장 바깥 TNO의 궤도 근일점이 모두 한쪽 방향에 몰려 있다는 뜻이다. 이건 굉장히 어색하다. 태양계 가장자리 소천체들의 궤도가 단순히 우연에 의해서 지금처럼 쏠려 있을 확률은 겨우 0.007%뿐이다. 사실상 이건 거의 불가능한, 아주 부자연스러운 모습이라고 볼 수 있다.

마이크 브라운은 이것이 TNO들의 타원 궤도가 쏠려 있는 정반대편에 아주 무거운 거대한 행성이 숨어 있기 때문이라고 생각한다. 시뮬레이션을 해보면 지구의 열 배 정도 되는 육중한 행성이 다른 TNO들과 정반대로 길게 뻗은 타원 궤도를 돌고 있다고 가정하면 지금의 상황을 자연스럽게 재현할 수 있다. 재미있게도 원래 아홉 번째 행성으로 불리던 명왕성을 쫓아낸 장본인이 다시 새로운 진짜 아홉 번째 행성이 존재할지 모른다는 가능성을 제시한 셈이다. 마이크 브라운은 태양계 행성으로 구슬치기를 하는 기분이지 않을까?

여전히 다른 많은 천문학자들은 태양계에 있는 거대한 행성들, 주요 천체들은 모두 파악했다고 생각한다. 앞으로 더 발견해봤자 그저 시시한 조그만 소천체들, 부스러기 소행성들일 것이고, 새 행성이 발견된다거나 하는 일은 없을 거라 단정하고 있다. 하지만 여전히 마이크 브라운이 보기에 태양계의 지도는 완성되지 않았다.

《나는 어쩌다 명왕성을 죽였나》에는 '새로운 별'을 찾기 위한 마이크 브라운과 그의 동료들의 끈질긴 관측의 과정, 행성이 무엇인가를 둘러싼 천문학계의 치열한 논란, 우주를 향한 인간의 호기심과 탐구의 열정이 흥미롭게 펼쳐져 있다. 오늘날까지 남아 있는 유일한 '새로운 별' 사냥꾼, '중세 천문학자들의 후계자' 마이크 브라운의 외로운 일대기를 통해 많은 독자분들이 새로운 태양계와 만나기를 기대해본다.

찾아보기